混凝土搅拌站
设备操作与管理

郭志华　编著

中国电力出版社
CHINA ELECTRIC POWER PRESS

内 容 提 要

本书是作者总结了多年混凝土搅拌站的管理经验与实际操作经验编写而成，全书分为三篇共 11 章，第一篇混凝土搅拌站建设基础，包括混凝土基本知识、搅拌站建设及管理、操作员职业素养等；第二篇混凝土搅拌站设备基本知识，包括混凝土搅拌站概述、搅拌站的设备组成等；第三篇混凝土搅拌站设备操作及维护，包括混凝土搅拌站控制系统、混凝土搅拌站控制系统基本功能、混凝土搅拌站生产操作、搅拌站管理报表统计与查询、常见的外围设备及功能、混凝土搅拌站维护等，书后还附有混凝土搅拌站功能术语的附录。

本书可作为铁路混凝土搅拌站技术和设备管理培训教材，供铁路混凝土搅拌站技术管理和设备管理人员学习使用，也可供商品混凝土搅拌站管理人员参考，同时可作为混凝土行业从业人员的自学手册，以及一线施工管理和技术人员的参考资料。

图书在版编目（CIP）数据

混凝土搅拌站设备操作与管理/郭志华编著 .
北京：中国电力出版社，2024. 8. -- ISBN 978 - 7 - 5198 - 9076 - 6

Ⅰ. TU64

中国国家版本馆 CIP 数据核字第 2024Q6Z917 号

出版发行：中国电力出版社
地　　址：北京市东城区北京站西街 19 号（邮政编码 100005）
网　　址：http://www. cepp. sgcc. com. cn
责任编辑：未翠霞（010 - 63412611）
责任校对：黄　蓓　马　宁
装帧设计：王红柳
责任印制：杨晓东

印　　刷：三河市万龙印装有限公司
版　　次：2024 年 8 月第一版
印　　次：2024 年 8 月北京第一次印刷
开　　本：787 毫米×1092 毫米　16 开本
印　　张：11. 5
字　　数：263 千字
定　　价：98. 00 元

前言

混凝土结构在工程中占有很大比重，在结构的安全、可靠和耐久性方面起着决定性作用。混凝土施工质量的好坏，直接关系到整个建筑物的使用安全和使用寿命，因此抓好混凝土施工质量至关重要。目前，铁路工程混凝土的生产已全部采用集中搅拌的模式，对降低材料消耗、减少环境污染、提高施工质量等起到了积极有效的作用。但由于铁路建设点多线长，混凝土的供应仍主要采用自建站的模式，从业人员的素质亟待提高。

为提高铁路混凝土搅拌站操作员的业务水平，推进铁路工程标准化建设，依据铁路总公司的有关要求，混凝土搅拌站操作员应具有必备的专业知识，特编写了《混凝土搅拌站设备操作与管理》一书。本书主要内容包括混凝土搅拌站建设基础、混凝土搅拌站设备基本知识、混凝土搅拌站设备操作及维护三篇。

编者依据多年管理经验，编写内容侧重于搅拌站设备操作与管理，学员可以将所学知识灵活运用于现场搅拌站管理。本书可供铁路混凝土搅拌站设备操作人员、管理人员学习使用，也可供商品混凝土搅拌站参考，同时可作为混凝土行业从业人员的自学手册，以及一线施工管理和技术人员的参考资料。

本书内容的选择与安排得到了铁路行业内许多专家的指导，广泛征求了渝万、西成、甘青等铁路公司工程部、质量部、安环部、试验室负责人以及搅拌站站长、技术主管以至操作员的意见；同时本书编写时，还参考了部分铁路公司的一些文件，在此一并致谢。

编著者

2024 年 8 月

目录

第三篇　混凝土搅拌站设备操作及维护

第一篇

混凝土搅拌站建设基础

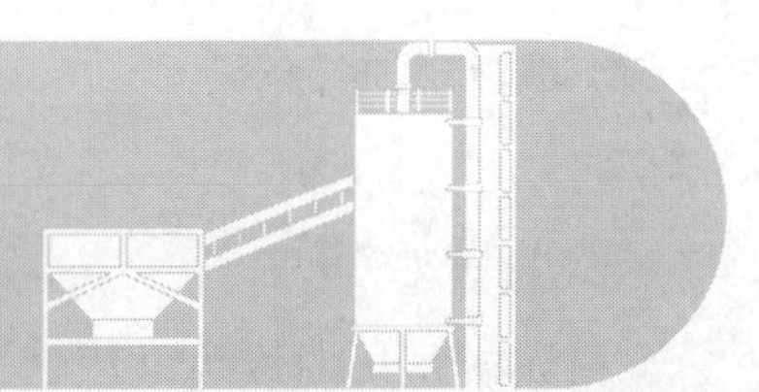

第一章

混凝土基本知识

第一节 混 凝 土 概 述

混凝土的历史已有5000多年，所用的胶凝材料有黏土、石灰、石膏、火山灰等。自19世纪20年代波特兰水泥出现后，由于用它配制成的混凝土具有工程所需要的强度和耐久性，而且原料易得，造价较低，特别是能耗较低，因而用途极为广泛。1861年钢筋混凝土首次得到应用，用于建造水坝、管道和楼板。1875年，法国的一位园艺师蒙耶（1828～1906年）建成了世界上第一座钢筋混凝土桥。

20世纪初，有人发表了水灰比等学说，初步奠定了混凝土强度的理论基础。之后，相继出现了轻骨料混凝土、加气混凝土及其他混凝土，各种混凝土外加剂也开始使用。20世纪60年代以来，减水剂广泛应用，并出现了高效减水剂和相应的流态混凝土；高分子材料进入混凝土材料领域，出现了聚合物混凝土；多种纤维被用于分散配筋的纤维混凝土。同时，现代测试技术也越来越多地应用于混凝土材料科学的研究。

一、 混凝土的定义

以水泥为胶凝材料，砂子和石子为骨料，以及根据需要掺入的外加剂、矿物掺合料等组分按一定比例，经加水搅拌、浇筑成型、凝结固化成具有一定强度的“人工石材”，也就是水泥混凝土，如图1-1所示。“混凝土”一词通常可简作“砼”。

二、 混凝土的主要原材料

1. 水泥

凡细磨成粉末状，加入适量水后，可成为塑性浆体，既能在空气中硬化，又能在水中硬化，并能将砂、石等材料牢固地胶结在一起的水硬性胶凝材料，通称水泥。水泥按用途及性能分为通用水泥、专用水泥和特种水泥三大类。

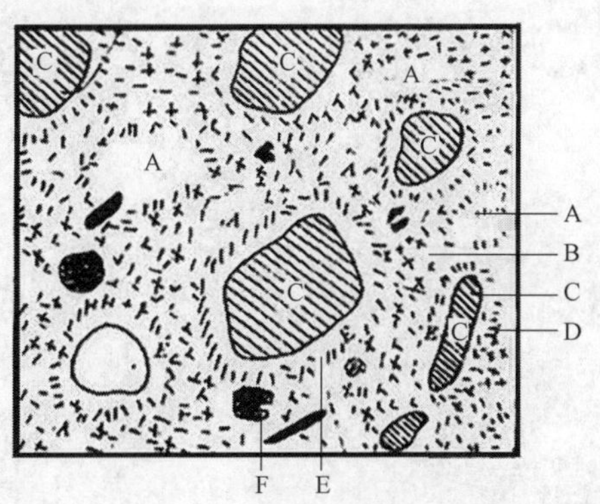

图1-1 混凝土微观结构

A—毛细孔；B—凝胶孔；C—未水化水泥；D—凝胶；E—过滤带；F—氢氧化钙

（1）通用水泥。用于一般土木建筑工程，如硅酸盐水泥（以硅酸钙为主要矿物组成的水泥的统称，国际上统称为波特兰水泥，包括普通硅酸盐水泥、矿渣硅酸盐水泥、火山灰质硅酸盐水泥、粉煤灰硅酸盐水泥、混合硅酸盐水泥等）。

（2）专用水泥。用于某种专用工程，如油井水泥、型砂水泥等。

（3）特种水泥。用于对混凝土某些性能有特殊要求的工程，如快硬水泥、水工水泥、抗硫酸盐水泥、膨胀水泥、自应力水泥等。

2. 粉煤灰

粉煤灰是从燃煤热电厂烟道气体中收集的一种粉状材料，如图 1-2 所示，以 SiO_2 和 Al_2O_3 为主要成分，含有少量 Fe_2O_3、CaO。粉煤灰根据各项技术指标，分为Ⅰ、Ⅱ、Ⅲ三级，相对来说，其中Ⅰ级粉煤灰的性能最优。

在混凝土中掺加粉煤灰使混凝土的性能得到以下几个方面的改善：

（1）可以提高混凝土的后期强度。

（2）在混凝土的用水量不变的情况下，可以起到显著改善混凝土拌和物和易性的效应，增加流动性和黏聚性，还可降低水化热。

（3）若保持混凝土拌和物原有的和易性不变，则可减少用水量，起到减水的效果，从而提高混凝土的密实度和强度，增强耐久性。

3. 磨细矿渣

磨细矿渣（即通常所说的矿粉）是指在高炉炼铁过程中排出的非金属矿物熔渣，通过粉磨所得到的一种粉状材料，如图 1-3 所示，主要化学组成为 CaO、SiO_2、Al_2O_3。

在混凝土中掺加磨细矿渣使混凝土的性能得到以下几个方面的改善：

（1）降低了混凝土的水化热。

（2）可提高混凝土的耐久性，改善混凝土的抗渗性能。

（3）具有物理辅助减水效果。

（4）有利于提高混凝土的后期强度。

（5）改善坍落度损失。

图 1-2 粉煤灰

图 1-3 磨细矿渣

4. 细骨料

细骨料包括天然砂或机制砂。天然砂是自然生成的、经人工开采和筛分的粒径小于 4.75mm 的岩石颗粒，如图 1-4 所示包括河砂、湖砂、山砂、淡化海砂，但不包括软质、风化的岩石颗粒。机制砂是经除土处理，由机械破碎、筛分制成的，粒径小于

4.75mm 的岩石、矿山尾矿或工业废渣颗粒，但不包括软质、风化的颗粒，俗称人工砂，如图 1-5 所示。

《建筑用砂》（GB/T 14684—2022）的规定，砂按细度模数大小分为粗砂（3.7～3.1）、中砂（3.0～2.3）、细砂（2.2～1.6）、特细砂（1.5～0.7）四种规格；按技术要求分为Ⅰ类、Ⅱ类、Ⅲ类三种类别。

图 1-4　天然砂

图 1-5　人工砂

5. 粗骨料

普通混凝土常用的粗骨料分卵石和碎石两类。卵石是由自然风化、水流搬运和分堆形成的，粒径大于 4.75mm 的岩石颗粒。按其产源可分为河卵石、海卵石、山卵石等几种，其中河卵石应用较多。碎石由天然岩石、卵石或矿山废石经机械破碎、筛分制成的，粒径大于 4.75mm 的岩石颗粒。根据《建筑用卵石、碎石》（GB/T 14685—2022），卵石、碎石按技术要求分为Ⅰ类、Ⅱ类、Ⅲ类三种类别。

6. 外加剂

外加剂是指在拌制混凝土前或拌和过程中掺入用以改善混凝土性能的物质，本书主要介绍常用的减水剂和引气剂两种。

（1）减水剂，是最常用的一类化学外加剂，在混凝土中使用减水剂主要有以下几个作用：

1）在保持用水量不变的情况下，改善新拌混凝土的工作度，提高流动性。

2）在保持新拌混凝土工作性不变的情况下，减少用水量，以提高混凝土的强度。

3）在保持新拌混凝土一定强度前提情况下，减少水泥用量，以改善硬化混凝土的体积稳定性，提高抗裂性。

4）改善新拌混凝土的可泵性，提高施工速度。

（2）引气剂，是一种在搅拌过程中具有在混凝土中引入大量、均匀分布的微气泡，而且在硬化后能保留在其中的一种外加剂，在混凝土中使用引气剂主要有以下几个作用：

1）改善混凝土拌和物的和易性。

2）调节混凝土的含气量。

3）改善混凝土中毛细孔结构。

4）提高混凝土抗渗、抗冻等耐久性能。

7. 水

混凝土用水按水源可分为饮用水、地表水、地下水、海水，以及经适当处理后的工业废水。拌制及养护混凝土，宜采用可饮用水。地表水和地下水常溶有较多的有机质和矿物盐类，必须按标准规定检验合格后，方可使用。海水中含有较多硫酸盐和氯盐，影响混凝土的凝结硬化进程，且影响混凝土耐久性、加速混凝土中钢筋的锈蚀，因此对于钢筋混凝土和预应力混凝土结构，不得采用海水拌制；对有饰面要求的混凝土也不得采用海水拌制，以免因表面产生盐析而影响装饰效果。工业废水经检验合格后，方可用于拌制混凝土。生活污水的水质比较复杂，不能用于拌制混凝土。

三、 混凝土的分类

1. 根据表观密度分类

（1）重混凝土。表观密度大于2800kg/m^3。常用重晶石、铁矿石、钢屑等做骨料和锶水泥、钡水泥共同配制防辐射混凝土，重混凝土具有不透X射线和γ射线的性能。

（2）普通混凝土。表观密度在2000～2800 kg/m^{3}之间。这类混凝土是用天然砂、石作骨料配制而成的，是土建工程中应用最普遍的混凝土，如房屋及桥梁等承重结构，道路建筑中的路面等。

（3）轻混凝土。表观密度小于2000kg/m^3。它又可以分为三类：①轻骨料混凝土，表现密度800～2000kg/m^3，是用轻骨料如浮岩、火山渣、陶粒、膨胀珍珠岩、膨胀矿渣、煤渣等配制成的。②多孔混凝土（泡沫混凝土、加气混凝土），表观密度300～1000kg/m^3。泡沫混凝土是由水泥浆或水泥砂浆与稳定的泡沫制成的。加气混凝土是由水泥、水与发气剂配制成的。③大孔混凝土（普通大孔混凝土、轻骨料大孔混凝土），其组成中无细骨料。普通大孔混凝土的表观密度范围为1500～1900kg/m^3：是用碎石、卵石、重矿渣作骨料配制成的。轻骨料大孔混凝土的表观密度范围为500～1500kg/m^3：是用陶粒、浮岩、碎砖、煤渣等作骨料配制成的。

2. 根据胶凝材料分类

根据所用胶凝材料的种类，混凝土可以分为水泥混凝土、沥青混凝土、石膏混凝土、硅酸盐混凝土、聚合物混凝土（树脂混凝土）等。

3. 根据用途分类

根据用途不同，混凝土可以分为结构混凝土、大体积混凝土、防水混凝土、膨胀混凝土、耐热混凝土、防辐射混凝土及道路混凝土等。

4. 根据强度等级分类

（1）低强混凝土：抗压强度＜30MPa。

（2）中强混凝土：30MPa≤抗压强度＜60MPa。

（3）高强混凝土：抗压强度≥60MPa。

（4）超高强混凝土：抗压强度≥100MPa。

5. 根据生产和施工方式分类

根据生产和施工方式，混凝土可以分为预拌混凝土和现场拌制混凝土；按施工方式可以分类泵送混凝土、喷射混凝土、碾压混凝土、挤压混凝土、离心混凝土及压力灌浆混凝土等。

第二节 混凝土拌和物的工作性

一、概念

混凝土的工作性又称为和易性，是指混凝土拌和物易于各工序施工操作（搅拌、运输、浇筑、成型），以保证获得均匀、密实的混凝土的性能。工作性是一项综合性的技术指标，包括流动性、黏聚性和保水性等三方面。

流动性是指混凝土拌和物在自重或外力作用下，能流动并均匀密实地填充模板的性能。流动性的大小，反映混凝土拌和物是否易于克服内部摩擦及其与钢筋及模板的摩擦而发生流动，直接影响着新拌混凝土运输、浇筑和成型施工的难易及混凝土的质量。

黏聚性是指混凝土拌和物内各组分之间具有一定的凝聚力，在运输和浇注过程中不致发生分层离析现象，使混凝土保持整体均匀的性能。

保水性是指混凝土拌和物具有一定的保持内部水分的能力，在施工过程中不致产生严重的泌水现象。保水性差的混凝土拌和物，在施工过程中，一部分水易从内部析出至表面，在混凝土内部形成泌水通道，使混凝土的密实性变差，降低混凝土的强度和耐久性。

混凝土拌和物的流动性、黏聚性、保水性，三者之间互相关联又互相矛盾。如黏聚性好，则保水性往往也好，但流动性可能较差；当增大流动性时，黏聚性和保水性往往变差。所谓拌和物的和易性良好，就是要使这三方面的性能，在某种具体工作条件下得到统一，达到均为良好的状况。

二、测定

《普通混凝土拌和物性能试验方法》（GB/T 50080—2016）规定，以坍落度法和维勃稠度法来测定混凝土拌和物的流动性，并辅以直观经验目测评定黏聚性和保水性，其主要现象为离析和泌水。

1. 坍落度

将混凝土拌和物按规定的试验方法装入标准坍落度筒（圆台形筒）内，装捣刮平后，将筒垂直向上提起，这时筒内拌和物因失去筒壁的水平约束，在自重作用下而发生坍落，量测筒高与坍落后拌和物料堆最高点之间的高度差，以 mm 计，即为该混凝土拌和物的坍落度值。坍落度越大，混凝土拌和物的流动性越大。

在测定坍落度的同时，通过观察发生坍落后料堆底部泌出的水量以及骨料的外露程度，评价混凝土拌和物的保水性；用插捣棒在已坍落的混凝土拌和物料堆一侧轻轻敲打，如果拌和物逐渐下沉，则表明黏聚性良好，如果锥体突然崩塌，则表示黏聚性不好。

根据坍落度（mm）大小，将混凝土拌和物分为 4 级：

（1）大流动性混凝土，拌和物的坍落度等于或大于 160mm；

（2）流动性混凝土，拌和物的坍落度为 100～150mm；

（3）塑性混凝土，拌和物的坍落度为 50～90mm；

（4）低塑性混凝土，拌和物的坍落度为 10～40mm。

当拌和物的坍落度小于 10mm 时，为干硬性混凝土。

2. 维勃稠度

坍落度法不能准确评价干硬性混凝土的流动性，需用维勃稠度仪测定，并以维勃稠度值（单位：s）表示混凝土拌和物工作性。此法适用于骨料最大粒径不超过 40mm 且维勃稠度值在 5～30s 之间的混凝土拌和物。干硬性混凝土拌和物的流动性按维勃稠度值可分为半干硬性（5～10s）、干硬性（11～20s）、特干硬性（21～30s）、超干硬性（≥31s）四个等级。

3. 离析和泌水

离析是指某组分自新拌混凝土中分离，致使拌和物匀质性下降的现象，如图 1-6（a）所示。通常的离析是砂浆与粗骨料产生分离，这种分离有两种类型：一种是较重的颗粒沉在新拌混凝土底部；另一种是粗骨料从拌和物中分离。离析使混凝土结构不均匀或产生不一致的分层，从而影响混凝土的强度和耐久性。黏聚性不良是导致新拌混凝土离析的最主要原因。

泌水是指在混凝土浇筑后，尚未凝结前，拌和物中的水向上层迁移而富集的现象，如图 1-6（b）所示。泌水的结果影响混凝土的均匀性，在混凝土表面形成高水胶比薄弱面，而在混凝土内部所产生的泌水通道又增加了硬化混凝土的孔隙率和开口孔的数量，因而降低了混凝土的抗渗性和抗冻性、强度和耐久性。

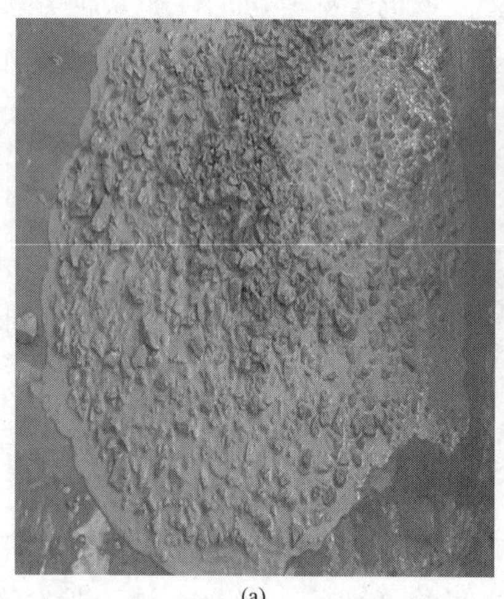

(a)

(b)

图 1-6　混凝土的离析和泌水

（a）离析；（b）泌水

第三节 硬化混凝土性能

一、强度

作为重要的结构材料，混凝土的力学性能是首要的，强度是混凝土最重要的力学性质之一。随荷载作用形式不同，混凝土的强度主要体现为抗压强度、抗拉强度、抗弯强度、抗剪强度等。其中，混凝土的抗压强度最大，抗拉强度最小，因此在结构工程中混凝土主要用于承受压力，应用于受拉抗弯、抗剪工程部位混凝土需以钢筋增强，且应用范围较小。下面主要介绍混凝土的抗压强度。

1. 混凝土的抗压强度（f_{cu}）与强度等级

混凝土的抗压强度，是指其标准试件在压力作用下直到破坏时单位面积所能承受的最大应力。混凝土结构物常以抗压强度为主要参数进行设计，而且抗压强度与其他强度及变形有良好的相关性。因此，抗压强度常作为评定混凝土质量的指标，并作为确定强度等级的依据，在实际工程中提到的混凝土强度一般是指抗压强度。

根据《混凝土物理力学性能试验方法标准》（GB/T 50081—2019）制作 150mm×150mm×150mm 的标准立方体试件，在标准条件（温度 20℃±2℃，相对湿度 95%以上）下，养护到 28d 或 56d 龄期，所测得的抗压强度值为混凝土立方体抗压强度，以 f_{cu}表示。

$$f_{cu} = \frac{F}{A}$$

式中 f_{cu}——混凝土的立方体抗压强度，MPa；

F——破坏荷载，N；

A——试件受压面积，mm^2。

混凝土强度等级采用符号 C 与立方体抗压强度标准值（以 MPa 计）表示，如 C40、C50，强度等级超过 C60（含）的混凝土，称为高强混凝土。

2. 提高混凝土强度的措施

（1）采用高强度等级水泥。在混凝土配合比相同的情况下，水泥的强度等级越高，所配制的混凝土强度越高。

（2）采用低水胶比。低水胶比的混凝土拌和物游离水分少，硬化后留下的孔隙少，混凝土密实度高，界面过渡区结构改善，混凝土强度可显著提高。因此，降低水胶比是提高混凝土强度的最有效途径之一。

（3）采用机械搅拌和振捣。机械搅拌比人工拌和能使混凝土拌和物更均匀，特别是在拌和低流动性混凝土拌和物时效果更显著。采用机械振捣，可使混凝土拌和物的颗粒产生振动，暂时破坏水泥浆体的凝聚结构，从而降低水泥浆的黏度和骨料间的摩擦阻力，提高混凝土拌和物的流动性，使混凝土拌和物能很好地充满模型，混凝土内部孔隙大大减少，从而使密实度和强度大大提高。

（4）掺入混凝土外加剂、掺合料。在混凝土中掺入早强剂可提高混凝土早期强度；掺入减水剂可减少用水量，降低水胶比，提高混凝土强度。此外，在混凝土中掺入高效减水剂的同时，掺入磨细的矿物掺合料（如硅灰、优质粉煤灰、超细磨矿渣等），可显著提高混凝土的强度，配制出强度等级为C60～C100的高强混凝土。

二、耐久性

混凝土除应具有设计要求的强度，以保证其能安全地承受设计荷载外，还应根据其周围的自然环境以及使用条件，具有较好的耐久性。经常受到压力液体作用的混凝土，要求具有抗渗性；与水接触并遭受冰冻作用的混凝土，要求具有抗冻性；处于侵蚀性环境中的混凝土，要求具有相应的抗侵蚀性等。混凝土的耐久性是指混凝土能够抵抗环境介质作用，本身不破坏且其他性能不降低，并保证结构安全、正常使用的能力。

1. 抗渗性

混凝土的抗渗性，是指混凝土抵抗压力介质（水、油、溶液等）渗透作用的能力。它是决定混凝土耐久性最基本的因素，若混凝土的抗渗性差，不仅周围水等液体物质易渗入内部，而且当遇有负温或环境水中含有侵蚀性介质时，混凝土就易遭受冰冻或侵蚀作用而破坏。若使用钢筋混凝土，还将引起其内部钢筋锈蚀，并导致表面混凝土保护层开裂与剥落。因此，对地下建筑、水坝、水池、港工、海工等工程，必须要求混凝土具有一定的抗渗性。

混凝土的抗渗性用抗渗等级表示。抗渗等级是以28d或56d龄期的标准试件，在标准试验方法下所能承受的最大静水压来表示。共有P6、P8、P10、P12等几个等级，表示混凝土能抵抗0.6MPa、0.8MPa、1.0MPa、1.2MPa的静水压力而不渗透。

混凝土渗水的主要原因是由于内部的孔隙形成连通的渗水通道。这些孔道除产生于施工振捣不密实外，主要来源于水泥浆中多余水分的蒸发而留下的气孔，水泥浆泌水所形成的毛细孔，以及粗骨料下部界面水富集所形成的孔穴。这些渗水通道的多少，主要与水胶比大小有关，因此，水胶比是影响抗渗性的一个主要因素。试验表明，随着水胶比增大，抗渗性逐渐变差，当水胶比大于0.6时，抗渗性急剧下降。

提高混凝土抗渗性的主要措施是提高混凝土的密实度和改善混凝土中的孔隙结构，减少连通孔隙。这些可通过降低水胶比、选择好的骨料级配、充分振捣和养护、掺入减水剂及引气剂等方法来实现。

2. 抗冻性

混凝土的抗冻性，是指混凝土在饱水状态下，能经受多次冻融循环而不破坏，同时也不严重降低原有性能的能力。在寒冷地区，特别是接触水又受冻的环境下的混凝土，要求具有较好的抗冻性。混凝土的抗冻性用抗冻等级来表示。抗冻等级是以28d或56d龄期的混凝土标准试件，在饱水后承受反复冻融循环，以抗压强度损失不超过25%，且质量损失不超过5%时所能承受的最多的循环次数来表示。混凝土的抗冻等级有F25、F50、F100、F150、F200、F250和F300等，分别表示混凝土能承受冻融循环的最多次数不少于 25 次、50 次、100 次、150 次、200 次、250 次和 300 次。

混凝土受冻融破坏的原因是由于混凝土内部孔隙中的水在负温下结冰后体积膨胀形成的静水压力，当这种压力产生的内应力超过混凝土的抗拉强度，混凝土就会产生裂缝，多次冻融循环使裂缝不断扩展直至破坏，如图 1-7 所示。混凝土的密实度、孔隙率和孔隙构造、孔隙的充水程度是影响抗冻性的主要因素。密实的混凝土和具有封闭孔隙的混凝土（如引气混凝土），故抗冻性较高。所以，在混凝土中掺入引气剂、减水剂可有效提高混凝土的抗冻性。

(a)

(b)

图 1-7 混凝土经受冻融

（a）冻融剥蚀；（b）冻融破坏

3. 抗侵蚀性

当混凝土所处环境中含有侵蚀性介质时，混凝土便会遭受侵蚀，通常有软水侵蚀、硫酸盐侵蚀、镁盐侵蚀、碳酸侵蚀、一般酸侵蚀与强碱侵蚀等。随着混凝土在地下工程、海岸与海洋工程等恶劣环境中的大量应用，对混凝土的抗侵蚀性提出了更高的要求。

混凝土的抗侵蚀性与所用水泥品种、混凝土的密实度和孔隙特征等有关。密实和孔隙封闭的混凝土，环境水不易侵入，抗侵蚀性较强。提高混凝土抗侵蚀性的主要措施是合理选择水泥品种、降低水胶比、提高混凝土密实度和改善孔结构。混凝土所用水泥品种可依据工程环境，参照相关标准选用。

4. 碳化

混凝土的碳化，是指混凝土内水泥石中的氢氧化钙与空气中的二氧化碳在湿度适宜时发生化学反应，生成碳酸钙和水的过程，也称混凝土的中性化。混凝土的碳化，是二氧化碳由表及里逐渐向混凝土内部扩散的过程。碳化会引起水泥石组成及结构的变化，对混凝土的碱度、强度和收缩产生影响。

碳化对混凝土性能既有有利的影响，也有不利的影响。其不利影响，首先是碱度降低，减弱了对钢筋的保护作用。这是因为混凝土中水泥水化生成大量的氢氧化钙，使钢

图 1-8　钢筋锈蚀

筋处在碱性环境中而在表面生成一层钝化膜，保护钢筋不被腐蚀。而当碳化深度穿透混凝土保护层达到钢筋表面时，钢筋钝化膜被破坏从而发生锈蚀，如图 1-8 所示，此时产生的体积膨胀会使混凝土保护层开裂。开裂后的混凝土进一步便利了二氧化碳、水、氧等有害介质的进入，加剧了碳化和钢筋的锈蚀，最后导致混凝土沿钢筋走向产生裂缝而被破坏。其次，碳化作用会增加混凝土的收缩，使混凝土表面产生拉应力而出现微细裂缝，降低混凝土的抗拉、抗折强度及抗渗能力。

碳化作用对混凝土也有一些有利影响，即碳化作用产生的碳酸钙填充了水泥石的孔隙，以及碳化时放出的水分有助于未水化水泥的水化，从而可提高混凝土碳化层的密实度，对提高抗压强度有利。如混凝土预制桩往往利用碳化作用来提高桩的表面硬度。

5. 碱-骨料反应

碱-骨料反应是指混凝土中的碱（Na_2O、K_2O）与骨料中的活性组分发生化学反应，在骨料表面生成具有膨胀性的物质，体积膨胀（体积可增加 3 倍以上），从而导致混凝土膨胀开裂破坏的现象，如图 1-9 所示。

图 1-9　碱-骨料反应

根据骨料中的碱活性组分不同，碱-骨料反应可分为碱-二氧化硅（又称碱-硅酸）反应（ASR）和碱-碳酸盐反应（ACR）。前者的活性组分主要是骨料中所含的活性二氧化硅，后者主要指含黏土微晶的白云石。

碱骨料反应具有下列特征：混凝土的开裂破坏一般发生于浇筑后两三年或者更长时

间；常发生网状开裂和顺筋开裂；裂缝边缘出现凸凹不平的现象；潮湿环境下，破坏愈加剧烈；裂缝处常出现透明、淡黄色、褐色物质析出。

混凝土发生碱-骨料反应必须具备以下三个条件：

(1) 水泥、外加剂含碱量过高。水泥碱含量按（Na_2O +0.658 K_2O)%计算大于0.6%。

(2) 砂、石骨料含有活性二氧化硅成分或活性碳酸盐。含活性二氧化硅成分的矿物有蛋白石、玉髓、鳞石英等。

(3) 有水存在。在无水情况下，混凝土不可能发生碱-骨料反应。

在实际工程中，为抑制碱-骨料反应的发生，可采取以下方法：采用低碱水泥，控制水泥总含碱量不超过0.6%；选用非活性骨料；降低混凝土的单位水泥用量，采用不含钾钠离子的外加剂，以降低单位体积混凝土中的碱含量；在混凝土中掺入火山灰质混合材料，以减少膨胀；防止水分侵入，设法使混凝土处于干燥状态。

第四节 高性能混凝土

一、定义

高性能混凝土（High Performance Concrete，HPC）是一种具有良好体积稳定性、高耐久性、优异工作性的混凝土。高性能混凝土是近期混凝土技术发展的主要方向，国外学者曾称之为21世纪混凝土。

二、高性能混凝土的特性

(1) 易于浇筑。

(2) 捣实而不离析。

(3) 能长期保持的力学性能。

(4) 韧性高和体积稳定性好。

(5) 在恶劣的使用条件下寿命长。高性能混凝土要求高体积稳定性、高工作性与优异的耐久性。

三、高性能混凝土的配制

(1) 混凝土的原材料和配合比参数应根据混凝土结构的设计使用年限、所处环境条件和作用等级来确定。

(2) 混凝土中应适量掺加能够改善混凝土性能的粉煤灰、磨细矿渣或硅灰等矿物掺合料。

(3) 混凝土中应适量掺加能够提高混凝土性能的高效减水剂，尽量减少用水量和胶凝材料用量；含气量要求大于或等于4.0%的混凝土应同时掺加高效减水剂（或聚羧酸系高性能减水剂）和引气剂。

(4) 混凝土配合比应按最小浆骨体积比原则设计。

（5）混凝土的碱含量应符合设计要求，当设计无要求时，应满足表 1-1 规定。

表 1-1　　总碱含量最大限值　　（kg/m^3）

设计使用年限		100 年	60 年	30 年
环境条件	干燥环境	3.5	3.5	3.5
	潮湿环境	3.0	3.0	3.5
	含碱环境	2.1	3.0	3.0

注：1. 对于含碱环境中的混凝土结构，当其设计使用年限为 100 年时，除了混凝土的碱含量应满足本表要求外，还应使用非碱活性骨料；当其设计使用年限为 60 年、30 年时，除了混凝土碱含量应满足本表要求外，还应对混凝土表面作防水、防碱涂层处理，否则应换用非碱活性骨料。

2. 混凝土的碱含量是指混凝土中各种原材料的碱含量之和。其中，矿物掺合料的碱含量以其所含可溶性碱量计算。粉煤灰的可溶性碱量取粉煤灰总碱量的 1/6，磨细矿渣的可溶性碱量取磨细矿渣总碱量的 1/2，硅灰的可溶性碱量取硅灰总碱量的 1/2。

3. 干燥环境是指不直接与水接触、年平均空气相对湿度长期不大于 75％的环境；潮湿环境是指长期处于水下或潮湿土中、干湿交替区、水位变化区以及年平均相对湿度大于 75％的环境；含碱环境是指与高含盐碱土体、海水、含碱工业废水或钠（钾）盐等直接接触的环境；干燥环境或潮湿环境与含碱环境交替作用时，均按含碱环境对待。

（6）混凝土的氯离子含量应满足表 1-2 的要求。

表 1-2　　氯离子含量最大限值

混凝土类别	钢筋混凝土	预应力混凝土
氯离子含量	0.10％	0.06％

注：1. 对于钢筋配筋率低于最小配筋率的混凝土结构，其混凝土的氯离子含量要求应与本表中钢筋混凝土的要求相同。

2. 混凝土的氯离子含量是指混凝土中各种原材料的氯离子含量之和，以其与胶凝材料的质量比表示。

（7）混凝土的三氧化硫含量不应超过胶凝材料总量的 4.0％。

第五节　混凝土施工配合比调整

一、影响混凝土配合比的因素

混凝土用粗骨料的级配以及细骨料的细度模数在一定范围内会产生波动，而引气剂、减水剂的使用效果也会受到混凝土材料品质波动、环境温度的变化等因素的影响。因此，混凝土配合比可根据实际检测情况对分级骨料的比例、砂率、引气剂和减水剂的掺量进行适当调整。

二、配合比调整流程

（1）为了保证混凝土的施工质量，严格执行混凝土施工配合比，首先根据砂石含水率和碎石的筛分结果进行调整混凝土理论配合比，确定混凝土施工配合比。

（2）在开盘混凝土生产时，如果出现混凝土工作性不满足施工要求，由搅拌站质检工程师按照规范要求进行调整，并填写《混凝土开盘鉴定表》，报驻站监理签字确认。

（3）在混凝土浇筑过程中，如果出现混凝土工作性不满足施工要求，由搅拌站质检工程师按照《铁路混凝土工程施工技术规程》（Q/CR 9207—2017）要求进行对施工配合比进行调整。

（4）如果正在浇筑的混凝土坍落度不满足施工要求，现场试验人员按车内混凝土胶凝材料总量0.1%外加剂取适量水混合加入容器内搅拌，倒入混凝土运输车内，且应分批、适量加入，严禁一次性倒入车内，快速旋转罐体20～30s，严禁擅自加水，更不能在拖泵上加水输送。

三、 配合比调整具体要求

1. 分级骨料的比例调整

骨料品质应满足要求，调整配合比混凝土坍落度应在原理论配合比设计坍落度±10mm范围内，调整配合比混凝土含气量应满足《铁路混凝土工程施工技术规程》（Q/CR 9207—2017）入模含气量的要求，且调整配合比混凝土含气量与原配合比混凝土设计含气量之差在±0.5%范围内。

2. 砂率的调整

骨料品质应满足《铁路混凝土工程施工技术规程》（Q/CR 9207—2017）的要求，砂率调整范围不得超过1%，调整配合比混凝土坍落度应在原理论配合比设计坍落度±10mm范围内，调整配合比混凝土出机含气量与原配合比混凝土气量之差在±0.5%范围内。

3. 引气剂掺量的调整

调整配合比混凝土坍落度应在原理论配合比设计坍落度±10mm 范围内，调整配合比混凝土含气量应满足《铁路混凝土工程施工技术规程》（Q/CR 9207—2017）入模含气量的要求，调整配合比混凝土出机含气量与原配合比混凝土设计出机含气量之差在±0.5%范围内。调整配合比混凝土凝结时间与原理念配合比混凝土凝结时间之差应在±60min 范围内。

4. 减水剂掺量的调整

减水剂掺量调整范围为胶材用量的±0.1%，调整配合比混凝土坍落度应在原理念配合比设计坍落度±10mm 范围内，调整配合比混凝土含气量应满足入模含气量的要求，调整配合比混凝土出机含气量与原配合比混凝土设计出机含气量之差在±0.5%范围内。调整配合比混凝土凝结时间与原理论配合比混凝土凝结时间之差应在±60min 范围内。

第二章

搅拌站建设及管理

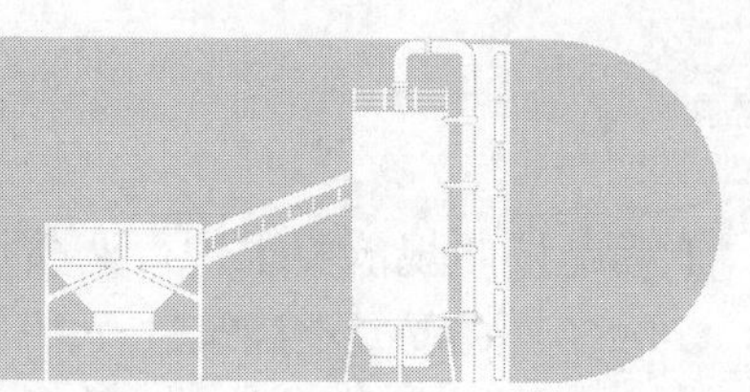

第一节 组织机构体系

（1）建设单位对搅拌站及其工作实行统一管理和监督检查；指挥部和监理单位对所属辖区段内的搅拌站进行日常的监督管理，负有直接责任；施工单位负责按合同和建设单位要求建设搅拌站，对搅拌站进行日常的检查和管理。建设单位对搅拌站实行三级管理，如图2-1所示。

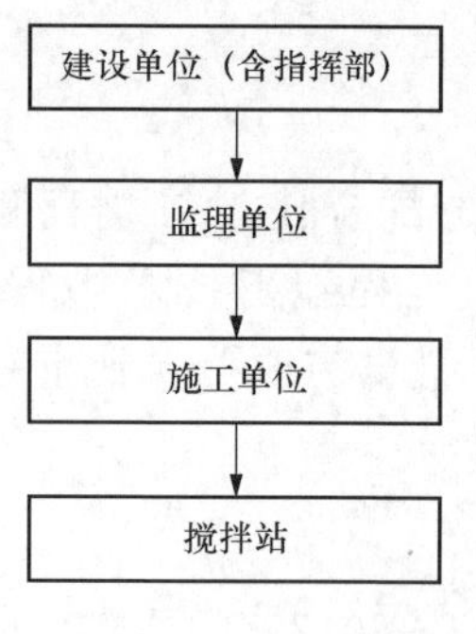

图2-1 三级管理

1）建设单位（含指挥部）。

2）监理单位。

3）施工单位。

（2）建设单位（含指挥部）和监理单位根据工作需要对搅拌站进行定期检查和不定期抽查，行使监督、指导权。

（3）施工单位是搅拌站管理的基层单位，按既定的管理制度进行管理；接受建设单位（含指挥部）和监理单位的监督、指导；严格执行和贯彻上级单位的指示和命令。

第二节 管理职责

一、建设单位（含指挥部）管理职责

（1）监督检查搅拌站各项管理制度的制定及落实情况，推进全线搅拌站的标准化建设。

（2）组织监理单位和指挥部对搅拌站进行验收。

（3）负责对搅拌站的工作进行监督、检查、指导。

（4）组织对搅拌站的检查评比。

二、监理单位管理职责

（1）参与搅拌站建设方案的审查批准。

（2）参与搅拌站的审查验收。

（3）不定期审查搅拌站的人员变化、设备的配备与标定，计量系统的称量偏差等，对不符合要求的搅拌站提出整改要求。

（4）定期对搅拌站的原材料进行抽查，核查施工单位所施工的工程实体质量。

（5）参与建设单位组织的搅拌站的检查评比。

三、 施工单位管理职责

（1）严格按照合同和建设单位要求进行搅拌站建设，推进搅拌站建设的标准化。

（2）组织好混凝土的生产及运输，及时处理生产中的异常情况、确保混凝土的质量。

（3）组织搅拌站人员进行岗前培训，保证工作人员持证上岗。

（4）协助、配合建设单位、指挥部和监理单位对搅拌站的监督、检查工作，积极参加上级单位组织的搅拌站业务培训、技术交流等活动。

第三节　搅拌站人员配置与职责

一、 主要管理人员及要求

1. 搅拌站站长

搅拌站实行站长负责制，站长全面负责搅拌站的各项工作，建立健全搅拌站的各项规章制度，落实上级部门的管理要求，协调搅拌站与工区各施工点的工作关系。

资格要求：搅拌站站长应由具备中专及以上文化程度，3 年以上搅拌站管理工作经验的人员担任，且具有相应的组织管理和协调能力。

2. 技术主管

协助站长全面负责搅拌站各项工作的具体落实，主要负责生产管理，审核材料计划及生产计划，督促材料负责人、调度负责人、设备负责人完成工作，具体处理各种应急事件。

资格要求：技术主管应由具备大专及以上文化程度、助理工程师及以上技术职称，且具有 2 年以上搅拌站技术管理工作经验的人员担任。

3. 试验站负责人

负责试验站的全面管理工作，制订试验检测计划，抓好原材料及混凝土生产的各项试验检测工作，督促落实上级部门的有关要求，协调配合搅拌站的相关工作，配合工区各施工点开展试验检测工作。

资格要求：要求有助理工程师及以上职称，3 年以上工作经验。

4. 质检工程师

负责组织开盘鉴定和生产过程中混凝土性能的检测和调整；对生产过程中的配合比执行、配料、计量误差执行情况的监督检查；施工现场混凝土浇筑、试件制作情况，出现问题与工地及时沟通。认真落实质量管理制度，执行质量保障措施，及时向施工技术人员和试验室负责人报告现场质量信息。

资格要求：技师或助工以上职称，3 年以上试验工作经验。

5. 调度负责人

主要负责搅拌站的混凝土生产及运输工作，配合施工现场混凝土生产的计划与落实情况，统一调配车辆，确保混凝土的正常供应。

资格要求：熟悉混凝土运输车辆和泵送设备的性能，有丰富的施工组织经验，熟悉工地施工进度，避免造成工地压车、断车，影响混凝土的质量。

6. 材料负责人

主要负责编制搅拌站材料的购进计划与管理，对进场原材料经目测合格后方可进场，及时以《材料检测通知单》的形式通知工地试验室检测，保证搅拌站原材料供应，确保混凝土的正常生产。

资格要求：熟悉客运专线对原材料的质量标准规范，有丰富的工作经验和组织协调能力，3 年以上相关工作经验。

7. 设备负责人

负责搅拌站的设备管理，认真贯彻执行上级主管部门颁发的有关机械设备管理方面的文件、规章制度及操作规程；负责现场机械设备的使用、维修、配件采购计划及采购工作；指导使用人员按照使用说明书的要求和设备安全技术操作规程使用、保养设备。

资格要求：要求必须持证上岗，且精通各种机械、电器元件的原理，3 年以上相关工作经验。

8. 信息化管理员

负责搅拌站信息化硬件及软件系统维护。

资格要求：信息化管理员应具有大专及以上文化程度，3 年以上搅拌站工作经历，具备熟练操作信息管理系统的技能。

9. 维修、电工

维修工负责设备的检修与日常维护保养，确保机械设备的完好率；电工保证施工用电线路布设符合有关规定，对突发的电力故障能够及时处理，保证生产过程中的电力供应。

资格要求：要求持证上岗，精通机械和电子、电路知识，特别是精通计量系统中电子传感器的使用和维修。

10. 搅拌机操作员

搅拌机操作员负责按照施工配料通知单生产混凝土，对生产过程和日常维护中出现的设备故障及时向设备负责人汇报，在生产过程中填写生产运转记录和设备保养记录，下班填写交接班记录。

资格要求：要求高中及以上文化，应培训合格并持有操作证的人员担任。有一定的电脑操作水平，必须掌握准确的误差调整方法，熟悉基本混凝土拌和物性能常识。

11. 安全负责人

负责经理部安全管理的各项规章制度在现场的贯彻实施，落实经理部安全生产奖罚制度。组织、参加安全检查及安全教育培训。参加各类事故的调查、分析和处理。

资格要求：熟悉国家、铁道部、地方政府有关安全的法律法规、规定。要求持证上岗，有丰富的安全方面工作经验，从事 3 年以上安全管理工作。

12. 环保负责人

负责搅拌站环境管理体系的策划和环境管理目标、指标的制定，落实环境管理职责，编制环境管理方案，对环保工作负全责。

资格要求：熟悉国家、铁道部、地方政府有关环保法律法规、规定，有丰富的环保管理经验，能合理制定和执行各项环保措施。

二、 岗位职责

1. 搅拌站站长岗位职责

（1）实行搅拌站站长负责制，全面负责管理体系在搅拌站贯彻实施，负责搅拌站日常管理，做好搅拌站质量、安全、文明、环保和生产的监督和管理工作。

（2）主持搅拌站人员的考核评比工作，根据搅拌站制定的奖惩制度对人员进行管理。

（3）掌握材料要求和质量标准，组织安排现场对原材料和混凝土生产的管理工作。

（4）负责组织设备管理人员对设备定期进行维修保养，保证设备正常工作。

（5）负责组织搅拌站全体人员参加技术交底，学习施工工艺，掌握生产要点和操作技能。

（6）接到工区相关部门的混凝土申请单，负责组织设备、材料、生产部门的协调，保证混凝土生产的正常进行。

2. 技术主管岗位职责

（1）协助站长全面负责搅拌站各项工作的具体落实。

（2）主要负责生产管理，审核材料计划及生产计划。

（3）督促材料负责人、调度负责人、设备负责人完成工作。

（4）负责搅拌站应急预案的编制与演练，处理搅拌站各种应急事件。

3. 设备负责人岗位职责

（1）认真贯彻执行上级主管部门颁发的有关机械设备管理方面的文件、规章制度及操作规程。

（2）负责本部门人员的管理及考核，指导使用人员按照使用说明书的要求和设备安全技术操作规程使用、保养设备。

（3）按照《设备控制程序》做好各项基础资料的整理报送工作。

（4）负责组织机械设备的使用、维修、保养，满足施工生产的需要。

（5）负责现场机械设备的配件采购计划及采购工作。

（6）参与机械事故调查，组织修复，提出防范措施，并写出书面材料及时上报。

（7）按照管理体系的要求做好本职工作，落实相关的目标和指标。

4. 试验负责人岗位职责

（1）熟悉各种原材料、混凝土性能相关的技术规范，质量标准和试验规程。

（2）负责组织原材料和混凝土制品的试验检测。

（3）督促试验人员对仪器的调试、操作、维修保养和相关计量器具的校验并做好记录。

（4）负责试验资料的审核工作，确保试验数据准确可靠、报告公正，纠正试验人员的不正确试验行为。

（5）负责与工地施工人员的沟通，保证混凝土拌和性能符合施工要求，对出厂的混凝土质量负责。

5. 质检负责人岗位职责

（1）负责按照施工技术和验收规范及设计要求及时进行现场混凝土质量检查跟踪，认真填写质量工作日志。

（2）严格按照规定对原材料选用、储存、管理，配合比的选定、搅拌、运输等按要求进行检查。

（3）对砂、石、水泥、外加剂、粉煤灰等原材料的控制，防止不合格原材料投入使用。

（4）检查搅拌系统称量是否按试验室的混凝土配料单执行。

（5）检查试验室值班人员是否按规定制作试件或按规定检测混凝土性能。

（6）开机前督促操作司机、试验员校验各种计量检测仪器。

（7）检查配合比通知单中的混凝土强度等级是否符合现场要求、是否与生产通知单、发料单一致。

（8）定期检查搅拌站计量系统的准确性。

（9）进行搅拌时间的抽检，防止不合格料出机。

6. 材料负责人岗位职责

（1）对按计划进入现场的材料，负责验收、保管、发放以及回收利用。

（2）负责进场原材料质量把关，不合格材料严禁进场，对检测不合格进场材料清场。

（3）严格按仓库管理规范及有关储存程序进行材料管理，做好与试验部门的接口工作。

（4）按现场物资管理程序做好材料质量、数量的验收。

（5）负责现场材料的保管、清点、查库及防护工作。

（6）负责现场材料的发放及清点工作。

（7）负责按内业管理要求，做好进场材料的登记、收发及统计报表工作，做好原始资料的管理。

（8）负责根据材料员上报的混凝土生产量和材料消耗量，积极与上级物资主管部门沟通，保证混凝土生产的连续性。

7. 安全负责人岗位职责

（1）负责监督劳动安全、人身安全、锅炉压力容器安全及交通安全工作，对搅拌站贯彻执行国家和上级有关安全生产、劳动保护政策法规情况进行监督检查。

(2) 制定搅拌站安全生产规章制度、安全生产培训计划，及时分析安全生产形势，提出预防事故措施和建议，对执行情况进行监督检查，按规定编制安全技术措施经费计划，监督检查安全技术措施项目的实施；制定搅拌站安全生产工作计划，针对搅拌站特点，制定安全生产管理办法实施细则，并负责贯彻实施。

(3) 协助上级安检部门进行职业健康安全卫生管理体系认证申报和评审工作。

(4) 定期组织安全生产检查，及时掌握和了解搅拌站安全现况，及时消除施工隐患，对重大施工隐患必要时发出隐患整改通知书，并对施工隐患整改情况进行复查。

(5) 负责安全生产标准化文明工地建设，收集安全信息、推广先进经验，组织开展安全生产竞赛、评比活动，实施安全生产奖罚。

(6) 会同有关部门对员工进行安全教育和技术培训，对全员劳动纪律、施工作业程序、持证上岗、文明施工及对防护用品的使用等情况进行监督检查。

(7) 负责安全报表和职工伤亡事故调查、统计、报告和处理工作。对事故责任者提出处理意见并监督实施。

8. 环保负责人岗位职责

(1) 负责与当地环保部门联系，了解当地的环境情况，制定相应的环保措施。

(2) 负责搅拌站环境管理体系的策划和环境管理目标、指标的制定，落实环境管理职责，编制环境管理方案，对环保工作负全责。

(3) 负责组织各相关部门对环境因素的识别与评价，并宣贯落实。

(4) 大力宣传环境保护的重要性，定期对每位员工进行环保教育，并且监督其执行情况。

(5) 负责搅拌站环境卫生和危险废弃物的管理。

(6) 负责项目环保费用的统计与分析和环境绩效评价及相关信息的传递与反馈工作。

(7) 负责节能降耗工作的策划与落实。

(8) 定期组织对环保情况进行自评，对在环保中有突出贡献者上报站长给予表彰并进行奖励；对破坏环境的员工进行批评、教育并进行处罚，直至送交当地环保部门处理。

(9) 对每道工序进行监督检查，出现问题应立即组织解决或与当地环保部门联系，请求协同解决。

(10) 负责环境投诉的接待与处理。

9. 信息管理人员岗位职责

(1) 制定信息化管理制度、信息员岗位职责、信息化考核管理办法并报项目部主管部门审批。

(2) 编制搅拌站信息化管理手册或作业指导书；对本站相关的数据进行分析和统计，每周向监理单位提交分析问题处理报告。

(3) 利用信息管理系统监控搅拌站原材料进场和混凝土生产，发现问题及时处理。

（4）负责本搅拌站信息系统的维护，对系统运行中出现的功能问题及时上报监理单位及项目部，同时与软件厂商沟通解决，并做好相记录。

（5）利用信息化管理系统实时监控搅拌站混凝土生产情况，发现问题及时处理，并记录在《搅拌站超标及处理登记表》上。

10. 维修、电工岗位职责

（1）认真遵守各项规章制度和劳动纪律。

（2）服从生产安排并按时完成工作任务。

（3）团结协作，相互交流，共同提高技术水平。

（4）负责向维修组提出所需的配件计划并按规定办理领料手续。

（5）认真做好生产过程中的安全、质量和环境保护工作。

（6）按时提交维修项目的各种技术数据，完工后及时交有关部门。

（7）按照管理体系的要求做好本职工作，落实相关的目标和指标。

11. 混凝土搅拌站操作员岗位职责

（1）严格执行有关规章制度和劳动纪律。

（2）按照搅拌站技术保养周期及作业内容做好例行保养。

（3）作业前做好例行保养和检查润滑油、各限位机构及装置等。

（4）作业时思想集中，听从指挥，不做与工作无关的事，非搅拌站操作人员不准停留在操作室，注意电器仪表、机械各部件运转情况，如有异常情况及时排除或向现场机修人员汇报。

（5）工作完成后，要及时清理搅拌罐内部及搅拌站各部件上的混凝土，并润滑各部件。

（6）正确及时填写运转日志和交接班记录。

（7）保管好资料，工具备件，调离时应办理交接手续。

（8）作业后，关好门窗，做好防火、防盗、防冻工作。

（9）配合有关部门做好环境保护的相关工作。

（10）按照管理体系的要求做好本职工作，落实相关的目标和指标。

12. 装载机操作人员岗位职责

（1）严格执行有关规章制度和劳动纪律。

（2）作业前，做好例行保养和加注润滑油、冷却水。

（3）作业时，注意设备各部件运转情况；与本机无关人员不准停留在操作室；思想集中，听从指挥，不做与工作无关的事。

（4）正确及时填写各种记录，保管好资料，工具备件。

（5）工作完后，铲斗要落地并清除铲斗中堆积的脏物。

（6）作业结束后，做好清洁卫生，关锁门窗和防火、防盗、防冻工作。

（7）配合有关部门做好环境保护的相关工作。

（8）按照管理体系的要求做好本职工作，落实相关的目标和指标。

第四节 搅拌站管理模式与要求

一、搅拌站管理模式

1. 自建搅拌站模式

具备搅拌站建设条件的施工单位，需依据搅拌站标准化建设要求，自建搅拌站，以加强对混凝土生产的管理，保证工程质量。

2. 委托生产模式

（1）现场不具备建设搅拌站条件，经建设单位批准施工单位可采用委托方式生产混凝土。委托方式包括使用商品混凝土、来料加工和租用搅拌站生产三种方式，委托生产应参照自建混凝土搅拌站实行标准化管理。严禁以包工包料方式委托生产混凝土。

（2）采用商品混凝土供应方式的，应由施工单位提出书面申请，建设单位组织对监理等相关单位，对商品混凝土搅拌站的生产供应与质量保证能力进行调查和评估，通过评估后方可使用。

（3）采用委托方式生产混凝土的，混凝土配合比设计、原材料与混凝土质量检测工作应由施工单位完成，监理单位按照规定开展见证和平行试验。

（4）采用租用搅拌站方式的，应安装信息管理系统，并纳入施工单位搅拌站日常管理范围。

（5）采用委托方式生产混凝土的，施工单位应安排 2 名及以上、监理单位安排 1 名及以上具有混凝土生产经验的人员常驻现场，对混凝土生产及质量进行监管。

（6）建设、监理、施工单位应定期组织对委托生产混凝土搅拌站进行检查，检查频次比照自建搅拌站进行。

二、搅拌站管理要求

1. 生产管理要求

（1）原材料控制要做到“三不进场”，即不合格材料不进场（图 2 - 2），无合格证或检验报告的材料不进场，来源不明的材料不进场。

图 2 - 2 材料不合格

（2）混凝土拌和要做到“四不开盘”，即无“施工配料单”不开盘，使用待检状态原材料不开盘，无站长指令不开盘，机械有故障不开盘，如图 2 - 3 所示。

新拌和混凝土要做到“三不出场”，即未经测试检验不出场，运送工地不明确不出场，没有签认单不出场，如图 2-4 所示。

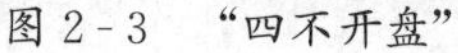
图 2-3 “四不开盘”

图 2-4 “三不出场”

（3）搅拌站日常工作受站长管理，场内严禁闲杂人员进入，场内保持清洁卫生，人员应着工装上岗。

（4）搅拌站内所有机械、车辆保持正常运转状态，检修时不得有油渍污染。

2. 生产通知要求

（1）工地根据生产计划及安排对搅拌站提出《混凝土生产申请单》，如图 2-5 所示。

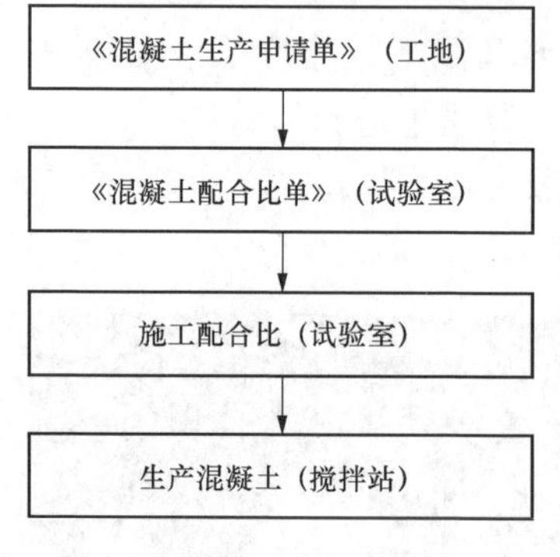

图 2-5 生产流程

（2）试验室负责《混凝土配合比单》及监控混凝土质量，搅拌站负责混凝土生产。

（3）试验室按照工程部生产调度组要求，根据当时的砂石含水率、天气变化及温度条件决定施工配合比，并报驻地监理审核。驻地监理审核未通过，搅拌站不得进行生产。

（4）驻地监理审核通过后，搅拌站根据通知及试验室配合比要求生产混凝土。混凝土输送量满足生产要求后，工地通知搅拌站停止生产。

3. 安全生产教育与培训要求

开工前，组织所有搅拌站员工学习国家有关安全生产的法律法规、标准规范并进行上岗前的安全教育培训。对于从事机动车驾驶等特殊工种的人员，经过专业培训，获得《安全操作合格证》后，方准持证上岗；深化安全教育，强化安全意识，坚持安全员持证上岗，施工生产中时刻树立“安全第一”的思想；教育职工在施工现场养成按规定使用个人防护用品的良好习惯，施工负责人和安全检查人员随时检查防护用品穿戴情况，未按规定穿戴防护用品的禁止上岗。

4. 安全生产检查要求

（1）开工前的安全检查。施工组织设计是否有安全措施，施工机械设备是否配齐安全防护装置，安全防护设施是否符合要求，施工人员是否经过安全教育和培训，施工安全责任制是否建立，施工中潜在事故和紧急情况是否有应急预案等。

（2）定期安全生产检查。每月组织安全生产大检查，积极配合上级单位进行专项和重点检查；班组每日进行自检、互检、交接班检查。

（3）经常性的安全检查。安全工程师、安全员日常巡回安全检查。检查重点：危险物品管理、施工用电、机械设备，发现安全隐患及时整改。

（4）专业性的安全检查。针对搅拌站的重大危险源，对搅拌站的特种作业安全，现场的施工技术安全，现场大中型设备的使用、转运、维修进行检查。

（5）季节性、节假日安全生产专项检查。

5. 安全技术交底要求

（1）工程开工前，安全负责人和现场管理人员向参加施工的各类人员认真进行安全技术措施交底。工序、工种安全技术交底要结合《安全操作规程》及安全施工的规范标准进行，避免口号式、无针对性地交底。认真履行交底签字手续，以提高接受交底人员的责任心。

（2）同时要经常检查安全措施的贯彻落实情况，纠正违章，使措施方案始终得到贯彻执行，达到既定的施工安全目标。

6. 安全用电要求

（1）场区生产用电和生活用电必须严格按照电力部门安全标准施工，布局合理，严禁擅自安装电线线路和插座。

（2）变压器和配电房应设置警示标志，配电室非操作人员禁止入内。

（3）所有电器设备在安装使用前必须设置接地，保持良好的绝缘性能。

（4）搅拌站生产用电和生活用电应设置专职电工，必须经过安全知识和相关技能培训，并具有相应的职业资格证书，方可上岗。

（5）当用电设备出现故障时，应立即切断电源，及时通知场部专职电工排除。

7. 应急救援预案

按照本工程特点，对可能发生的重大生产安全事故和自然灾害组织制订应急救援预案。对各类事故，均要严格按照“四不放过”的原则处理，即事故原因查不清不放过；责任者和群众未受到教育不放过；没有制定出今后防范措施不放过；责任人没有受到处理不放过。同时事故发生后要及时按程序上报。

8. 原材料检查验收要求

（1）原材料质量必须符合现行规范、标准和规定要求。材料员按批验收并查对质量证明材料，拒收质量证明材料不全的原材料。

（2）原材料进场时，材料员与供应商共同核对材料的质量、品种、规格、数量，不符合初验要求的不得进场。

（3）初验合格的原材料进场后，材料员通知试验站取样、检验判定原材料是否符合技术要求；对于试验站无法检验的项目，送中心试验室或报监理进行委外试验，其检验报告作为判定原材料是否合格的依据。

（4）经检验合格的原材料可进入生产环节，不合格的原材料必须清退处理。

9. 混凝土检验要求

（1）出厂混凝土质量必须按相关的标准严格检验和控制，经确认各项质量指标符合要求后，方可出厂。

（2）混凝土试件的取样、制作、养护必须符合现行国家及铁道行业标准规定。

（3）预拌混凝土的泵送应按《混凝土泵送施工技术规范》的有关规定执行。

（4）混凝土搅拌站根据国家规定和技术标准明确产品的验收方法，包括取样方法和频率、试件制作和养护等。搅拌站试验员，根据技术标准和设计要求的规定对出厂的混凝土的坍落度、拌和物性能等进行出厂检验，检验结果应作记录并存档备查。坍落度、拌和物性能不符合要求的，混凝土不得出厂。

10. 不合格预拌混凝土的处理

（1）混凝土的运输时间（拌和后至浇筑前）超过技术标准规定时间不得使用。

（2）混凝土的坍落度、含气量、扩展度、入模温度等不能满足规范及设计要求时不得使用，如图 2 - 6 所示。

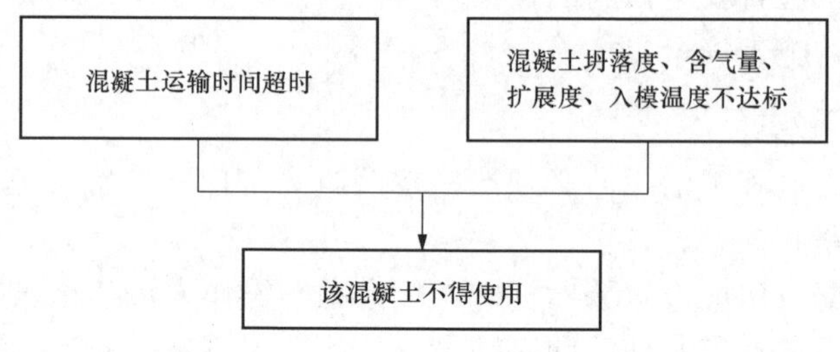

图 2 - 6　不合格预拌混凝土的处理

11. 搅拌站设备管理要求

（1）搅拌站要确保站内各类机械设备处于完好状态，在满足本项目部的工程需要的同时，服从项目经理部对其操作人员、机械设备、维修人员及混凝土的统一调配与管理。

（2）设备负责人负责对全部混凝土生产设备的管理与生产调配工作，建立设备台账，对本站所有的设备负责维护与保养工作。

（3）搅拌站对机械设备的维护、保养应严格执行项目经理部制订的设备管理办法中的相关规定。

12. 搅拌站操作员交接班要求

（1）交班前，必须对机械设备进行全面检查，发现异常要查明原因，并向接班人员介绍本班设备使用情况。

（2）交班前要完成每日保养的项目，清点工具及随机配件。

（3）认真填写本班交接记录，记录要反映出运转、燃油、润滑、工作时间、工作量等情况，做到认真、清楚。搅拌楼交接班记录要反映计量、上料、电脑主机、电控系统、空气压缩机、搅拌主机、信息化系统的工况。

(4) 连续生产时，接班人员未到岗时，交班人员不得离岗，必须待接班人员上岗后方可换班。

(5) 接班操作员应按相关操作规程对搅拌楼配料机、各物料上料系统、物料计量系统、搅拌主机、润滑系统、电控系统、工控电脑等系统进行检查，对影响到安全、质量的问题及时解决。

(6) 如遇交班人员未能按质按量完成当班保养工作的，除影响设备正常使用的情况之外，应在能够保证设备正常工况和安全的前提下，先解决当前问题，以保证完成生产、运输、施工任务，同时寻找其他操作员、证明当时状况以便公司形成记录或做出相应处理。

(7) 对于交接班过程中所出现的不能尽职的问题，将被记录，作为每月考评工资发放的参考；因交接班工作的疏漏而造成机械甚至交通事故的，将查明原因、责任人并根据相关规定另行处理。

13. 搅拌站操作室管理要求

(1) 搅拌站操作室是混凝土配料、拌和控制中心，严禁闲杂人员进入。

(2) 操作员上岗时注意力必须保持高度集中，不得做与业务无关的事情，不得玩电脑游戏。

(3) 操作员应严格按照操作规程和安全规程进行操作，发现故障时应及时向站长汇报。

(4) 严格按施工配料单配料，保存好每次生产配料的数据，未经允许不得随意向外界调阅。

(5) 保持操作室内卫生，进出要换鞋，电器设备不得有灰尘。

14. 搅拌站设备标定要求

(1) 国家强制检定准确度要求高的搅拌设备的计量称、运输车辆、锅炉压力容器等应由有国家检定资质的部门检定，规定其周期为 12 个月。

(2) 对使用频繁、准确度要求高的计量设备应加强自检，规定自检周期为 1 个月或认为有问题时，并及时填写自检记录。

(3) 检定合格的计量器具，由检定人员签发计量器具检定合格证、检定证书或计量彩色标志。

(4) 检定不合格的计量器具，应进行调修，直至自检合格后，送检定人员检定。检定合格，由检定人员按周期签发计量器具检定合格证。

(5) 检修人员应根据检定结论逐项修理，非计量器具检修人员严禁拆卸调修计量器具。

15. 环境保护管理要求

(1) 认真执行国家标准中的相关规定，废水、废渣、废气、噪声、粉尘等要达到国家规定的排放标准，给员工创造一个舒适的工作环境。

(2) 清洗搅拌楼、输送泵的废水必须排入沉淀池，实施清污分流，达到废水排放标准后方可排放或重复使用。

（3）对生产过程中散落废渣应及时清理，适当处理后可做护坡挡块或其他利用，无法利用时不得随意堆放，避免形成新的污染源。

（4）对于生产应急用的发电机相应加强保养，安装消声减震设施。

（5）对储料罐的除尘装置应及时检查、清理，确保设施的完好，生产场所必须经常清扫，必要时应用水湿润避免尘土飞扬。

第五节　搅拌站安全管理

一、　搅拌站安全管理方针

安全第一，预防为主，综合治理。

二、　搅拌站安全管理目标

因工死亡事故、重伤事故为零；工伤事故频率低于 0.5%；一般及以上责任交通事故、火灾事故为零；重大机损事故为零；一般机损事故频率低于 2.5%；重大环境污染事故为零；生产区域隐患定人、定措施、定期限整改率 100%；特种设备安全运行，取证率 100%；特种作业人员持证上岗率 100%；安全教育覆盖率 100%。

三、　安全生产管理机构

成立以搅拌站站长为组长，安全工程师为副组长的安全小组，建立健全岗位责任制，从组织、制度上保证安全生产，做到程序化、规范化施工，全面实现安全目标。安全管理组织机构框图如图 2-7 所示。

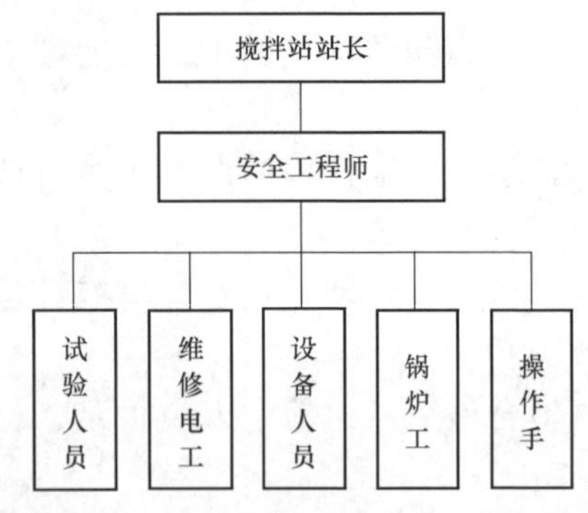

图 2-7　安全管理组织机构框图

四、　安全生产责任制

1. 搅拌站站长安全生产责任

（1）带领本班组员工认真落实上级安全生产规章制度，严格执行安全管理标准和操作规程，遵守劳动纪律，制止“三违”行为。

（2）认真坚持“三工”（工前交代、工中检查、工后讲评）制度，积极开展班组安全生产活动，做好班组安全活动记录和交接班记录。

（3）认真组织安全生产和技术学习，不断提高班组人员安全技能素质，做好施工过程中安全生产检查。及时制止员工违章行为，消除事故隐患。本班组不能处理事故隐患及时向上级领导报告。

（4）自觉接受上级领导和安检人员监督检查，对检查中提出的问题及时进行整改不留隐患。

（5）认真执行安全技术交底制度，对不具备安全生产条件，人身安全得不到保障工程任务，有权拒绝施工，必要时可越级向上级领导或安检部门反映，待问题解决后方可复工。

（6）施工作业前对使用的机具、设备、防护用具及作业环境进行安全检查。

（7）对发现违章指挥、违章作业行为不予制止以及发现事故隐患不及时消除而导致人身伤亡事故，承担直接领导责任。

2. 安全负责人职责

（1）负责监督劳动安全、人身安全、锅炉压力容器安全及交通安全工作，对搅拌站贯彻执行国家和上级有关安全生产、劳动保护政策法规情况进行监督检查。

（2）制定搅拌站安全生产规章制度、安全生产培训计划，及时分析安全生产形势，提出预防事故措施和建议，对执行情况进行监督检查，按规定编制安全技术措施经费计划，监督检查安全技术措施项目的实施；制订搅拌站安全生产工作计划，针对搅拌站特点，制订安全生产管理办法实施细则，并负责贯彻实施。

（3）协助上级安检部门进行职业健康安全卫生管理体系认证申报和评审工作。

（4）定期组织安全生产检查，及时掌握和了解搅拌站安全现况，及时消除施工隐患，对重大施工隐患必要时发出隐患整改通知书，并对施工隐患整改情况进行复查。

（5）负责安全生产标准化文明工地建设，收集安全信息、推广先进经验，组织开展安全生产竞赛、评比活动，实施安全生产奖罚。

（6）会同有关部门对员工进行安全教育和技术培训，对全员劳动纪律、施工作业程序、持证上岗、文明施工及对防护用品的使用等情况进行监督检查。

（7）负责安全报表和职工伤亡事故调查、统计、报告和处理工作。对事故责任者提出处理意见并监督实施。

3. 搅拌站作业人员安全生产责任

（1）在站长直接领导下积极参加各项安全活动，刻苦学习安全技术知识，不断提高安全操作技能。

（2）自觉遵守安全生产规章制度和操作规程，严格按照安全技术交底施工，按规定佩戴劳动防护用品。在施工作业中做到不伤害他人，不伤害自已，不被他人伤害，同时有责任劝阻他人违章作业。

（3）爱护和正确使用机械设备、工具及劳动保护用品、防护用具；对成品、半成品、材料及废料等按指定地点堆放整齐，做到文明施工。

（4）作业前对使用机具、机械、电器设备、作业环境安全情况进行认真检查，发现问题及时处理或向站长报告。

（5）从事特种作业人员和技术工种人员积极参加培训，掌握本岗位操作技能，取得特种作业资格，做到持证上岗。

（6）对施工现场不具备安全生产条件，有权建议改进，对违章指挥，强令冒险作业，有权拒绝执行，对危害生命安全和身体健康的行为，有权提出批评、检举和控告。

（7）对因违章操作、盲目蛮干或不听指挥而造成本人及他人人身伤害事故和经济损失承担直接责任。

五、安全保障措施

1. 组织保障措施

成立以搅拌站站长为第一责任人的安全生产领导小组，由各职能部门负责人组成。实行搅拌站安全领导小组、班组、安全员的三级安全管理体制。

2. 安全技术措施和安全专项方案

（1）混凝土作业安全技术措施。

1）上班前检查拌和系统的设备，检查时，先切断电源开关，检查完毕立即上润滑油试运行；不准人骑跨在设备转动部件上加油，不准手伸入设备转动处去检查与加油，以防绞伤。

2）拌和系统的设备如拌和机各料斗内若有故障，要人进去修理时，有二人进行此项工作，一人进入，另一人在外监护。

3）搅拌站安装时，胶凝材料罐体上必须安装好接零和避雷装置，并经过当地有资质的机构或气象局检定并出具合格证书。

4）搅拌机搅拌过程中，严禁打开安全罩和搅拌盖，不能将工具、伸入搅拌仓内，料斗提升时，严禁在其下方作业和穿行。

5）混凝土泵送设备应安放在坚实平整的地面上，垂直管前应装上不少于10m的带止回阀的水平管；混凝土泵送时，司操人员必须随时观察各仪表数据，出现异常，及时停机处理。

（2）搅拌站现场用电安全专项方案。

1）严格执行《施工现场临时用电安全技术规范》施工用电设施专人管理，配备足够的专职电工对用电设施进行检查、维修、保养。

2）混凝土搅拌站和电动设备集中使用的场所，编制临时用电施工组织设计，经技术负责人审核，报主管部门批准后实施。

3）低压架空线采用绝缘铜线或铝线，架空线必须设在专用电杆上，严禁架设在树杆、脚手架上。

4）电缆线沿地面敷设时，不采用老化脱皮旧电缆，中间接头牢固可靠保持绝缘强度；过路处穿管保护，电源端设漏电保护装置。

5）电缆线路采用“三相五线”接线方式，电器设备和电气线路绝缘良好。

6）使用自备电源或与外电线路共用同一供电系统时，电器设备按规定做好保护接零、保护接地，不得一部分设备作保护接零，另一部分设备作保护接地。

7）移动的电器设备供电线，使用橡胶套电缆。

8）手持电动工具和单机回路的照明，配电箱内必须装设剩余电流动作保护器，照明灯具的金属壳做接零保护。

9）各种型号的电动设备按使用说明书的规定接地或接零。传动部位按设计要求安装防护装置。维修、组装和拆卸电动设备时，断电挂牌，防止其他人私接电动开关发生伤亡事故。

10）用电设备实行一机一闸一漏（剩余电流动作保护器）一箱。

现场配电箱要坚固、完整、严密，有门、有锁、有防雨装置，同一配电箱超过 3 个开关时，设总开关。熔丝及热元件，按技术规定严格选用。

11）室内配电盘、配电柜有绝缘垫，并安装漏电保护装置。

12）变压器设接地保护装置，其接地电阻不大于 4Ω，变压器设护栏，设门加锁，专人负责，近旁悬挂“高压危险、请勿靠近”的警示牌。

13）移动式发电机在施工中使用频繁，设专人负责操作、维护、保养。

14）施工现场临时用电定期进行检查，防雷保护、接地保护、变压器及绝缘强度，每季度测定一次，固定用电场所每月检查一次，移动式电动设备、潮湿环境和水下电器设备每天检查一次。对检查不合格的线路、设备及时予以维修或更换，严禁带故障运行。

（3）防火安全专项方案。

1）严格执行《中华人民共和国消防条例》，建立防火安全责任制，配置符合要求的消防设施。

2）消除一切可能造成火灾、爆炸事故的根源，严格火源、易燃易爆物及助燃物的管理。

3）密切配合当地有关部门做好施工现场的防火工作，设置防火标志，加强平时警戒巡逻。

4）重点抓好材料库、油库、变压器房等部位的防火防爆工作。在油库等地设置接地和避雷装置，防止雷电引起火灾。

5）对职工进行防火安全教育，杜绝职工使用电炉、乱扔烟头等行为。

（4）场内人身安全专项方案。

1）职工均进行岗前安全教育，要认真学习，做到人人熟知，并始终贯穿在生产全过程中。

2）特殊岗位和技术工种，如安全员、工班长、机械操作员、锅炉工等，要进行岗前培训，经考试合格后，执证上岗。

3）夜间生产加强现场照明，消除视线死角，确保作业条件满足生产需要。

4）严禁酒后上岗，严禁疲劳上岗。

5）配齐配足劳动安全防护用品，确保安全防护。

6）生产场区设安全标志，危险作业区悬挂警示标牌。

7）施工运输车辆必须严格既定的路线文明行车。

8）电工值班操作时，必须穿绝缘鞋。

9）变压器周围设安全防护栏。

（5）蒸汽锅炉作业安全专项方案。

1）司炉及维修人员在工作中时刻保持高度责任心，保证锅炉正常运行，严格遵守操作规程。

2）严格遵守司炉工岗位制，做好锅炉及设备的保养，保持锅炉房整洁。

3）在锅炉运行中保持规定压力、温度不得超压。

4）煤斗提升或下降时，煤斗下边严禁站人，鼓风机吸风口、引风机、出渣机、减速机传动部分附近，要特别小心注意安全生产，杜绝事故发生。

5）认真选煤，防止易爆物（如雷管等）危险物品入炉。

6）配电盘周围严禁堆放金属及易燃易爆物，并注意防尘，注意防火。要按时排污，及时清理除尘器里的烟灰。

7）要合理供气，节约供气，杜绝跑、冒、漏，防止烫伤。

8）对违章作业造成事故者，根据实际情况给予批评及其他处分。

9）各班设立兼职安全员，严格监督执行，安全生产规程，执行安全员岗位责任制。

六、 搅拌站消防管理规定

1. 总则

为加强搅拌站的消防安全管理，预防和减少火灾事故的发生，根据《中华人民共和国消防法》《机关、团体、企业、事业单位消防安全管理规定》和有关法律、法规的规定，结合搅拌站实际情况，制定本规定。

2. 搅拌站消防安全管理

（1）搅拌站消防安全由搅拌站负责。搅拌站实行站长负责制订立消防安全责任书，明确消防安全责任，并对搅拌站全体人员工作进行监督。搅拌站所有人员应在站长的统一管理下，在其职责范围内明确消防安全责任，组织实施搅拌站的消防安全管理工作。

（2）搅拌站消防安全职责。

1）搅拌站实行逐级防火安全责任制和岗位防火安全责任制。搅拌站站长为搅拌站消防安全负责人，全面负责搅拌站的消防安全工作，站长下应设立分管负责人，对其职责范围内的消防安全工作负责。

2）根据搅拌站自身特点和火灾危险性，配备专职或兼职安全员，负责日常的消防安全检查工作，协助消防安全负责人做好搅拌站的消防安全工作。

3）组织制订搅拌站消防安全保卫方案及处置措施，研究和落实火灾隐患的整改措施，组织消防安全宣传教育和检查。

4）搅拌站全体操作人员应当按照有关规定接受包括消防安全等内容的安全培训。

5）发生火灾时，应当立即向公安消防机构报警，并迅速组织疏散人员，扑救火灾。搅拌站应当根据公安消防机构的要求，为抢救人员、扑救火灾提供便利条件。

6）火灾扑灭后，应当保护现场，接受事故调查，如实提供火灾的有关情况。协助公安消防机构核定火灾损失、查明火灾原因和火灾事故责任。未经公安消防机构同意，不得擅自清理火灾现场。

七、 安全方面的重点问题

（1）搅拌站制定完善的警铃制度。搅拌站在搅拌楼下方、上料斗等地方设置警铃，如图 2-8 所示，混凝土生产前必须警铃长鸣，防止出现机械伤人事件。

（2）搅拌机清理孔必须设置断电限位开关。维修和清理人员打开清理孔进入搅拌机时，断电限位开关自动断电，保证人员安全，如图 2-9 所示。

图 2-8　警铃设置

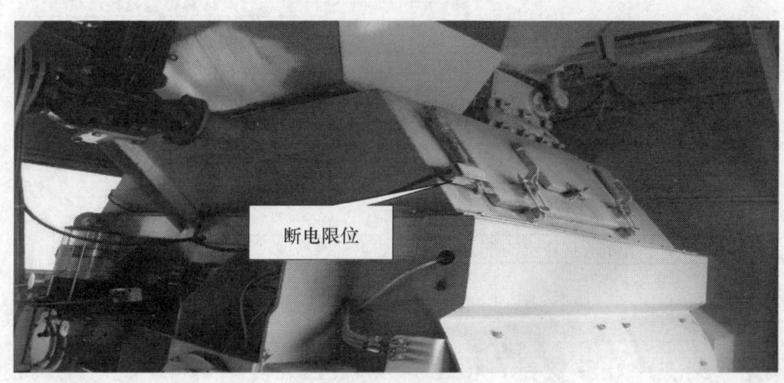

图 2-9　断电限位

（3）搅拌站加强车辆管理，混凝土运输车、装载机等大型车辆在站内速度不得超过 10km/h。

（4）搅拌机减速箱、传动齿轮等部位要加设防护罩，防止在生产混凝土时发生伤人事件。

（5）搅拌机的维修和保养时的安全问题。搅拌机在维修和保养时由于工作人员的疏忽容易出现人员伤亡的重大安全事故。因此在维修、保养人员进入搅拌机时，应采取拉闸断电、关闭操作系统、设置警示标志、操作室锁门、专人看管等一系列措施。

第六节 搅拌站生产管理

一、 混凝土生产流程（见图2-10）

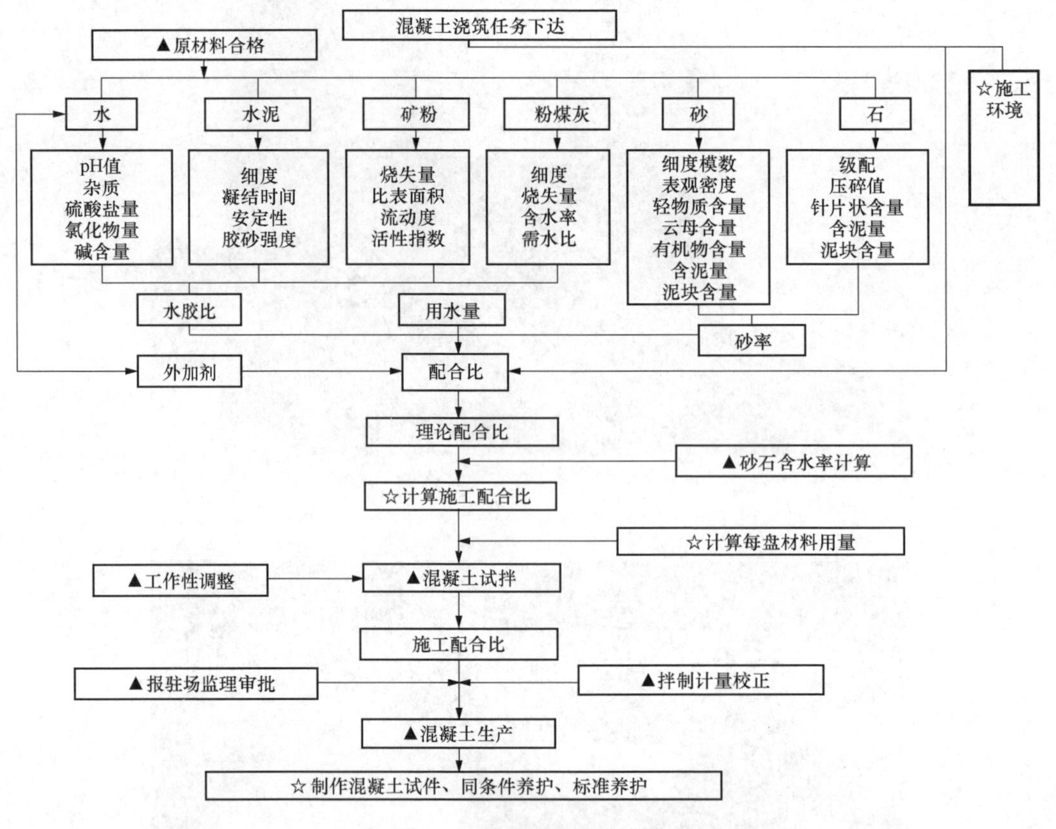

图2-10 混凝土生产流程

(1) 工区应根据生产任务安排，填写《混凝土用料申请单》，一式两份，提前通知搅拌站和试验室，要注明混凝土的强度等级、使用部位、浇筑时间、浇筑总量、混凝土坍落度等要求。

(2) 搅拌站站长接到混凝土浇筑任务后，应及时组织各部门安排材料、车辆、生产人员。生产前应对搅拌设备运行情况、计量系统误差进行检查，及时排除隐患，保证生产的正常进行。试验室应依据试验结果和理论配合比制定施工配合比，核查各种材料质量，验证混凝土的和易性、可泵性，测试坍落度。

(3) 操作员在接到搅拌站下达的生产任务单和试验室下达的施工配合比后，应严格按照施工配料通知单输入配合比，在混凝土出现异常时，及时通知质检人员，严禁私自改动。在生产过程中及时填写《混凝土生产记录表》。内容包括工地名称、浇筑部位、混凝土强度等级、混凝土的生产时间、生产是否正常等内容，以便在施工出现问题时复查。

(4) 质量检查人员可根据现场生产的实际情况，对施工配合比进行调整，认真填写《混凝土调整记录表》，并且要通知驻搅拌站监理签字确认。

(5) 试验人员应首先对首盘混凝土进行坍落度、泌水率、入模温度、含气量检测，并填写《混凝土开盘鉴定》。根据高性能混凝土拌和性能检测频率的要求，在出机和入模前每 $50m^3$ 混凝土取样检验 1 次或每班或每 1 单元结构物至少 2 次的检测频率进行坍落度、泌水率、入模温度、含气量检测，并且认真填写《混凝土拌和性能记录表》。

(6) 在混凝土运输过程中，司机应详细填写《混凝土运输记录表》。内容包括工地名称、浇筑部位、混凝土强度等级、出厂时间、到达工地时间、混凝土浇筑时间，保证混凝土能准确运送到工地，并在规定时间内浇筑完成。

二、 混凝土质量控制

1. 生产质量控制

(1) 混凝土开盘，站长必须要接到由各相关部门负责人签名的混凝土开盘证，并通知各机长开盘。不按上述规定操作，每发现一次当事人给以一定的经济处罚，搅拌站站长由上级主管部门给以一定的经济处罚。

(2) 搅拌站试验员负责混凝土拌制前及拌制中砂石含水率的测定并检查原材料的合格报告，根据测试结果、环境条件、工作性能要求等及时调整理论配合比，出具施工配合比。有见证要求时，需经监理工程师确认。不按上述规定操作，致使混凝土施工配合比偏离理论配合比设计要求，每发现一次由搅拌站负责人对试验员给以一定的经济处罚。

(3) 拌制混凝土时，搅拌站操作员必须严格按照试验员下达的施工配料单以及拌和时间等要求进行数据输入，对电脑数据的真实性和可靠性负责。对搅拌过程中发现的异常现象，及时向试验员、站长反应，通过合法程序进行纠正，不得擅自改变参数和程序。搅拌站操作人员要密切注意所生产混凝土的配料误差情况，确保各种材料计量误差在规定范围之内。

(4) 搅拌站操作员不按技术交底参数操作或拌和中发现异常情况不解决、不汇报，由站长对其处以一定的经济处罚。

(5) 在每次开盘之始，试验员和操作员应注意观察和检测前 2～3 盘混凝土的和易性，如有异常，立即分析原因并积极处理，直至拌和物的和易性符合要求，方可持续生产。

(6) 为了保证混凝土的施工质量，严格执行混凝土施工配合比，根据砂石含水率和碎石的筛分结果进行调整混凝土理论配合比，确定混凝土施工配合比，如图2-11所示，具体步骤如下：

1) 试验员每天应测定粗、细骨料的含水率（当雨天或含水率有明显变化时，加大粗细骨料含水率检测频率）。

2) 根据粗、细骨料的含水率检测结果，计算施工配合

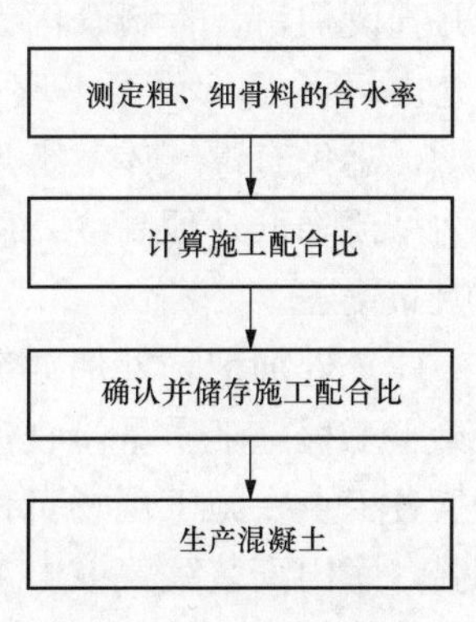

图 2-11 施工配合比确定

比；根据粗骨料的颗粒分析结果，计算各规格的比例。

3）试验人员将混凝土施工配料单交搅拌站搅拌机操作手，操作员根据混凝土施工配料单参数输入自动计量系统控制器，经试验员复核确认并储存。

4）混凝土开始搅拌到浇筑完成期间，试验人员全过程进行监控，操作员禁止私自对混凝土施工配合比进行更改。

（7）试验员负责混凝土拌和物性能检测并作好记录，填写《高性能混凝土施工拌和及浇筑过程控制记录表》。包括坍落度、扩展度、含气量和入模温度。其中坍落度测定值应符合理论配合比的要求；混凝土含气量要符合要求，混凝土入模温度控制在5～30℃。发现失控将对试验员处以一定的经济处罚。

2. 混凝土运输质量控制

（1）混凝土的运输能力应与搅拌、浇筑能力相适应，在最短的时间将混凝土从搅拌站运至浇筑地点，以保证拌和物在浇筑时仍具有施工所需要的和易性要求，并保持良好的工作性。夏季混凝土从出机到浇筑应在1.5h内完成，冬期应在2h以内完成。

（2）搅拌站司机根据调度的统一安排，负责将混凝土在规定时间内安全输送至使用地点，并负责混凝土接收单的送出与取回，按照规定办理签认手续回归档保存。

（3）当因混凝土质量不合格拒绝接受时，司机应及时与调度取得联系，在现场试验人员的指导下进行调整，严禁擅自加水，更不能在拖泵上加水输送；违反上述规定者对操作人员处以一定的经济处罚。

三、 冬期施工措施

1. 原材料质量控制

（1）水泥。水泥优先选用硅酸盐水泥、普通硅酸盐水泥，应注意其中掺合材料对混凝土抗冻、抗渗性能的影响，水泥强度等级不宜低于42.5。对胶凝材料储罐应采用包裹保温措施。

（2）骨料。原材料料仓（含砂、石料）与上料斗采用全封闭管理，封闭料仓的材料采用双层彩钢板，中间填充聚乙烯泡沫板，厚度不得小于5cm；料仓进口安装自动卷闸门并挂设棉帘，骨料仓内设置暖气片，细骨料仓采用地暖。配备由钢板焊制的火炉，在料仓内每隔10m设置一座火炉，火炉采用5mm的钢板焊接，高度1m，设置烟囱向仓外排烟，避免有毒气体危害人身健康。在环保要求严格地区，采用风机盘管等辅助设备，仓内吊顶降低仓顶高度，确保料仓内温度不低于5℃。对露天存放的备用砂、石料等用厚帆布覆盖。

（3）外加剂。外加剂选用具有防冻性能复合减水剂，其各项品质指标应满足《铁路混凝土工程施工质量验收标准》（TB 10424—2018）的要求；严禁使用含氯盐类防冻剂，严禁各工点在施工现场自行将减水剂与防冻剂混合使用；严寒地区外加剂应存放在库内保温，库内安装暖气或电油汀等加热设备；储存罐罐体四周包裹电热丝或电热毯等，防止液体外加剂结晶。

（4）水。蓄水池采用地下埋置方式保温，顶部采用保温板材密封，同时采用厚帆布覆盖保温措施。混凝土用水采用锅炉加热或者电伴热方式加热；要严格控制水的加热温度，自动搅拌机能够分别投料时不高于80℃，不能分别投料时不高于60℃（针对硅酸盐水泥和普通硅酸盐水泥）。

（5）搅拌机上料仓至搅拌机之间的输送带实行彩钢板（中间填充聚乙烯泡沫板，厚度不得小于5cm）全封闭。上料仓底部安装取暖设备，保证环境温度不得低于5℃。搅拌站所有的气动设备（如储气罐等）要密封保温，不得露天存放，防止结晶水结冰。

（6）为保证骨料在冬期施工时计量准确，下料斗电磁阀能自由开合，需在骨料上料斗下方增加暖气、火炉或电伴热设施，确保下料斗处温度不低于5℃。

2. 冬期施工混凝土配合比

冬期施工期间，由于环境温度较低，根据施工环境条件选择合理的冬期施工配合比，可选择水胶比低，单方水泥用量高，早期强度发展快的配合比，也可使用经试验满足要求的复合型防冻减水剂。当选用具有防冻性能复合减水剂时，应控制混凝土单方总碱含量满足有关规定。

3. 混凝土拌和与运输

（1）混凝土搅拌必须在暖棚内进行，棚内设取暖措施，棚内温度不低于10℃。

（2）混凝土原材料使用时的温度根据热工计算和实际试拌情况确定，确保混凝土入模温度满足相关要求（≥5℃）。主要措施应以加热拌和用水为主，辅以骨料、外加剂保温，水的加热温度不宜高于80℃。混凝土拌和物的出机温度不宜低于15℃，最低不低于10℃，以确保混凝土入模温度满足相关要求（任何情况下均不低于5℃，细薄截面混凝土结构的灌注温度不宜低于10℃）。

（3）搅拌时应先投入骨料、水，充分搅拌后再投入水泥、矿物掺合料、外加剂等。搅拌时间以最后一种材料投入搅拌机内开始计算。搅拌时间一般较正常温度下延长50%左右。

（4）输水管、送料带、混凝土罐车、泵车和管道采取遮蔽、包裹等保温措施，如图2-12所示，尽量减少中间倒运环节，缩短运输时间，减少混凝土施工过程中的热量散失。

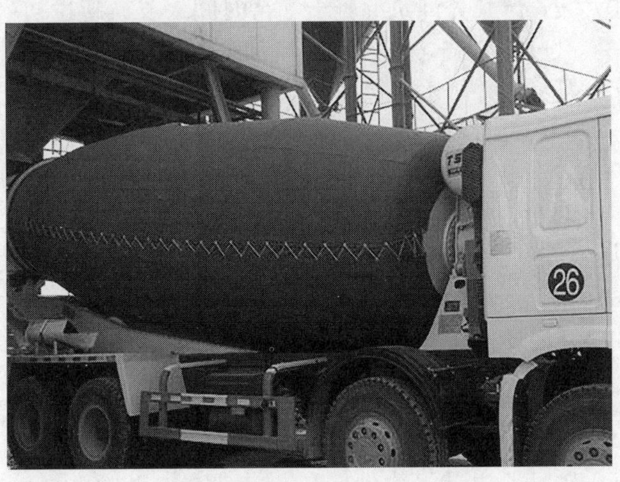

图2-12 混凝土罐车保温措施

（5）当拌制的混凝土出现坍落度减小或发生闪凝现象时，应重新调整投料顺序、搅拌工艺及原材料的加热温度，经试拌合格后方可生产。

（6）混凝土入模前，应采用

专用设备测定混凝土的温度、坍落度、含气量及泌水率等工作性能；只有拌和物性能符合设计或配合比要求的混凝土方可入模浇筑。混凝土拌和物入模温度不得低于5℃。预制梁采用蒸汽养护方式时，混凝土含气量不得超过4%。

四、夏期施工措施

（1）各搅拌站搭盖砂石遮阳棚进行围护，避免夏季暴晒造成砂石料温度过高，导致混凝土入模温度增高。

（2）水泥设2个筒仓轮流使用，避免刚运到的水泥温度太高，同样导致混凝土入模温度增高。

（3）每天设专人测量室外气温，混凝土出机、入模温度，发现混凝土温度超过30℃时，及时向水中投入冰块降温。

（4）在混凝土内部放置测温探头，全程监测混凝土内部温度。混凝土表面采用保温材料覆盖、蓄水养护等办法减少混凝土内外温差。

（5）搅拌站料斗、水池、皮带运输机、搅拌楼采取遮阳措施，尽量缩短混凝土运输时间。

（6）宜尽可能在气温较低的晚上搅拌混凝土，以保证混凝土的入模温度满足设计要求，当设计未规定时，混凝土的入模温度不宜高于30℃。

（7）当高温施工不可避免时，应通过试验掌握混凝土在不同温度、不同原材料等的情况下坍落度的损失情况。制订相应的措施，根据气温适当增加混凝土的出机坍落度，保证混凝土到施工现场时符合施工要求。

（8）各搅拌站设专人测量混凝土的入模温度。当入模温度超过规范要求时应采取相应措施。

（9）当采用泵送施工时，在符合规范要求的同时，泵管布置应尽量缩短，并用麻袋或草衫包裹润湿，降低混凝土的入模温度。

（10）混凝土浇筑前应将模板或基底喷水润湿，浇筑宜连续进行，施工中工作面不宜太大，严禁先浇筑混凝土等待时间太长，超过初凝时间形成施工缝。

（11）混凝土浇筑完后，表面应立即覆盖塑料膜，初凝后撤去塑料膜，用浸湿的粗麻布覆盖，并洒水，保持潮湿状态不少于7d。

第七节　环境保护管理

一、目标

开展环境保护活动，努力把施工对环境的不利影响减至最低限度。

二、环保管理体系

1. 环保管理组织机构

建立以搅拌站站长任组长的环境保护领导小组，如图2-13所示。

2. 环保管理要求

(1) 环保规划要求。施工前对施工区域的环境情况进行调查，根据国家、铁道部、地方政府有关环保法律法规规定，结合建设单位有关环保、水保管理办法，制订环境保护的具体安排及相应措施，确保环境保护目标。

(2) 环境保护“三同时”要求。搅拌站工程采用同时设计、同时施工、同时投产使用的制度。施工时根据环保设施设计及施工方案，做好设计环保设施及临时工程的环保设施，保护好施工现场及驻地周围环境。

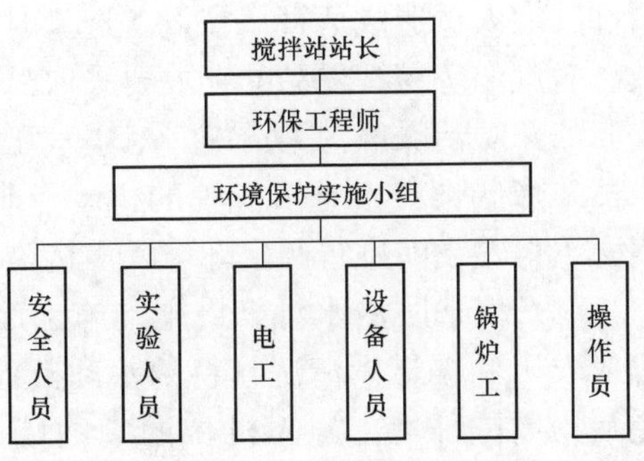

图 2-13 环境保护组织机构框图

(3) 环境保护、水土保持目标责任制。建立环境保护、水土保持目标责任制。搅拌站将环境保护工作与每个施工人员的责任、权力、利益和义务有机结合，切实做到奖优罚劣。

三、环境保护措施

1. 维护自然生态环境的措施

搅拌站建设时合理规划施工用地，一切生产、生活设施、临时设施布置在指定规划的区域内，避免因临时工程修建的随意性而破坏地表植被造成人为破坏生态环境。尽量少占用绿地面积，保护好周围环境，减少对植被生态的破坏。施工结束后，及时恢复绿化或整理复耕。

2. 生活区环境保护措施

(1) 生活区设公共卫生间。集中建垃圾站、废水净化池、化粪池，按照环保部门的要求，定期清理，避免生活垃圾污染环境。

(2) 临时工程修建、拆除时产生的废弃物，按当地环保部门的要求，弃于指定的地点处理。

3. 搅拌站生产中的环境保护措施

(1) 注意夜间生产的噪声影响，尽量采用低噪声施工设备。少数高噪声设备尽可能不在夜间施工作业，必须在夜间从事有噪声污染的施工应先通知附近居民，以征得附近居民的理解。

(2) 对不符合尾气排放物标准的机械设备，不使用。

(3) 做好当地水系、植被的保护工作，混凝土运输车辆不得越界行驶，以免碾坏植被、庄稼等。

(4) 凡对环境有污染的废物，如建筑垃圾、生产垃圾、废弃材料等，弃在指定地点处理。

4. 防治大气、噪声、水及固体废弃物污染的措施

(1) 防治大气污染措施。搅拌站场地和运输道路经常洒水尽可能减少灰尘对生产人

员和其他人员造成危害。在设备选型时选择低污染设备并安装空气净化系统确保达标排放。对汽油等易挥发品的存放要采取严密可靠的措施。

（2）防治噪声污染措施。对空气压缩机、发电机等噪声超标的机械设备，采取装消声器来降低噪声；对于行驶的机动车辆，严禁鸣笛；距生活区较近地段，严格控制噪声，不得在夜间进行产生环境噪声污染的施工作业。

（3）保护防治水污染措施。施工废水、生活污水按有关要求进行处理，不得直接排入农田和渠道。清洗骨料的水和其他施工废水采取过滤、沉淀处理后方可排放，以免污染周围环境。施工机械的废油废水采取隔油池等有效措施加以处理，不得超标排放。

（4）防治固体废弃物污染的措施。搅拌站生活垃圾集中堆放；生产和生活中的废弃物也可经当地环保部门同意后运至指定地点。

（5）搅拌站设置在生态脆弱、环水保要求高的区域时，必须落实以下环水保措施：

1）植被移植与养护措施。在营区、生产区、便道、沉淀池、排水沟等施工之前，要建立“草皮移植养护区”，并将30～50cm厚的草皮分割划块铲起、移植到养护区进行精心养护；对刚移植后的草皮采取透明塑料布覆盖进行保温并及时浇灌，确保草皮的成活率，以备环境恢复时回铺。

2）临时设施环保措施。营区、生产区设置要尽量避开环境敏感区；为避免冻融，减少侵占植被，要坚持只填不挖的原则，直接用粗颗粒土填筑便道，必要时，对地基进行隔热处理。

3）野生动物保护措施。对野生动物主通道不得设置营区、生产区、便道、沉淀池、排水沟等，以减少对野生动物正常活动的影响；同时，施工人员不允许到野生动物保护核心区，更不能捕食或参与野生动物及标本的买卖；野生动物经常出没处设置醒目标志，规定不得人为破坏野生动物迁徙路线；遇有野生动物迁徙时，人员主动撤离、车辆停驶；要监督制止不良人群对野生动物的伤害；野生动物产生意外需要救助时，要采取必要的救助措施并通知野生动物管理机构；对可分解的生活、生产垃圾务必进行深度掩埋，防止野生动物觅食中毒，产生疾病或发生意外；对工地机械轰鸣所产生的噪声进行降噪处理，防止影响野生动物的栖息。

4）水环境保护措施。对裸露地表按设计要求采取工程覆盖措施，防止水土流失和破坏热平衡而引起的热融沉等不良冻土现象；对搅拌站区域内天然形成的排水系统，安排专人加以保护，不得随意改变。

施工废水按有关要求先沉淀及生化处理，达到排放标准后，排入指定区域；杜绝在生产区、营区附近形成新的积水洼地；同时，采取地表隔油等有效措施，对废油、废液进行严格处理，不超标排放，以免污染周围水环境。

5）其他环保措施。垃圾池修建分为“可降解垃圾区”“不可降解垃圾区”，生产、生活垃圾一律分类投放到垃圾池，存放堆满后集中运往指定的垃圾处理场；对各种车辆要指定行车路线，限制扩大人为活动范围；禁止在现场熔化沥青或焚烧油毡、油漆、橡胶止水带、胶皮管类会产生有害烟尘、恶臭气体的物质等。

第八节 搅拌站信息化管理

网络化、信息化为传统行业注入新动力，促进各行业的发展，推动社会进步发挥了重要作用。工程搅拌站领域，铁路混凝土搅拌站信息化建设是开展得比较早的，在2007年大西铁路、2009年的兰新铁路进行了很成功的探索性应用，2013年在西成铁路、宝兰高速铁路正式推广。国家铁路总公司工管中心在2013年公管办函〔2013〕283号文《铁路工地混凝土拌和站标准化管理实施意见》中，明确信息化对监管、督促提高搅拌站混凝土质量的作用，并将搅拌站的信息化建设和监管作为搅拌站标准化管理的重要内容之一。

一、信息化管理的意义

经过十几年的高速发展，采用信息化、网络化工具管理铁路建设混凝土搅拌站生产，已经比较成熟，融入搅拌站生产日常工作中，各级管理单位和生产单位都认识到信息化管理对保质保量完成生产任务的重要作用，在每一个建设工程启动时和运作过程中，信息化建设都是重中之重的工作。信息化管理的作用及意义主要包括如下几点：

1. 提升混凝土质量

在铁路总公司引入信息化监管前，搅拌站生产混凝土虽有质量要求，但是执行起来并不是很严格，大部分操作人员、管理人员对坍落度、强度等混凝土性能比较重视，但对配料误差、搅拌时间等工艺过程出现的问题容忍度较高。这种管理办法下，混凝土质量存在很大的隐患，如果不严格控制工艺，生产过程中出现的问题，就有可能出现质量问题，搅拌好的混凝土在使用前并不是每盘都进行检测，这样不合格的混凝土就可能应用到工地，对工程质量造成较大隐患。

铁路总公司组织实施的信息化监管系统，全过程监管混凝土生产，对整个生产工艺加以控制，各混凝土搅拌站按照既定的生产工艺生产混凝土，出现误差超差、搅拌时间不到等不符合工艺的情况时，严禁用于建筑物上，从生产各个环节保障混凝土质量。

2. 节约管理成本，提高监管及时性

对铁路工程施工的质量管控一直非常严格，对于混凝土的生产监控，在没有信息化监控之前，所有的监控都必须由监管人员赶到搅拌站上进行检查，检查的及时性较差。检查中即使发现问题，混凝土也已经被用到了工地，监管和监理人员为了从管理上减少质量问题，只能加大现场检查的频次，造成管理成本的上升。

信息化监管可以实现网络远程监管，不受距离和时间的限制，任何一个工地的任何一个搅拌站，一旦纳入信息化监管范围内，监理人员和各级监管人员都可以随时随地打开电脑、手机App查看工地生产情况，生产过程中如果出现报警等异常，信息化监管系统也立刻将报警信息发送到主管各级管理人员的电脑和手机上，异常混凝土的处理信息也会在信息化系统上予以跟踪，防止非规范处理。

3．完善工程建设信息，为管理和项目建设提供数据支持通过对混凝土生产的信息化监管，可以实现如下管理和数据统计功能

（1）通过信息化管理，规范并下发铁路工程各混凝土浇筑部位的信息，避免同一个工程信息、工地信息、浇筑部位信息、混凝土信息在不同的搅拌站混乱。

（2）将每一个浇筑部位、每一个建筑构件的混凝土生产数据上传到服务器，可对混凝土性能、用量做统计，还可对施工进度做统计，指导施工管理、优化建筑结构设计、提升混凝土性能方面的设计。

（3）工程上层设计下达到搅拌站，搅拌站生产混凝土的数据上传到服务器进行统计，形成一个工程设计到工程施工，然后反馈到工程设计的闭环，采用大数据分析技术，可以发现工程中存在的问题，例如设计是否存在失误、生产是不是存在数据不准确，能够及时发现、解决工程隐患。

（4）生产数据汇总后，采用大数据分析，可以找出搅拌站机械设备存在的潜在问题，提升搅拌站设备性能，提高混凝土质量。

二、 信息化组成体系

搅拌站信息化分为中国铁路总公司、建设单位（监理）两级管理平台，施工单位一级操作平台。管理平台由中国铁路总公司工管中心统一布置建设，操作平台由施工单位根据中国铁路总公司发布的统一接口要求自行建立，并接入管理平台。

（1）新建项目应由建设单位在招标文件中明确搅拌站信息化管理的标准和要求，工程开工时必须同步实施；在建项目由建设单位根据实际情况组织实施。

（2）建设单位应制定搅拌站信息化管理实施办法，监理和施工单位应制定信息化管理规章制度，将搅拌站纳入信息化统一管理体系。

（3）建设单位应设专人负责搅拌站信息化工作；监理和施工单位应配备经培训合格的专职信息化管理员，具体负责搅拌站信息化管理工作。信息管理员应具有大专及以上文化程度、3年以上搅拌站工作经历并应熟悉计算机应用及掌握信息管理系统操作，更换时应经建设单位同意。

（4）建设、监理和施工单位应配备搅拌站信息化所需的软、硬件设施。

三、 信息化职责

1．主管部门

（1）负责建设单位搅拌站信息管理系统接口的开发和部署，并编制和发布接口业务规则和传输协议约定。

（2）对建设、监理、施工单位的搅拌站信息化管理工作进行监督、检查和指导。

2．建设单位

（1）明确搅拌站信息化的相关要求，纳入统一的信息化管理系统，组织对搅拌站信息化工作进行验收和管理。

（2）负责定期检查施工、监理单位信息化管理工作，督促整改存在的问题。对系统

运行中出现的重大功能问题及时上报中国铁路总公司信息管理职能部门。

（3）负责本单位信息系统维护。

3. 监理单位

（1）负责对管段施工单位信息化工作进行管理。

（2）负责对搅拌站信息管理系统进行初验。

（3）通过信息管理系统对搅拌站生产过程进行监控，发现问题督促整改。

（4）重大问题及时上报建设单位。

4. 施工单位

（1）配备专职信息管理人员，负责本标段搅拌站信息系统的管理工作。

（2）按要求配备软、硬件设施，确保信息化系统稳定可靠运行。

（3）负责制定信息化管理制度，编制搅拌站信息化管理手册或作业指导书。

（4）利用信息管理系统监控搅拌站原材料进场和混凝土生产，发现问题及时处理。

（5）负责本单位信息系统的维护，对系统运行中出现的功能问题及时上报建设单位。

四、 信息化系统基本要求

1. 设备

混凝土生产系统必须采用工控电脑。最低配置 CPU 性能不低于英特尔奔腾四处理器 2.4G，内存容量不低于 1G，硬盘容量不得低于 80G，操作系统所在分区剩余空间容量不得低于 2G，操作系统不得低于 Windows XP 版本。

2. 网络条件

搅拌站具备基本的网络条件，可采用 GPRS、3G、宽带网络。

3. 数据采集传输

（1）数据采集须实时、逐盘、不可修改。

（2）数据传输应具备断点续传功能，传输过程采取加密方式。

4. 数据接口

（1）中国铁路总公司工管中心负责搅拌站信息数据统一编码及发布。

（2）中国铁路总公司信息技术中心负责编制和发布系统间接口业务规则和传输协议约定。搅拌站信息管理系统按照规则和约定进行对应接口的开发和部署。

（3）预留从建设单位级铁路建设项目管理信息系统向中国铁路总公司级建设项目管理信息系统数据传输接口。

5. 功能

（1）中国铁路总公司。

1）系统具备与建设、施工和监理单位信息管理系统对接的功能。

2）系统具备显示搅拌站位置、所属单位、人员、设备等基本信息的功能。

3）系统具备对混凝土原材料计量偏差进行统计，自动生成图文报表的功能。

4）系统具备对在建项目混凝土产量统计，自动形成报表的功能。

5）系统具备查询建设单位管理人员登录系统频次和时间的功能。

（2）建设单位。

1）系统具备查询显示搅拌站位置、所属单位、人员、设备等基本信息的功能。

2）系统具备对混凝土原材料计量偏差进行统计，自动生成图文报表，重大计量偏差同时上报建设单位的功能。

3）系统具备对生产原始数据追溯的功能，出现问题便于建设单位进行质量追溯。

4）系统具备对混凝土产量、材料消耗量、计量偏差、搅拌时间等数据进行统计分析，自动生成报表的功能。

5）系统具备显示施工、监理单位信息管理人员登录系统频次和时间的功能。

（3）施工和监理单位。

1）系统具备分类汇总搅拌站原材料进场数量的物资管理功能，自动生成原材料进场台账与检验部门共享。

2）系统具备施工配合比传输和锁定的功能，确保不能随意改动。

3）系统具备对混凝土原材料计量偏差进行统计，具备计量偏差短信报警提示功能。

4）系统具备对生产原始数据追溯的功能，出现问题便于施工和监理单位进行质量追溯。

5）系统具备显示施工单位信息管理人员登录频次和时间的功能。

（4）系统实施要求。

1）部有关部门应在建设单位提出申请后一个月内完成相关搅拌站管理平台软件的布设；建设单位应按统一的格式和接口要求，督促施工单位在启用前布设好操作软件并接入建设单位搅拌站管理平台软件。

2）建设、监理和施工单位应选用满足本意见相关要求并经建设单位组织评审通过的信息化管理系统软件。

3）信息化应作为搅拌站验收的主要项目，信息化未实施或实施不符合要求不得通过验收。验收工作由建设单位统一组织。

五、 管理职责

1. 建设单位管理职责

（1）明确搅拌站信息化的相关要求，组织对搅拌站信息化工作进行验收和管理。

（2）配备专职试验检测工程师负责搅拌站信息化管理的各项工作，定期登录信息管理系统，利用系统的监管功能对搅拌站的生产情况、不合格数据、违规行为记录等进行分析和管理。

（3）建设单位每季度对施工、监理单位信息化管理工作至少检查一次，检查结果纳入当期信用评价，对存在的问题督促整改，问题严重的上报总公司信息管理职能部门。

（4）组织施工、监理单位参加总公司搅拌站信息化网络培训及考试。

2. 建设单位指挥部管理职责

（1）督促管段内施工、监理单位制定信息化管理制度、信息化考核管理办法、信息管理员岗位职责，组织监理单位对混凝土搅拌站信息化工作进行验收。

（2）配备专职试验检测工程师负责管段内信息化管理的各项工作，每天登录信息管理系统，利用系统的监管功能对搅拌站的生产情况、不合格数据、违规行为记录等进行分析和管理。

（3）每月对施工、监理单位信息化管理工作至少检查1次，检查结果纳入当期信用评价，并对存在的问题督促整改。

（4）对管段内混凝土搅拌站实时采集数据进行监控，对不合格数据进行跟踪处理。

（5）对管段内混凝土搅拌站信息化管理人员的变更、违规行为等进行管理。

3. 监理单位管理职责

（1）负责对搅拌站信息管理系统进行初验。

（2）负责对管段施工单位信息化工作进行监督、管理。

（3）根据本细则制定本项目信息化管理制度、信息员岗位职责、信息化考核管理办法。

（4）通过信息管理系统对搅拌站生产过程进行监控，对管段内施工单位搅拌站相关数据进行统计分析，发现问题督促整改，对重大问题及时上报公司指挥部。

（5）对搅拌站信息化系统超标报警提示，督促施工单位及时处理，并对处理结果签字确认。

4. 施工单位管理职责

（1）配备专职信息化管理人员，负责本标段搅拌站信息系统的管理工作。

（2）按要求配备相关软、硬件设施，确保信息化系统稳定可靠运行。

（3）根据本细则制定本项目信息化管理制度、信息员岗位职责、信息化考核管理办法。

（4）利用信息化管理系统实时监控搅拌站混凝土生产情况，发现问题及时处理，并记录在《搅拌站超标及处理登记表》上。

（5）对本站相关的数据进行分析和统计，每周向监理单位提交分析问题处理报告。

（6）负责本管段搅拌站信息化系统的保管、日常维护工作，对系统运行中出现的问题及时上报监理单位，同时与软件厂商沟通解决，并做好相应记录。

5. 软件厂商管理职责

（1）提供满足功能要求、经第三方测试合格并能接入铁路建设信息化管理系统的软件产品。并按合同约定时间，及时安装应用软件。

（2）负责编写信息化管理系统培训课件，配合公司信息化人员培训工作。

（3）做好数据的保密工作，确保在采集、传输、存储过程中，不被第三方窃取。

（4）软件厂商及时对信息化系统进行更新、升级。应对远程服务器的数据库定期维护与优化。沟通解决，并做好相记录。

六、 防止弄虚作假

信息化监控的目的是规范混凝土生产、统一搅拌站的生产工艺、提高混凝土质量，但一些搅拌站因机械设备维护不到位、控制系统功能不完善等原因，不能达到铁路搅拌站混凝土生产规范的要求，部分管理人员意识形态上没有到位，不是从根本上解决问题，转而谋求各种手段修改数据等弄虚作假的方法，这种行为危害非常大。首先，修改数据、弄虚作假造成混凝土质量问题被掩盖，可能严重影响工程质量的事情不能第一时间解决，而是为将来的功能质量甚至事故埋下隐患；其次，弄虚作假将使信息化采集的数据没有意义，对生产调度、设备提升等没有任何意义；最后，为了加强管理，防止弄虚作假情况的出现，铁路工程管理中心联合各建设安质部门、监理单位，对搅拌站进行不同密度的飞检、临检，一旦发现弄虚作假的情况，对相关责任人、连带责任人处罚力度非常大，对搅拌站机械厂家、控制系统厂家设立黑名单制度，违纪成本非常高。

1. 信息化监控下弄虚作假的常见形式

（1）采用电脑软件插件的形式，或者控制系统软件本身对所有计量偏差进行过滤，对超差的数据进行修正后存入数据库中，信息化平台上显示该搅拌机组计量偏差超标率为零，还有比较隐蔽的是对计量偏差过滤设定某一限额（如小于3%），超过限额立即过滤。

（2）离线修改，正常生产时，以网络断线、信息化中间件异常等为理由，避开信息上传，生产完成后，对数据进行统一修改，然后再联网实现数据上传。

（3）更为隐蔽的方法是采用中断生产或者超差暂停的方式进行数据修正，如果出现超差，操作员采用中断生产，从而避免超差数据上传，然后采用手动生产的形式，继续放到搅拌机内进行生产，这就产生了质量隐患。更为严重的是，一些控制系统厂家，为了多卖套设备，在超差后进行暂停，然后弹出或者在软件的某一个区域设置一个隐藏的按钮，如果操作员认为可以将超差数据上传上去，信息化平台就可以收到报警的数据，如果操作员想屏蔽该报警信息就可以通过点击某个按钮或者某个区域实现。

2. 查处弄虚作假的方法

混凝土搅拌站机械设备不是精密设备，偶尔出现超差是正常的，规范中对出现超差后的处理有明确的规定，对搅拌站进行工作检查，配料精度出现超差多少，代表设备维护是否及时规范，管理是否严格具体，这只是检查的主要功能之一，而制止弄虚作假是重要工作。

知道了弄虚作假的方法，就有检查弄虚作假的办法，下面列举其中常用的几个：

（1）采取小方量生产混凝土的方式（如生产 0.3m^3 混凝土），生产过程中注意电脑屏幕上各种原材料配料数量是否超标，再与电脑数据库和信息化上传的数据是否一致，如果不一致，可以判定该工控电脑安装了“过滤”插件。采取连续生产小方量混凝土，可以连续生产 10 盘以上，观察出现的计量偏差率是否与信息化平台采集的一致，如果不一致，可以判定该工控电脑安装了“过滤”插件。

（2）采用配重法进行检查，提前准备一个检验标准物，标准物的质量为配料目标量×允差范围（%）×2，在被检配料秤停止配料的瞬间，将该检验标准物放到配料秤上，同时对监控电脑进行录屏，重复两次如果不超差，即可认为存在过滤插件，也可以将检验标准物提前放到配料秤上，被检配料秤停止配料的瞬间，经标准物从配料秤上移除，同样，重复两次不超差即可判定安装了过滤插件。

检验是否处在舞弊行为还有很多方法，但检验不是目的，还是要所有的从事混凝土生产的人员从根本上认识到弄虚作假的危害，认识到自己的行为可能带来的后果、自己要承担的责任，自觉抵制这种不良行为。

第三章

操作员职业素养

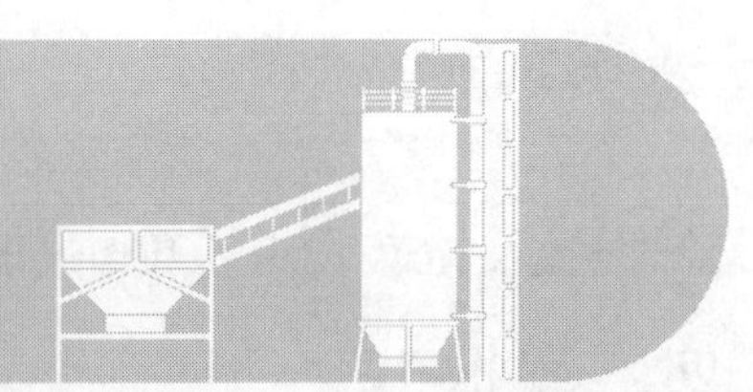

第一节　操作员的职业素养

一、 操作员职业素养的概念

职业素养对操作员来说专业是第一位的，但是除了专业，敬业和道德是必备的，体现到工作上的就是职业素养；体现在生活中的就是个人素质或者道德修养。

职业素养是在工作过程中需要遵守的行为规范。个体行为的综合构成了自身的职业素养，职业素养是内涵，个体行为是外在表象。

二、 职业素养的内容

概括来讲，职业素养包含以下三个方面：

（1）职业道德。

（2）职业意识。

（3）职业能力。

三、 职业道德

1. 操作员职业道德定义

所谓职业道德，就是与操作员在工作中紧密联系的，符合操作员职业特点所要求的道德准则、道德情操与道德品质的总和，它既是对操作员在工作中行为的要求，同时又是操作员对社会所负的道德责任与义务。

2. 操作员职业道德标准

（1）爱岗敬业：树立正确的职业理想，干一行爱一行，忠于职守，脚踏实地，不怕困难，钻研业务，提高技能，勇于革新，认真完成本职工作。

（2）诚实守信：做老实人，说老实话，办老实事，用诚实劳动获取合法利益，讲信用，重信誉，反对弄虚作假。

（3）办事公道：做到处理问题出以公心，合乎情理，结论公允，公平，公开，公正。

（4）遵章守纪：自觉遵守各项规章制度，忠实履行职责。

（5）勤政廉洁：树立为企业高度负责的精神，廉洁自律，兢兢业业，努力工作，严禁吃拿卡要。

（6）坚持原则：正确对待手中的权力，正确行使职权，不以职权和工作之便获取个人私利，敢于同违章违纪行为作斗争。

（7）创新观念：面对机遇和挑战，增强危机感和紧迫感，不断学习新的专业知识和管理经验，奋发向上，开拓进取，勇于面对挑战。

四、 职业意识

职业意识是操作员应具有的主人翁精神。具体表现为：工作积极认真，有责任感，具有基本的职业道德。

职业意识是用法律、法规、行业自律、规章制度、企业条文来体现的。职业意识有社会共性的，也有行业或企业相通的。它是每一个操作员最基本，也是必须牢记和自我约束的。

1. 诚信意识

人无信不立，人而无信，不知其可，一名操作员在工作、生活和学习过程中，诚信意识是最基本的，一个没有诚信意识的操作员是不可能做好本职工作的。

2. 团队意识

搅拌站就是一个独立的社会经营团队，是由所有员工所组成的一个利益共同体，由大家来维护、创造，又给每人带来了生活的经济利益与精神享受，维护搅拌站的声誉和利益，不说诋毁搅拌站的话，不做损害搅拌站的事。

保守搅拌站的商业秘密；积极主动地做好自己的工作，及时提出有利于企业发展的合理化建议；尊重和服从领导，关心与爱护同事；建立搅拌站内部的协作，开展有效、健康的部门、同事之间的关系。

3. 自律意识

分清职业与业余的不同，从而在扮演职业角色时，能够克制自己的爱好，克服自己的弱点约束自己的行为。

4. 学习意识

时代进步、社会发展突飞猛进，新的知识不断出现。每个人要想使自己有所成就，只有具备良好的学习心态、意识、不断充电、与时俱进才能保持自己跟上时代步伐，才有可能实践人生价值，职业生涯的成功。

五、 职业能力

职业能力的提升，就是从更高的一个层面认识和发掘职业兴趣。没有职业能力，职业兴趣就只剩下空想，没有职业兴趣，职业能力就不能充分发挥，而且这样的职业生涯必然很乏味。

第二节　操作员职业素养低的表现

一、 弄虚作假

在工作中丧失原则性，修改混凝土生产数据和各种资料，在检查时向上级提供虚假信息。这种行为将严重触犯中国国家铁路集团有限公司的红线管理，会遭到严厉处罚，违反法律的将依法移交司法部门处理。

二、 自我价值失衡

未正确认识操作员岗位的重要性，未树立正确的职业理想，岗位自卑，不能做到干一行爱一行，刻苦钻研，认真完成本职工作。这将导致操作员自暴自弃，不求上进，甚至连本职工作都无法正常完成。

三、 违章违纪

不遵守搅拌站各项规章制度，不忠实履行操作员各项职责，例如：在上班期间饮酒导致用错混凝土配合比，造成严重的质量问题；在生产过程中不遵守各项安全规定，在设备维修、保养过程中不遵守安全规定，违规操作，造成重大安全事故，害人害己。

第三节 职 业 健 康

一、 职业病的概念

职业病是指企业、事业单位和个体经营组织的劳动者在职业活动中，因接触粉尘、放射性物质和其他有毒、有害物质等因素而引起的疾病。

构成《职业病防治法》所称的职业病，必须具备四个要件：

（1）患病主体必须是企事业单位或者个体经营组织的劳动者。

（2）必须是在从事职业活动的过程中产生的。

（3）必须是因接触粉尘、放射性物质和其他有毒、有害物质等因素而引起的。

（4）必须是国家公布的职业病分类和目录所列的职业病。

在上述四个要件中，缺少任何一个要件，都不属于职业病。

二、 职业病危害

职业病危害是指对从事职业活动的劳动者可能导致职业病的各种危害。

三、 职业病危害因素

职业病危害因素包括职业活动中存在的各种有害的化学、物理、生物以及在作业过程中产生的其他职业有害因素。

四、 职业有害因素的来源（见图 3-1）

1. 生产工艺过程中产生的有害因素

（1）化学性有害因素：在搅拌站主要是生产性粉尘。

（2）物理性有害因素：包括异常气象条件（高温、高湿、低温、高低气压等），噪声、振动、电离辐射（主要是操作间电脑和各种电器）。

图 3-1　职业病有害因素的来源

2. 劳动过程中的有害因素

不合理的劳动组织和作息制度、劳动强度过大、职业心理紧张、体内个别器官或系统紧张、长时间处于不良体位、姿势或使用不合理的工具等。

3. 工作环境中有害因素

搅拌站建筑或布局不符合职业卫生标准（如通风不良、采光照明不足），以及作业环境空气污染等。

五、 粉尘的危害及防护措施

1. 粉尘的危害

粉尘是指在生产过程中形成，并能够长时间飘浮在空气中的固体颗粒。搅拌站的粉尘主要产生于骨料搬倒转移过程、运输车辆扬尘、搅拌设备密封性不好，环保设施及措施不到位等。

我国卫生标准工作场所空气中的粉尘时间加权平均容许浓度为 $4mg/m^3$（连续工作 8h 平均接触粉尘浓度），呼吸性粉尘为 $3.5mg/m^3$，短时间接触容许浓度为 $4mg/m^3$。

2. 防护措施

防护八字方针："革、水、密、风、护、管、教、查"。

"革"指技术革新、改进工艺流程，这是消除粉尘危害的根本途径。

"水"即湿式作用，是一种经济易行的防止粉尘飞扬的有效措施（应有喷淋装置）。

"密"即密闭尘源。

"风"即抽风除尘（除尘器）。

"护"即个人防护，在粉尘作业环境需戴防尘口罩。

"管"即维护管理，建立各种制度。

"教"即宣传教育。

“查”是环保部门坚持日常粉尘检测，每年外请具有职业病检测资质的监测机构对所有粉尘作业区域进行一次监测和评估，发现问题及时整改；对接尘人员每年进行一次身体健康检查。

六、 噪声的分类、 危害及防护措施

1. 噪声的分类

按照噪声随时间的分布情况可分为（见图 3 - 2）：

图 3 - 2 噪声的分布

（1）连续性噪声：在搅拌站连续性噪声主要是指生产过程中连续出现的机器轰鸣，设备振动，运输车辆运行等。

（2）间断噪声：在搅拌站间断噪声主要是指运输车辆鸣笛，物料破拱时产生的噪声等。

2. 噪声的危害

（1）对听觉系统的影响。听觉系统是人体感受声音的系统，噪声对听觉系统的危害的评价及噪声标准的制订等主要还是以听觉系统损害为依据。

（2）噪声对神经系统的影响。听觉器官受噪声后，可出现头痛、头晕、心悸、睡眠障碍和全身乏力等神经衰弱综合征，还有的表现为记忆力减退和情绪不稳定（如易激怒等）。

（3）噪声对心血管系统的影响。在噪声作用下，心率表现为加快或减慢，心电图 ST 段或 T 波出现缺血型改变。早期可表现为血压不稳定，长期接触较强的噪声可以引起血压升高。脑血流图呈现波幅降低、流入时间延长等，提示血管紧张度增加，弹性降低。

（4）噪声对内分泌及免疫系统的影响。通过动物试验或观察接触噪声工人的免疫功能，发现免疫功能降低，并且接触噪声时间越长，变化越显著。

（5）噪声对消化系统及代谢功能的影响。在噪声影响下，可以出现胃肠功能紊乱、食欲不振、胃液分泌减少、胃紧张度降低、胃蠕动减慢等变化（便秘、腹泻、胃溃疡等）。

（6）噪声对生殖功能及胚胎发育的影响。试验动物在噪声影响下，初期卵巢功能亢

进，后期功能下降，性周期紊乱，生仔率下降。国内外大量的流行病学调查表明接触噪声的女工有月经不调等现象。接触高强度噪声，特别是100dB（A）以上强噪声的女工中，妊娠恶阻及妊娠高血压综合征发病率增加明显。

（7）噪声对工作效率的影响。在噪声干扰下，人们感到烦躁，注意力不集中，反应迟钝，不仅影响工作效率，而且降低工作质量。在搅拌站由于噪声的影响，掩盖了异常信号或声音，容易发生各种工伤事故。

3. 预防措施

（1）控制噪声源：根据具体的情况采取技术措施，控制或消除噪声源，是从根本上解决噪声危害的一种方法。搅拌站生产区和生活区必须分开；搅拌楼、传送皮带和螺旋输送机全部密封，采用吸声材料装饰在内表面，有效减少噪声损害；严禁运输车辆在搅拌站内鸣笛。

（2）做好个人防护：佩戴个人防护用品是保护听觉器官的一项有效措施。对日常接触85dB和90dB之间的职工必须提供听力防护用品，总噪声级不超过100dB时，可使用耳塞或防声棉耳塞；总噪声级在100～125dB之间时，需佩戴耳罩。

（3）健康监护：按照职业病防治法的要求，对接触噪声的人员每年进行一次健康检查，特别是听觉器官需进行电测听的检查，发现问题，及时调配岗位并定期复查。

（4）合理安排劳动和作息时间：噪声作业应避免加班或连续工作时间过长，尽可能地缩短接触时间。

第二篇

混凝土搅拌站设备基本知识

第四章

混凝土搅拌站概述

第一节 混凝土搅拌站概念

混凝土搅拌站（楼）是将水泥、骨料、水、外加剂、掺合料等物料按照混凝土配合比的要求进行计量、混合，然后经搅拌机搅拌均匀成为合格混凝土的搅拌设备，如图 4-1 所示。

混凝土搅拌站（楼）主要用于公路、铁路、桥梁工程、隧道、机场建设、水利水电工程、矿山、工业与民用建筑施工以及混凝土制品厂和商品混凝土生产工厂。

(a)

(b)

图 4-1 混凝土搅拌楼（站）

一、 混凝土搅拌站基本构成

搅拌设备主要包括物料储存、物料运送、计量、搅拌、控制系统等部分，其中物料包括骨料、水泥、掺合料、水、外加剂等，如图 4-2 所示。

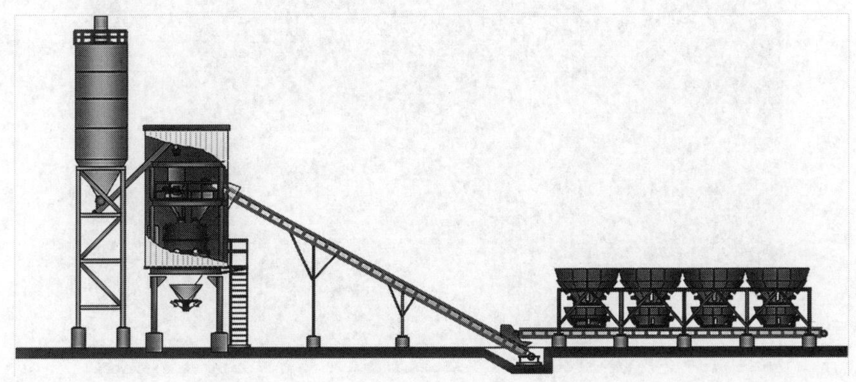

图 4-2 混凝土搅拌站的主要构成

二、混凝土搅拌站国内外的发展概述

混凝土搅拌站（楼）是随着水泥的产生而产生和发展的，最初搅拌设备仅以单机的形式出现，随着技术的发展及对混凝土要求的提高，出现了各种不同形式带有计量装置的搅拌设备，随着功能的不断丰富完善进而产生了混凝土搅拌站。

1903 年，德国建立的世界上第一座搅拌站。我国自 20 世纪 50 年代开始研制混凝土搅拌楼，当时主要用于水利工程。20 世纪 70 年代中期开始生产小型混凝土搅拌站，用于工业与民用建筑工程，20 世纪 80 年代后我国的混凝土搅拌站（楼）技术发展很快，目前我国主要生产率为 20～300m^3/h 的搅拌站（楼），广泛地应用于商品混凝土、PC 生产线及民用、铁路、公路、港口、水工等各种建设工程。

国内的主要生产厂家，如三一重工、中联重科、南方路机、山推建友、山东方圆、铁建重工等，如图 4-3 所示这些生产厂家的产品性能已经达到国际先进水平，居于领先地位。总的来说，我国混凝土搅拌站（楼）具有如下特点。

(a)

(b)

图 4-3　国内搅拌站示例（一）

（a）山东山推建友搅拌站；（b）山东方圆集团集装箱式搅拌站

(c)

(d)

(e)

图 4-3 国内搅拌站示例（二）

（c）铁建重工搅拌站；（d）三一重工搅拌站；（e）成都新筑搅拌站

（1）可靠性较高。混凝土搅拌站的关键部件如搅拌机、螺旋输送机、主要电器控制元件和气动元件的性能已相当稳定，可靠性及使用寿命明显提高。

（2）自动化控制程度较高。控制系统目前大都比较先进和稳定，自动化程度普遍较高，采用工业计算机控制，既可自动控制也可手动操作，操作简单方便；尤其近几年ERP系统的广泛应用，可实时监控整个搅拌站的运行情况，大大提高了客户生产、经营的管理水平。

（3）生产能力较高。双机站和多机站的出现提高了混凝土设备的生产能力，促进了混凝土公司的发展。

（4）计量精度较高。骨料的精度可控制在±2%之内，水泥（或掺合料）、水、外加剂的精度可控制在±1%之内。

（5）搅拌质量好，效率高，搅拌机已完全实现国产化。例如，珠海仕高玛搅拌机、山东米科思、三一重工、中联—CIFA 搅拌机、南方路机搅拌机等，具有生产效率高、搅拌质量好等特点。

第二节　混凝土搅拌站的分类

混凝土搅拌站的分类通常按生产工艺和可移动性分类。

一、 根据生产工艺分类

传统的划分方法将混凝土搅拌站分为一阶式和二阶式，行业内称一阶式为搅拌楼，二阶式为搅拌站。有些场合下也称一阶式为垂直式或塔式搅拌设备，称二阶式为水平式搅拌设备。但目前有一种介于一阶式和二阶式的搅拌站，一般称为混合式。图 4 - 4 为各种搅拌站的工艺流程。

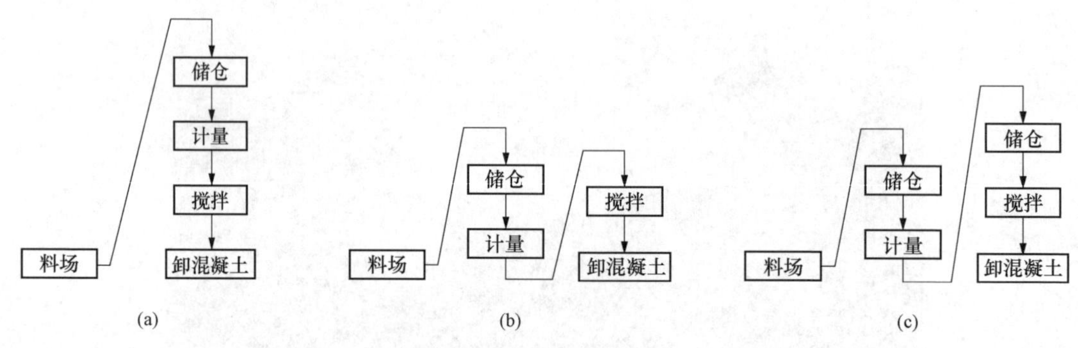

图 4 - 4　搅拌站的工艺流程

（a）一阶式工艺流程；（b）二阶式工艺流程；（c）混合式

一阶式搅拌设备的工艺流程是物料（主要指骨料）经一次提升到最高点，然后垂直下落进行计量并进入搅拌机中搅拌。这种设备的优点是由于一般采用全封闭形式，所以适应一切气候条件，并且整套设备的使用寿命长，如图 4 - 5 所示。同时，其空间大，设备布置方便，维修性好，因此可靠性高。缺点是占地面积大，一次性投资大。搅拌楼一

图 4-5 混凝土搅拌楼

般适用固定场合，如商品混凝土搅拌站及预制厂等，也适用于大型工程。有些一阶式搅拌设备采用多个搅拌主机，进一步提高生产效率，但因分料、控制比较复杂，应用很少。

图 4-4 所示二阶式搅拌站的工艺流程，物料（主要指骨料）需经过二次提升，即计量完毕后，再经提升斗提升到搅拌机中进行搅拌。这种结构的优点是结构紧凑，一次性投资小，占地面积小，但维修不方便，生产效率比搅拌楼低，一般适用于中小型商品混凝土厂及大中型混凝土施工工程。图 4-5 是工程建设中常见的一种二阶式搅拌站，因其骨料提升方式为提升斗，故称为提升斗式混凝土搅拌站。

一阶式和二阶式搅拌设备区别是生产率和占地面积，一阶式搅拌楼，骨料已经提升到搅拌机的上方，配料完成后可以直接向搅拌机投料，而二阶式搅拌站，骨料计量配料完成后，要提升到搅拌机上方，有个骨料的提升时间，即使使用同样的搅拌主机，二阶式也要比一阶式搅拌效率低很多。并且，二阶式的搅拌站因骨料配料计量部分在地面，就整机部分而言，其占地面积相对于一阶式的搅拌楼也是大了很多。

图 4-6 混凝土搅拌站

铁路工程搅拌站中，应用最多的是图 4-6 所示混合式搅拌站，这种搅拌站是在搅拌机的上部设置一个骨料预储料斗，骨料计量配料完成后，通过斜皮带（也有通过提升斗）提升到搅拌机上方的储料斗内，当程序要求投骨料时，将骨料投入搅拌机中，这样骨料在储料斗中等待时，骨料计量可以同时进行，从而提高了生产率。这种混合式搅拌站介于一阶式和二阶式搅拌设备之间，优点是既提高了生产率，又降低了建站成本。

二、 根据可移动性分类

按可移动性分类，混凝土搅拌站可分为移动式、快搬式、固定式。

（1）移动式混凝土搅拌站通常带有行走装置，如图 4-7 所示，以便于现场移动，主要适应于移动性较强的工程，如道路、桥梁等建设项目。目前我国生产的移动式搅拌站的生产率一般在 50m^3/h 以下，而国外一般在 50～120m^3/h。

（2）快搬式混凝土搅拌站是相对固定式而言，主要是免基础搅拌站，如图 4-8 所

图 4-7　移动式混凝土搅拌站（运输状态、工作状态）

示，其特点是搅拌站设计成集装箱式，分成骨料配料机部分、主机层部分、粉料计量层部分、骨料提升部分、控制室及支撑部分、粉料仓部分，根据工程需要变换场地时，可将搅拌站按照这几个部分快速拆开装运，到目的地后可快速组装。这种搅拌站主要适应于工期较短、环保要求高的大中型混凝土施工工程。

图 4-8　快搬式混凝土搅拌站

（3）固定式混凝土搅拌站，是指拆迁比较困难的搅拌设备，一般是一阶式上料或混凝土结构的搅拌设备，适用于商品混凝土工厂、预制厂及大型混凝土工程等场合使用，如图 4-9 所示。

图 4-9　固定式混凝土搅拌站

第三节 混凝土搅拌站主参数与型号

一、主参数系列

混凝土搅拌站（楼）以理论生产率为主参数，主参数系列见表 4 - 1。

表 4 - 1　　主 参 数 系 列　　m^3/h

项目	数值
理论生产率	3，6，9，12，15，21，30，45，60，75，90，120，150，180，200，210，240，270，300，360，420，480，540，600

二、型号

根据《建筑施工机械与设备 混凝土搅拌站（楼）》（GB/T 10171—2016）的规定，混凝土搅拌站（楼）的型号由搅拌站（楼）搅拌机装机台数、组代号、型代号、特性代号、主参数代号、更新变形代号等组成，其型号说明如图 4 - 10 所示。

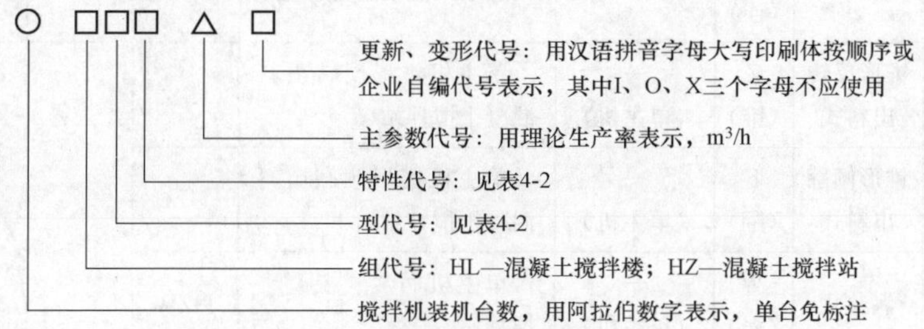

图 4 - 10　型号说明

表 4 - 2　　代号的排列和字符的含义

<table>
<tr><th colspan="2">组</th><th colspan="3">型</th><th rowspan="2">装机台数</th><th colspan="2">产品</th><th colspan="2">主参数代号</th><th rowspan="2">特性代号</th></tr>
<tr><th>名称</th><th>代号</th><th colspan="2">名称</th><th>代号</th><th>名称</th><th>代号</th><th>名称</th><th>单位</th></tr>
<tr><td rowspan="7">混凝土搅拌楼</td><td rowspan="7">HL</td><td rowspan="7">周期式</td><td>锥形反转出料式</td><td>Z（锥）</td><td>2（双主机）</td><td>双主机锥形反转出料混凝土搅拌楼</td><td>2HLZ</td><td rowspan="7">理论生产率</td><td rowspan="7">m³/h</td><td rowspan="7">船载式—C</td></tr>
<tr><td rowspan="4">锥形倾翻出料式</td><td rowspan="4">F（翻）</td><td>2（双主机）</td><td>双主机锥形倾翻出料混凝土搅拌楼</td><td>2HLF</td></tr>
<tr><td>3（三主机）</td><td>三主机锥形倾翻出料混凝土搅拌楼</td><td>3HLF</td></tr>
<tr><td>4（四主机）</td><td>四主机锥形倾翻出料混凝土搅拌楼</td><td>4HLF</td></tr>
<tr><td>—（单主机）</td><td>单主机涡桨式混凝土搅拌楼</td><td>HLW</td></tr>
<tr><td rowspan="2">涡桨式</td><td rowspan="2">W（涡）</td><td>2（双主机）</td><td>双主机涡桨式混凝土搅拌楼</td><td>2HLW</td></tr>
</table>

续表

组		型			装机台数	产品		主参数代号		特性代号
名称	代号	名称		代号		名称	代号	名称	单位	
混凝土搅拌楼	HL	周期式	行星式	N（行）	—（单主机）	单主机行星式混凝土搅拌楼	HLN	理论生产率	m³/h	船载式—C
					2（双主机）	双主机行星式混凝土搅拌楼	2HLN			
			单卧轴式	D（单）	—（单主机）	单主机单卧轴式混凝土搅拌楼	HLD			
					2（双主机）	双主机单卧轴式混凝土搅拌楼	2HLD			
			双卧轴式	S（双）	—（单主机）	单主机双卧轴式混凝土搅拌楼	HLS			
					2（双主机）	双主机双卧轴式混凝土搅拌楼	2HLS			
		连续式		L（连）	—	连续式混凝土搅拌楼	HLL			
混凝土搅拌站	HZ	周期式	锥形反转出料式	Z（锥）	—（单主机）	单主机锥形反转出料混凝土搅拌站	HZZ	理论生产率	m³/h	移动式—Y 船载式—C
			锥形倾翻出料式	F（翻）	—（单主机）	单主机锥形倾翻出料混凝土搅拌站	HZF			
			涡桨式	W（涡）	—（单主机）	单主机涡桨式混凝土搅拌站	HZW			
			行星式	N（行）	—（单主机）	单主机行星式混凝土搅拌站	HZN			
			单卧轴式	D（单）	—（单主机）	单主机单卧轴式混凝土搅拌站	HZD			
			双卧轴式	S（双）	—（单主机）	单主机双卧轴式混凝土搅拌站	HZS			
		连续式		L（连）	—	连续式混凝土搅拌站	HZL			

三、 标记示例

示例 1：搅拌机为一台锥形反转出料混凝土搅拌机，理论生产率为 $25m^3/h$，第一次更新设计的周期式移动混凝土搅拌站，标记为：

混凝土搅拌站 HZZY25A。

示例 2：搅拌机为二台涡桨混凝土搅拌机，理论生产率为 $120m^3/h$，第二次变形设计的周期式混凝土搅拌楼，标记为：

混凝土搅拌楼 2HLW120B。

示例 3：搅拌机为一台连续式双卧轴混凝土搅拌机，理论生产率为 180m^3/h，第三次更新设计的连续式混凝土搅拌站，标记为：

混凝土搅拌站 HZL180C。

示例 4：搅拌机为两台双卧轴混凝土搅拌机，理论生产率为 120m^3/h，第二次变形设计的周期式混凝土搅拌楼，标记为：

混凝土搅拌楼 2HLS120B。

第五章

搅拌站的设备组成

第一节 概　　述

不同类型的搅拌站和搅拌楼结构大同小异，这里主要以铁路上应用最多的混合式混凝土搅拌站为例，对搅拌站的构成进行分析，便于操作人员对搅拌站各个部分及功能进行学习，从而能够在日常工作中对设备进行维护和熟练使用。

搅拌站主要由搅拌主机、物料储存设备、物料计量系统、物料输送系统、供气系统、除尘系统及电控系统组成。

物料计量系统由骨料计量装置、粉料计量装置、液态料计量装置组成，混凝土搅拌站的骨料计量装置位于搅拌机侧面，混凝土搅拌楼的骨料计量装置位于搅拌机正上方。

物料输送系统由骨料输送装置、粉料输送装置、液态料输送装置组成。

除尘系统由主机、粉仓等主要扬尘点的除尘装置组成。

供气系统由空气压缩机、储气罐、三联件、阀、气缸、管路等组成。

图 5 - 1 和图 5 - 2 分别为常见的混凝土搅拌站和混凝土搅拌楼组成结构图。

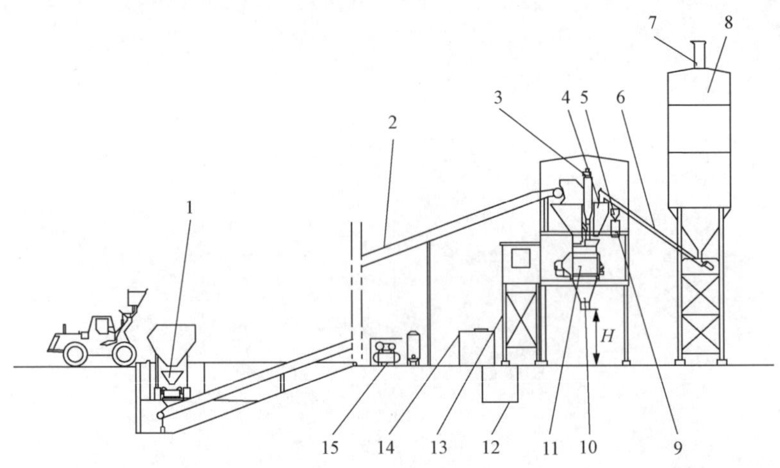

图 5 - 1　混凝土搅拌站组成结构图

1—骨料计量装置；2—骨料输送装置；3—主机除尘装置；4—粉料计量装置；5—外加剂计量装置；6—粉料输送装置；7—粉仓除尘装置；8—粉料储存装置（粉仓）；9—水计量装置；10—卸料装置；11—搅拌机；12—水池；13—控制室；14—外加剂罐；15—供气系统

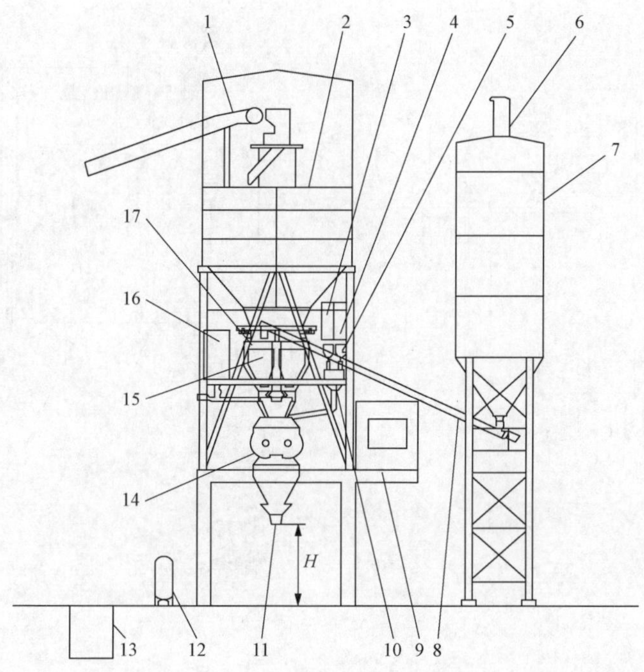

图 5-2 混凝土搅拌楼组成结构图

1—骨料输送装置；2—骨料存储装置；3—水箱；4—外加剂存储箱；5—外加剂计量装置；6—粉仓除尘装置；7—粉料贮存装置（粉仓）；8—粉料输送装置；9—控制室；10—水计量装置；11—卸料装置；12—供气系统；13—水池；14—搅拌机；15—粉料计量装置；16—主机除尘器；17—骨料计量装置

第二节　混凝土搅拌站工作原理

图 5-3 为混凝土搅拌站的工作原理示意图。混凝土搅拌站生产混凝土的过程大致可以分为两个：①首先是配料过程，按预设的配合比进行配料，骨料从配料机 8 计量配料后，通过骨料上料装置 12 输送到骨料预储料斗 13 暂存，粉料从粉仓 1 经粉料上料螺旋 3 输送到粉料计量装置 2，水从清水池 7 通过供水管路进入水计量装置 11，外加剂从外加剂箱 9 通过管路输送到外加剂计量装置 10，有些搅拌站会将配料完成的外加剂投入配料完成的水计量装置 11 中，称之为外加剂过水秤。②然后是搅拌过程，配料完成的各种物料按顺序投入搅拌机，所有物料通过搅拌机 5 经过预设的搅拌时间后搅拌成符合要求的新鲜混凝土，通过卸料装置 6 进入搅拌车。除主要过程外，还有其他辅助性过程，如搅拌机工作过程中，由主机除尘器 4 对搅拌机进行除尘；粉仓 1 进料时，由仓顶收尘器 14 对粉仓 1 进行除尘。以上所有工作过程均由搅拌站控制系统控制自动完成，在进行混凝土生产时，为了提高生产效率，配料过程、投料搅拌过程会交替重复或同时进行。

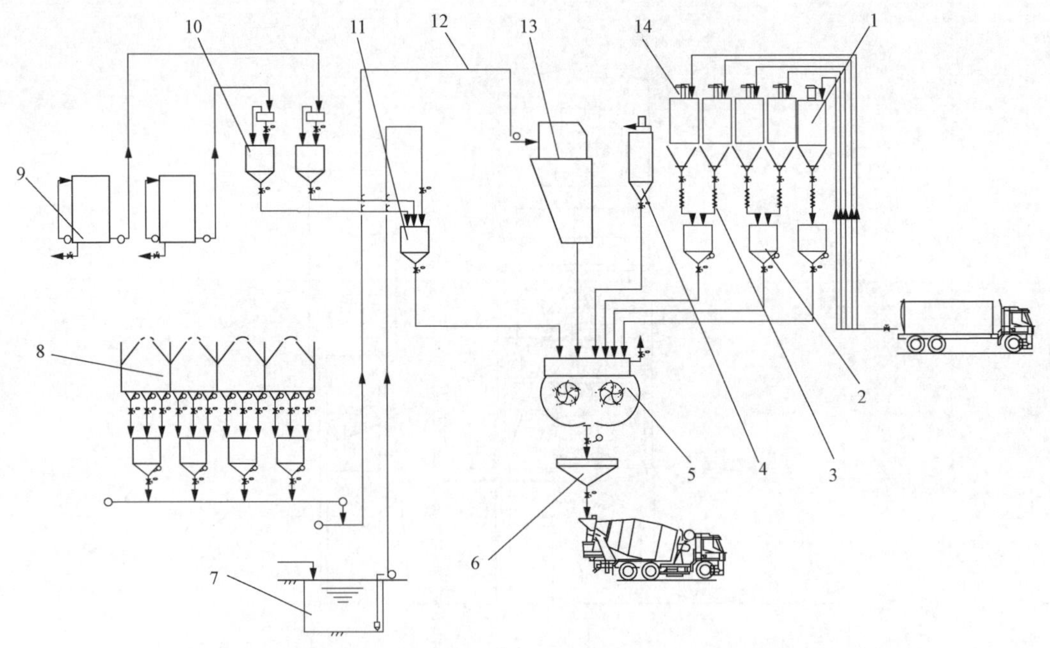

图 5-3 混凝土搅拌站工作原理示意图

1—粉仓；2—粉料计量装置；3—粉料上料螺旋；4—主机除尘器；5—搅拌机；6—卸料装置；
7—清水池；8—骨料配料机；9—外加剂箱；10—外加剂计量装置；11—水计量装置；
12—骨料上料装置；13—骨料中间仓；14—粉仓除尘器

第三节 混凝土搅拌机

一、混凝土搅拌机的分类

混凝土搅拌机是把按照一定配合比的砂、石、水泥和水等物料搅拌成均匀的符合质量要求的混凝土机械。

1. 按工作性质分类

混凝土搅拌机按工作性质可分为周期式混凝土搅拌机和连续式混凝土搅拌机。

周期式混凝土搅拌机是加料、搅拌、出料按周期进行的搅拌机，每加工一定量的混凝土后有一个明显的间隔过程，这个过程用于进料和再搅拌，搅拌形式有自落式、强制式等搅拌形式。

连续式混凝土搅拌机是加料、搅拌、出料按连续进行的搅拌机，各种材料分别按配合比经连续称量后送入搅拌机内，搅拌好的混凝土从卸料端连续向外卸出。

2. 按工作原理分类

混凝土搅拌机按工作原理分类可分为自落式混凝土搅拌机和强制式混凝土搅拌机。

自落式混凝土搅拌机的拌筒内壁上有径向布置的搅拌叶片。工作时，拌筒绕其水平轴线回转，拌筒内的物料，被叶片提升至一定高度后，借自重下落，这样周而复始地运动，达到均匀搅拌的效果。自落式混凝土搅拌机的结构简单，一般以搅拌塑性混凝土为主。常见的自落式混凝土搅拌机以反转出料搅拌机为主。

强制式混凝土搅拌机，主要是通过搅拌筒内的叶片绕回转轴旋转来对物料施加剪切、挤压、翻滚和抛出等强制作用力，使各种物料在剧烈的相当运动中达到匀质状态。强制式混凝土搅拌机作用强烈，具有生产率高，搅拌质量好等特点。

3. 按机械结构样式分类

混凝土搅拌机按机械样式可分为卧轴式混凝土搅拌机和立轴式混凝土搅拌机。目前在混凝土搅拌中普遍采用的是强制式混凝土搅拌机，而且以双卧轴为主，但近几年在PC生产线和预制件工厂立轴行星式混凝土搅拌机也得到广泛采用。下面主要介绍强制式双卧轴混凝土搅拌机和立轴行星式混凝土搅拌机。

二、 强制式双轴混凝土搅拌机

双卧轴混凝土搅拌机主要由传动系统、搅拌系统、卸料系统、供油润滑系统等部分组成。

搅拌系统由搅拌罐和搅拌装置组成。其中搅拌罐由筒体和衬板等组成，为避免筒体内侧磨损，整个筒体内腔都装有耐磨衬板，用户可以根据衬板的磨损情况进行更换。筒体下方有一出料口，以便把混凝土及时卸出。搅拌装置由搅拌轴、搅拌臂、搅拌叶片及轴端密封装置组成。搅拌臂与搅拌轴通过连接套和螺栓连接固定。搅拌叶片与搅拌臂之间通过长孔由螺栓连接。通过调整搅拌叶片的位置，保证叶片与衬板的间隙不大于5mm，这样不但能减缓叶片与衬板的磨损，卸料干净，而且能够降低能耗和噪声，使搅拌机工作平稳，不易卡料。搅拌臂、搅拌轴、衬板等结构可从图5-4实物照片清晰看到。

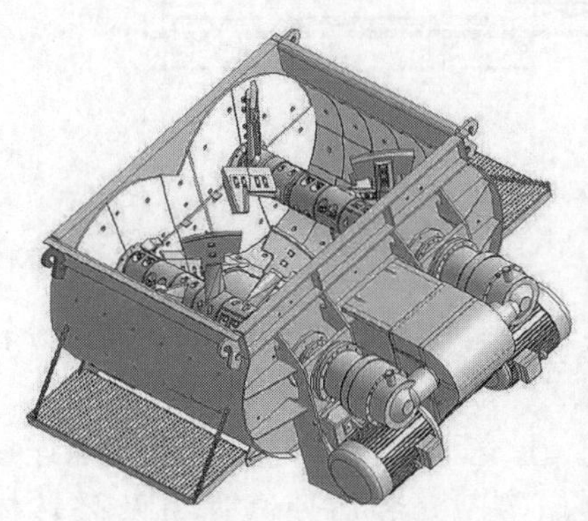
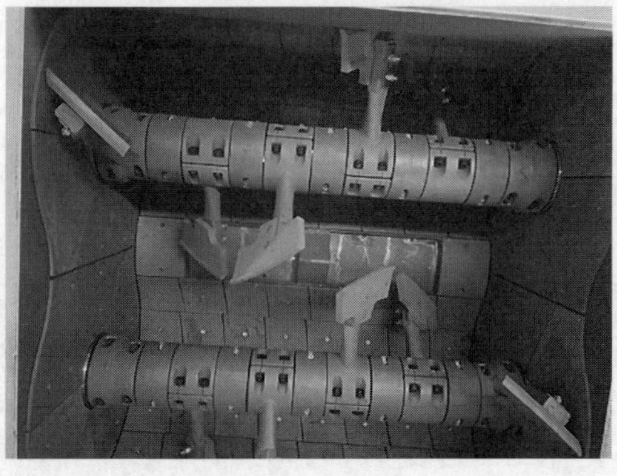

图5-4 双卧轴混凝土搅拌机

为了解决立轴混凝土搅拌机抱轴的问题，在双卧轴混凝土搅拌机基础上发展出了双螺旋混凝土搅拌机、无轴双螺旋混凝土搅拌机、振动混凝土搅拌机等，因一些技术细节问题，这些混凝土搅拌机在市场上应用不是太多，属于成长发展阶段，但在提高搅拌效率、降低功耗等方面，这些混凝土搅拌机都有一定的技术优势，行业应加大对这种混凝土搅拌机的关注和支持。

图 5-5　卸料机构

为了防止搅拌过程中水泥浆漏出，搅拌轴端部设有密封装置，常用的密封方式有迷宫密封、浮动密封、气密封等。

卸料系统由卸料机构、卸料门等组成。其中卸料机构分气动卸料和液压卸料两种形式；气动卸料机构由气缸、摇臂、电磁阀等组成，其特点是结构简单，维修方便；液压卸料机构包括液压动力包、摇臂、液压缸等，其特点是运行平稳。图 5-5 所示为常用的液压卸料结构。

三、 立轴行星式混凝土搅拌机

立轴行星式混凝土搅拌机（见图 5-6）主要有传动系统、支承架、搅拌系统、搅拌筒、卸料系统、供水管路等组成。

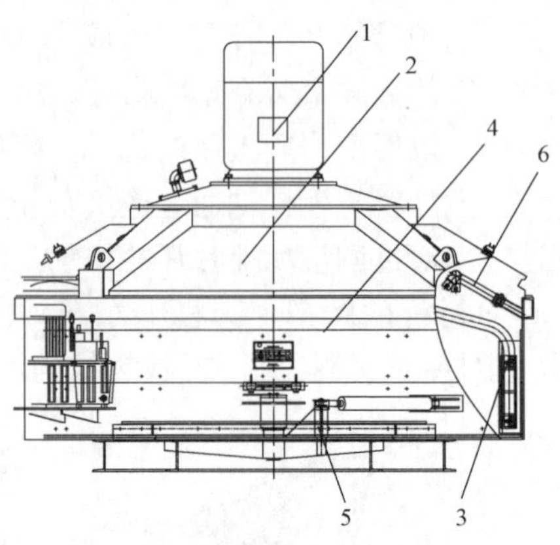

图 5-6　立轴行星式混凝土搅拌机

1—传动系统；2—支承架；3—搅拌系统；4—搅拌筒；5—卸料系统；6—水路系统

传动系统由电机及减速机组成，减速机是专门设计的硬齿面减速机，具有公转和自转输出。

支承架由上支承、下支承、检修门等组成。上支承架支承电机。下支承连接减速机、公转体、回转支承，并开有检修门、观察门等。安装后使减速机及公转体保持水平。

搅拌系统（见图 5-7）由搅拌臂，侧刮板臂，底刮板臂及搅拌叶片、侧刮板叶片、底刮板叶片等组成。

搅拌臂由搅拌系统驱动做行星运动，搅拌臂上两块互相交错的搅拌叶片在搅拌筒内快速运转搅拌物料。传动装置箱体上安装侧刮板及底刮板，侧刮板及底刮板与减速机箱体一起转动，侧刮板叶片可刮除搅拌筒内壁附着物料，底刮板叶片可加快卸料速度。

出厂前搅拌臂和刮板臂的位置及角度已调试好，使用时不得随便变动。搅拌机构旋

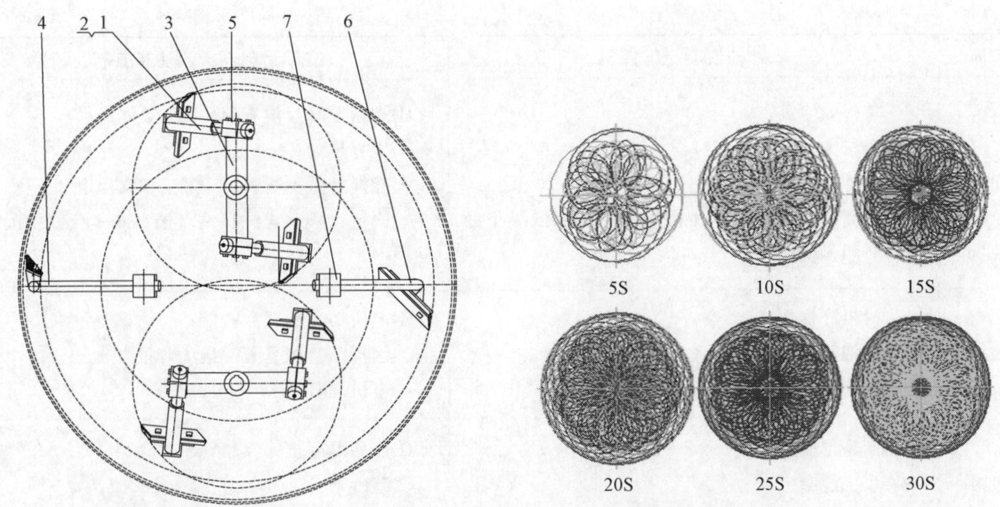

图 5-7　立轴行星式混凝土搅拌机搅拌臂轨迹

1—搅拌臂；2—耐磨套；3—搅拌臂座；4—侧刮板臂；5—固定座；6—底刮板臂；7—固定座

转时搅拌叶片和刮板叶片不得与搅拌筒衬板发生摩擦，与搅拌筒衬板间隙应在 3～5mm。

搅拌筒由筒体、筒底、高强度耐磨衬板等组成。筒体用钢板卷制组焊而成。内侧装有高强度耐磨侧衬板、底衬板。

卸料装置，由气缸（油缸）、卸料门、门轴、轴承、门衬板等组成，可采用气动方式，也可采用液动方式。

气动卸料方式是通过电磁阀的通电、断电来控制气缸动作从而使卸料门实现开关状态。液动卸料方式是通过专门设计的液压泵站控制油缸伸缩带动卸料门旋转，从而实现卸料门的打开、关闭。卸料门间隙可以通过调整密封条进行调整，卸料门衬板磨损后应及时更换。

四、 双卧轴混凝土搅拌机和立轴行星式混凝土搅拌机的特点对比

对比双卧轴混凝土搅拌机和立轴行星式混凝土搅拌机的特点，见表 5-1。

表 5-1　　双卧轴混凝土搅拌机和立轴行星式混凝土搅拌机的优缺点和适用范围

名称	双卧轴混凝土搅拌机	立轴行星式混凝土搅拌机
图示		

续表

名称	双卧轴混凝土搅拌机	立轴行星式混凝土搅拌机
优点	①工作效率高； ②容量大； ③搅拌能力强； ④对商品混凝土、水工混凝土、预制混凝土的搅拌有明显优势	①卸料干净，没有死角； ②搅拌均匀； ③能搅拌多种物料（干粉、流体、化工等）； ④固定、移动式搅拌站（楼）或车载设备配套使用
缺点	①衬板磨损快； ②易抱轴，需经常清洗； ③轴端定期维护	①电机功率消耗大； ②因拌筒直径受限，最大容量 $4m^3$； ③电机顶置
应用范围	①商品混凝土； ②水工混凝土； ③预制混凝土	①商品混凝土； ②湿砂浆； ③泡沫混凝土； ④预制混凝土

综合各方面因素，双卧轴搅拌机广泛地用于商品混凝土和水工混凝土，而立轴行星式搅拌机则更适用于预制混凝土（如高铁的板场）及特种混凝土（如超高强度混凝土）。

五、 搅拌机的使用

搅拌机是承担将各种称量好的物料混合搅拌成成品混凝土的关键部件，它的使用方式是否正确和维护保养是否到位将直接影响搅拌站的使用寿命，这里主要介绍一下使用最多的强制式双卧轴混凝土搅拌机使用注意的问题，对于立轴行星式搅拌机等其他搅拌机的使用及注意事项参考厂家说明书。

（1）定期更换减速箱润滑油及液压系统用油，减速箱首次工作 200h 或 1 个月，必须进行第一次润滑油更换，以后每工作 2000h 或半年，须及时更换。减速箱必须每隔一定时间检查油面并按规定加注润滑油，润滑油标号必须符合厂家要求。

（2）主轴承、卸料门轴承、液压缸的转轴、电机底座板转轴都必须定期加注 3 号锂基润滑脂进行润滑，具体间隔时间及加注量见各润滑点注油标识。

（3）搅拌机每工作一周，应检查所有搅拌叶片、搅拌臂锁紧螺栓有无松动。每工作 2000h，必须检查皮带轮和联轴器连接螺栓的松紧程度。

（4）搅拌叶片、搅拌臂至少每周检查一次，当发现搅拌叶片磨损程度多于 35%或衬板磨损程度多于 40%时，须及时更换。

（5）搅拌叶片需定期调节，尽量保证其与衬板的间距为 3～5mm，以确保搅拌机能正常发挥效能。如不调整，较大的骨料便会夹在搅拌叶片和衬板之间，增加搅拌轴所受的弯矩和扭矩，甚至会导致搅拌叶片断裂，同时加速搅拌叶片和衬板的磨损。

（6）详细检查所有三角皮带是否处于完好状态，是否出现严重磨损、脱轨、老化。当三角皮带已严重磨损、脱轨、老化，必须马上更换；检查皮带张力，如三角皮带过松，请按说明书要求的步骤调紧。必须注意更换和调整完成后，一定要检查和调整两搅拌轴上的臂和叶片的相位关系，确保其恢复初始状态，否则两轴上的臂及叶片会相互干涉，甚至会打断叶片或搅拌臂。

第四节 物料储存设备

物料储存设备由骨料储存装置、粉料储存装置、液态料储存装置组成。

一、骨料储存装置

骨料储存装置一般分为地仓式、钢制直列式料仓等形式。一般由仓体和卸料门组成，其中仓体储存骨料，卸料门由气缸控制料门向计量斗中加料，气缸由电磁阀控制开关，而电磁阀的控制信号由搅拌站的控制系统发出。

（1）地仓式。地仓式储料方式一般由下储料仓（见图5-8）、下地长廊、水平皮带机组成。每个仓的间隔一般4～6m。这种结构的特点是料场直接作为料仓，容积大、骨料上料简单、效率高，上料采用一台推土机或装载机即可。缺点主要是占地面积大，地下工程量大，一次性建设费用高。这种形式一般应用于投资较大，场地限制小，生产率高的大型一阶式搅拌设备。

图5-8 混凝土搅拌站地仓式储料仓

（2）钢制直列式料仓。铁路工程搅拌站用的骨料储料仓就是这种钢制直列式料仓，一般由料仓、料门、支架等组成（见图5-9），一般为3～4个料仓，每个仓的容积10～30m³或者更大，一般采用装载机上料，对于较大的料仓，也有采用皮带机上料的方式。一般情况下，这种料仓与骨料计量装置一起，形成一个配料单元，也称为配料机。

(a)

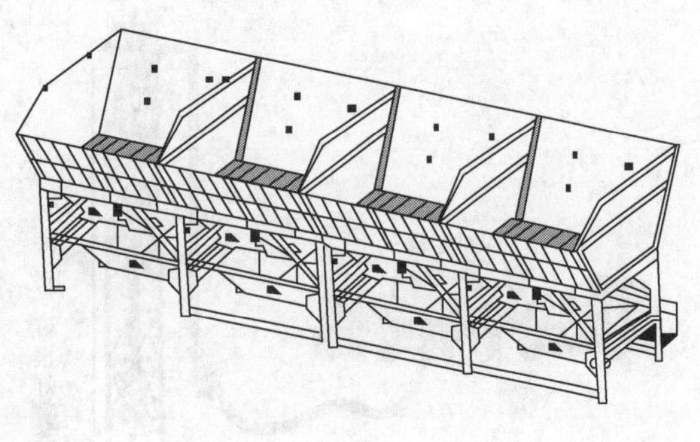

(b)

图5-9 混凝土搅拌站钢结构骨料储料仓

这种料仓的特点是运输方便，占地小，无死料区，因此比较适合转移性较强的搅拌设备。

二、 粉料储存装置

粉料包括水泥、粉煤灰、粉状外加剂等，其储存装置一般为圆筒形粉仓，由粉仓体、粉仓架组成，均是采用钢制材料制作。目前行业内常用的粉仓规格从 50～500t，根据混凝土搅拌站不同的生产能力配合使用。

粉料仓按制作的方式可分为焊接式粉仓（见图 5-10）和拆装式粉仓（见图 5-11）两种，焊接式粉仓为一体结构，整个圆筒形钢制仓体采用电焊焊接而成，不可分割，为了方便一般在安装工地现场制作。拆装式粉仓也称为片仓，是将圆筒形粉仓设计成若干个小的仓片，在工厂按片生产好后到安装工地现场组装。

图 5-10　混凝土搅拌站焊接式粉料仓

1—除尘器；2—压力安全阀；3—粉仓体；4—粉仓架

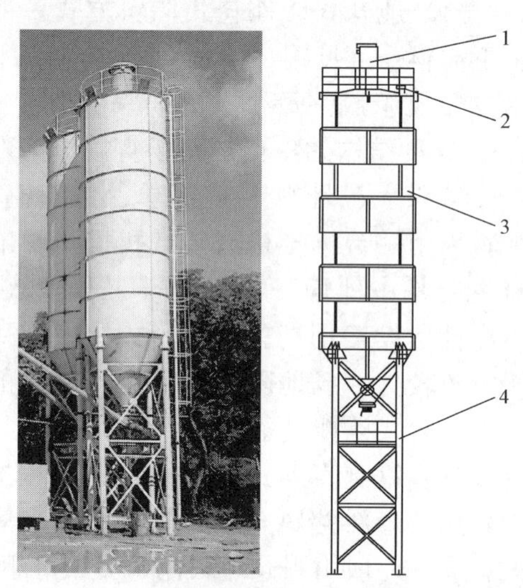

图 5-11　混凝土搅拌站拆装式粉仓

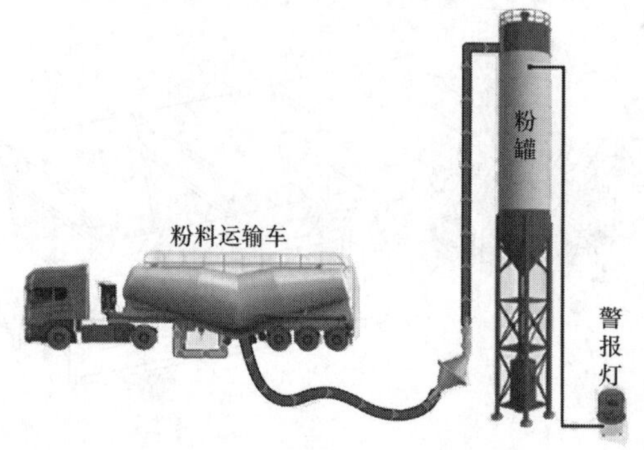

图 5-12　粉料仓吹灰进料示意图

散装水泥车或散装水泥船运输过来的粉料通过气力输送装置输送进粉仓，如图 5-12 所示，按粉料的种类分别进行存储，存储量应能满足混凝土搅拌站至少 2h 的生产需要。在生产混凝土需要粉料时，由螺旋输送机或空气输送斜槽将粉仓中的粉料输送到粉料计量装置进行计量。

粉仓一般还包括粉料仓的附属结构，主要包括破拱装置、除尘器、仓顶卸压装置（压力安全阀）及料位计：

（1）破拱装置，目前采用的一般是助流

破拱气垫方式，该方法是利用气垫的推力作用推动起拱物料。水泥在仓体锥部由于力的作用可能起拱，造成水泥无法顺利地流动，称为水泥起拱，这是一种常见的现象，仓内起拱如图 5-13 所示。

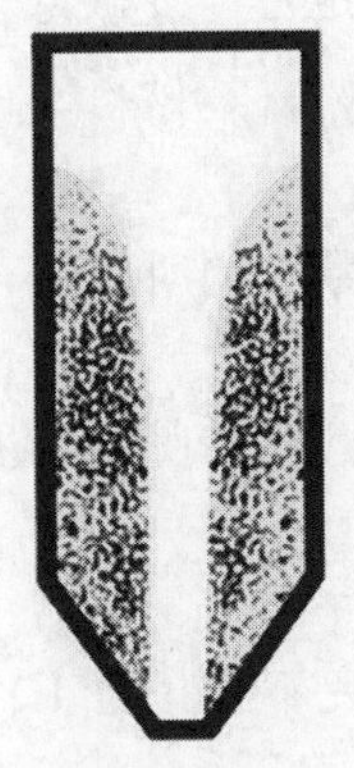

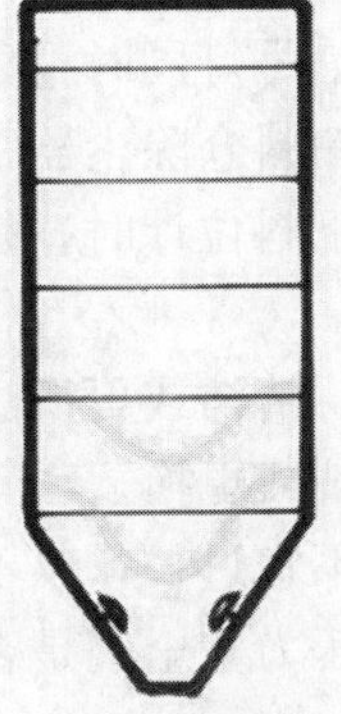

图 5-13 水泥仓空洞、起拱示意图及破拱、破拱器

（2）除尘器是为满足环保要求在散装粉料车向粉料仓吹料时必备的设备，如图 5-14 所示。散装物料车向分料仓吹料时，粉料和气体被吹入仓中，仓中的压力增加，就会有气体排出，排出的气体经过除尘器后，进入大气环境中的粉尘量会大大减少。

（3）压力安全阀是保证在散装物料车向粉料仓吹料时仓内的压力不超过规定值，以免在除尘器堵塞时仓内压力过高造成危险，如果仓内压力高于规定值，安全阀自动泄压，如图 5-15 所示。

（4）料位计的作用是测量粉料仓中水泥的剩余量，分为极限料位计和连续式料位计两类。极限料位只测量物料的在料仓中是空、满或者是物料在仓的某个点。目前常用的是阻旋式料位计，阻旋式料位计属机械式料位计，这种料位计结构简单，成本低，寿命较短，容易损坏，并且安装维护不方便，如图 5-16 所示。连续式料位计有电容式、超声波式及称重式料位等。还有一种贴片式称重料位计，将传感器直接安装在粉料仓的支架上，相对于电容式、超声波式、射频导纳及传统称重式料位计具有安装简单、精度高、寿命长、受影响因素少、利于维护等优点，使用效果较好，是一种新型的粉仓料位检测装置。

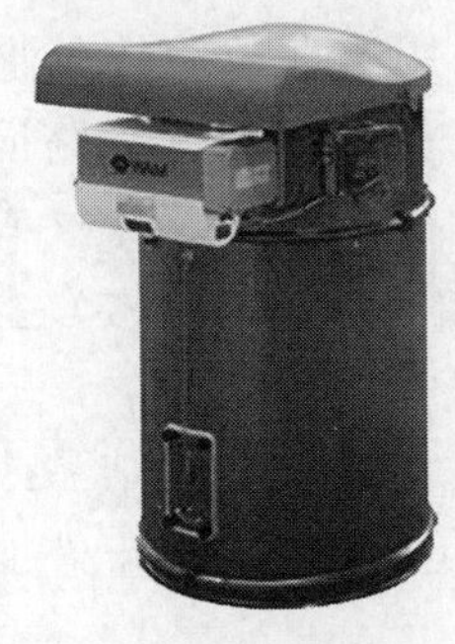
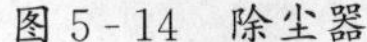

图 5-14 除尘器

图 5-15 压力安全阀

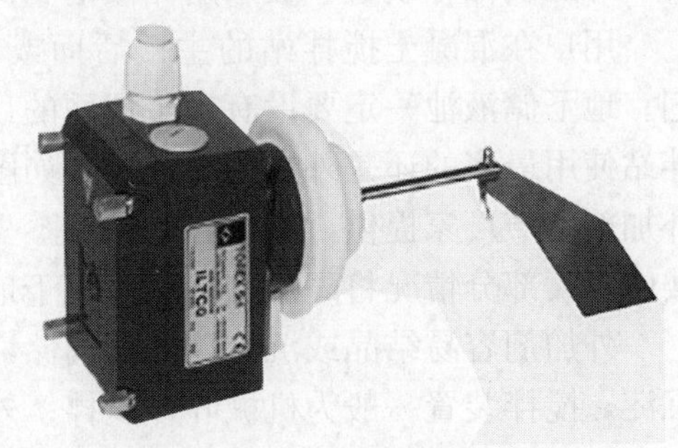

图 5-16 阻旋式料位计

粉料仓在使用和维护时有一定的要求需要遵守，我国混凝土行业标准规定粉料仓的工作压力不大于4900Pa，粉料仓有三种危险状态：过压、冒顶、缺料，为保证粉料仓的安全使用，在使用过程中需注意以下几点：

（1）泵送粉料时应先启动振动电机，打开粉料仓顶除尘器1～2min，当粉料仓满料时，控制室内和粉料仓下部信号灯同时报警，此时应立即停止泵送粉料。粉料泵送完毕后及时启动振动电机，打开粉料仓除尘器1～2min。

（2）当粉料仓料位低于下料位计时，控制室内和粉料仓下部信号灯同时报警，此时应及时补充粉料。

（3）定期检查除尘装置，清洁或更换滤芯。每半年要检查一次滤芯的脏污程度，若过度脏污，要拆下按要求清洗或更换。

（4）单次上料持续时间不宜过长，以不超过1h为好。

（5）每个星期检查一次压力安全阀是否正常工作，如被水泥堵死不能正常工作需及时进行清理或更换。

（6）首次向仓中加注粉料前必须将仓中的施工残余物彻底清理干净，以免残余物混入粉料，导致螺旋输送机故障或出料不畅，进而导致粉料称量精度达不到标准要求。

（7）首次向仓中加注粉料前或更换维修卸料闸门后必须检查闸门的密封情况。

三、 液态料储存装置

1. 水储存装置

混凝土搅拌站（楼）常用的水储存装置有水池和水箱两种。

水池是用户在搅拌主楼附近修建的混凝土结构储水装置，为了充分利用场地，很多用户把水池设在粉料仓底下，在做粉料仓基础时就把水池做好。水池的优点是可根据场地实际情况，因地制宜，缺点是位置固定，不可移动。

水箱一般采用钢结构，可置于搅拌主楼下，也可置于搅拌主楼计量层之上。水箱的优点是结构紧凑，方便搅拌站的转场和移动；缺点是容量受到限制，成本相对较高。

2. 外加剂储存装置

外加剂储存装置一般采用储液池和储液罐两种形式。

用户在混凝土搅拌站的主楼后面或粉料仓下面挖地下储液池，用于存放液体外加剂。地下储液池一定要设有高于地面的顶盖，防止雨水侵入影响外加剂的质量。铁路搅拌站使用最多的还是外加剂储液罐，如图5-17所示，一般由混凝土搅拌站生产厂家或外加剂生产厂家提供，罐体容积一般不少于10m^3，可放于地面或混凝土搅拌站（楼）主楼内，大部分情况将外加剂储液罐放于地面。

外加剂容易结晶或沉淀，外加剂储液罐（池）应具备搅拌功能，防止外加剂结晶或沉淀，搅拌装置一般为机械叶片搅拌；外加剂储液罐（池）还可配加热装置，防止外加剂在冬期气温较低地区结晶。

图 5-17　外加剂储液罐

第五节　物料计量系统

计量系统包括骨料、水泥、掺合剂、水、外加剂等的计量配料，计量装置是搅拌设备中关键的部分之一，其主要功能是将各种物料按混凝土配比的要求完成准确配料，从而保证混凝土搅拌站（楼）生产出的混凝土满足质量需求。搅拌设备的计量方式一般采用重力计量，也有采取体积计量的，但目前我国除水和外加剂可以采用体积法外，其他物料一般不允许采用体积法，这里我们只介绍重力计量。

一、计量系统基本工作原理

重力计量就是传统上所说的秤，搅拌站使用的是自动配料电子秤，由一或多个传感器直接悬挂计量斗，传感器感知计量斗内的变化，将力的信号转换成电信号，送往称重配料控制器（仪表、PLC等），控制器接收电信号转换成质量数值显示给操作人员、完成配料运算控制等。

物料计量系统有多种工作方式，对应不同的工作原理。按计量实现方式分为加法计量和减法计量；按每个计量装置计量物料的种类分可以分为单独计量和累计计量；按计量作业方式分为周期式计量和连续式计量，周期式计量适用于周期式搅拌装置，而连续式计量适用于连续式搅拌装置。

1. 加法计量和减法计量

混凝土搅拌站在计量时，秤斗中的料逐渐加入，其秤上的显示数值是由小到大变化的，此计量过程称为加法计量。加法计量的特点是物料流向顺序为料仓、秤斗。加法计量过程为：计量初始时，秤的显示值为零，输入计量“开始”信号后，料仓门打开，物料落入秤斗中。秤的显示值随着物料的不断落入而由零逐渐加大，当达到设定的显示值时，计量系统即判定秤斗中的物料实际质量等于设定的质量，系统输入计量“结束”信号后，料仓门关闭，计量结束。

减法计量则是在秤斗中加入超过搅拌时所需质量的物料，秤斗中的料逐渐卸出，其秤上的显示数值是由大到小变化。减法计量的特点是物料流向顺序为秤斗、搅拌装置或储料斗，减法计量的计量过程为：计量开始，输入计量“开始”信号，秤斗门即打开，物料从秤斗门中不断地流入搅拌机或上料装置，秤的显示开始逐渐减小，直至秤的减少值达到设定值，秤斗门关闭，计量结束。

2. 周期式配料秤与连续式配料秤

周期式配料秤和连续式配料秤卸料方式不同。周期式配料秤当计量完成后，由配料控制器启动卸料机构开始卸料，卸料完成后，关闭卸料机构，启动下一次配料。连续式配料秤则是不间断的配料方式。连续式配料秤主要应用于连续式搅拌站，目前混凝土搅拌站应用不多，常见的是周期式配料秤。

3. 单独计量和累计计量

单独计量是每个秤斗只称一种物料。累计计量是每个计量斗可称多种物料，即称完一种后，在同一斗中再称另一种物料。搅拌站骨料计量配料多采用单独计量的形式，每种骨料原材料设置一个称量配料装置，粉料和外加剂多采用累计计量配料，这主要是搅拌机上面空间有限，不便于为每种料设置一个称重配料装置。现在的称重传感器和配料控制器分辨率都足够高，累计计量和单独计量均能达到国标和铁路规范所要求的精度。

对于混凝土搅拌站一般采用的是单独或累计加法周期式计量秤。本章主要介绍的混凝土搅拌站计量秤均为这种形式。

二、 物料计量设备

搅拌站物料计量主要以料斗式计量秤为主，主要由计量斗、支架、气动阀门、称重传感器、接线盒、信号电缆和称重显示器等组成。根据计量物料形态的不同，有骨料计量秤、粉料计量秤、水及液态外加剂计量秤。

1. 骨料计量秤

骨料计量秤一般为料斗式秤或皮带斗秤两种形式。图 5 - 18 为电子秤计量斗，由斗体、传感器、扇形门、气缸组成。计量完毕后，由气缸拉动扇形门将料卸出到搅拌机或上料装置上。骨料计量也有皮带式计量秤，图 5 - 19 是一种由皮带卸料的计量斗，对于搅拌站所说的皮带式计量秤，是指将皮带作为秤斗的一部分，皮带本身作为秤斗的底部，也作为物料卸出的输送装置。

图 5 - 18　斗式计量秤

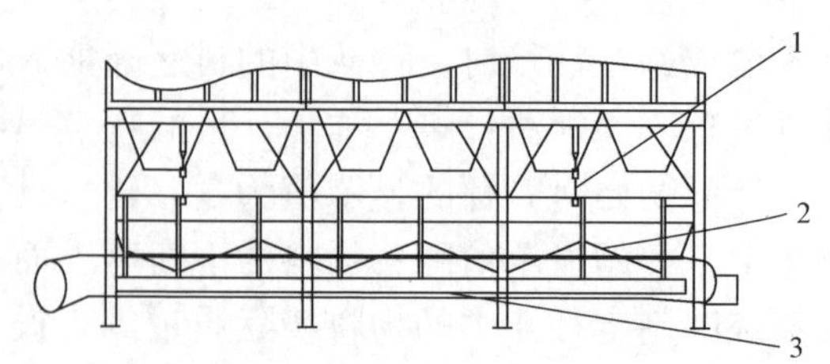

图 5 - 19　皮带式计量秤

1—传感器；2—斗体；3—皮带机

从骨料储料仓中向骨料计量斗供料时，为了提高计量精度，一般采取粗精称的给料方式，即每一种骨料有两个卸料门，开始计量时两个门同时打开，当计量斗的物料达到设定值的90%时，一个料门关闭，只有另外一个料门继续给料，这样保证了给料精度，使计量更精确。

2. 粉料计量秤

粉料计量秤（粉料计量斗）用于称量水泥、粉煤灰、粉状外加剂等。一般由秤斗、传感器（或杠杆及传感器）、气缸、蝶阀、与搅拌机进口的软连接等组成（见图5-20），其中秤斗有水泥进口及出气口，水泥进口与水泥螺旋输送机相接，出气口与除尘装置相接。有时粉料斗上需增加振动器，以保持下料畅通。

粉料计量一般由螺旋机供料，为了提供配料精度，有的时候采用子母螺旋（见图5-21），在配料接近设定值时停止母螺旋供料，只由子螺旋进行缓慢供料，以提高给料精度。粉料计量斗必须有出气口，出气口与除尘器连接或者在粉料计量斗上直接加除尘器，保证在向粉料计量斗供料时料斗内的气体能够及时排出，防止计量斗内形成气压影响计量。软连接是为了保证粉料斗处于自由活动的状态，使料斗在没有粉料的时候传感器不受到除料斗自重以外的力。

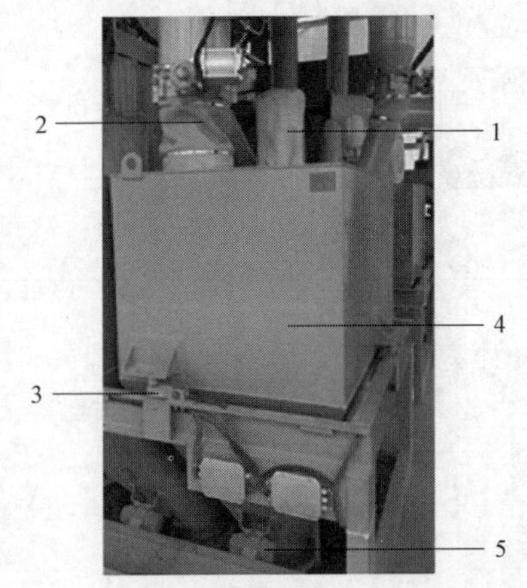

图5-20 粉料计量斗

1—通气口；2—进料口；3—传感器；4—斗体；5—振动器

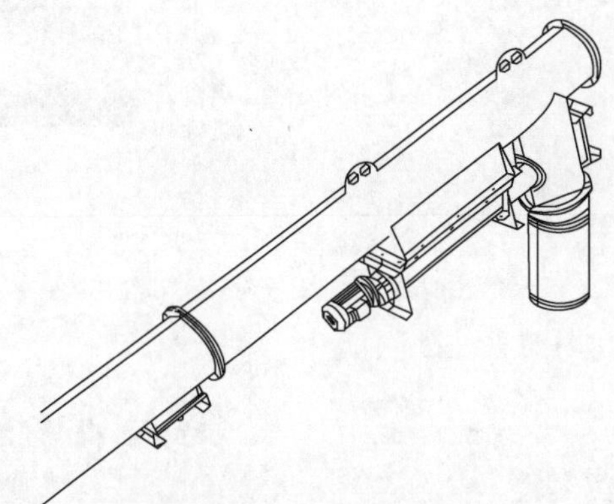

图5-21 子母螺旋输送机

3. 液态物料的计量秤

液态物料计量一般有重力计量，也有容积计量、流量计量，铁路工程搅拌站采用的都是重力计量形式。图5-22是搅拌设备上应用最广泛的重力计量秤，由斗体、传感器及卸料门组成，图中卸料门为气动蝶阀。水计量秤与外加剂计量秤的形式基本相同，但水计量斗一般采用3个传感器悬挂，而外加剂一般用一个传感器悬挂。

为了保证水和外加剂的精计量尤其是外加剂在用量少时的配料精度，一般也采取粗精称的方式，如图5-23所示，系统在主供料管道的后端设置中间储料罐，当液体物料到达设定值的一定量时，关闭供料阀门，打开中间储料罐的小阀门，使液体以很小的流量供料，提高配料精度。

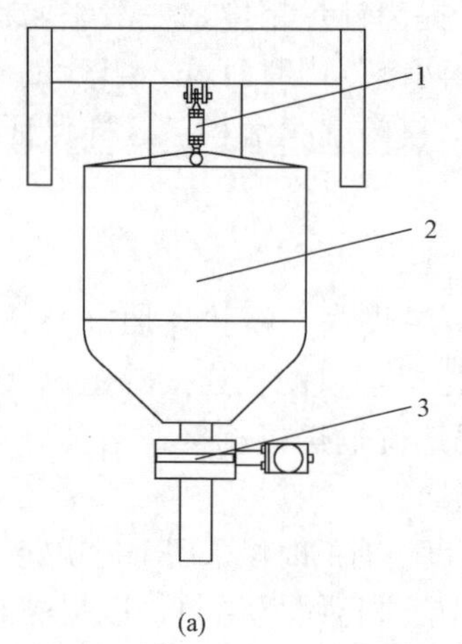

(a)

(b)

图 5-22 外加剂计量秤

(a) 结构；(b) 外观

1—传感器；2—斗体；3—蝶阀

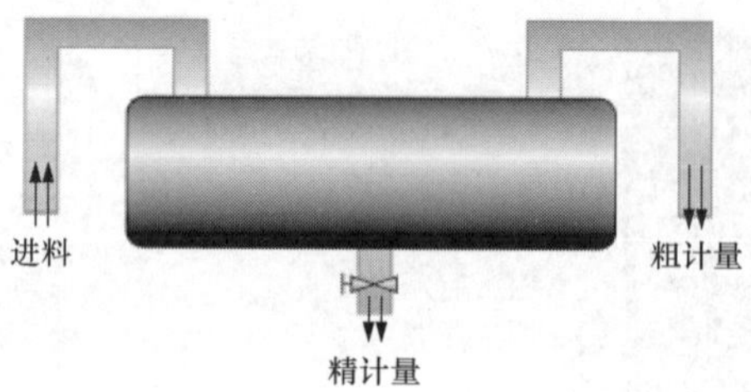

图 5-23 液料精计量给料装置

第六节 输 送 设 备

混凝土搅拌站（楼）物料输送系统主要是将各种物料由储存系统输送到计量系统或搅拌机，包括骨料输送装置、粉料输送装置、液态物料输送装置。

一、 骨料输送装置

混凝土搅拌站（楼）的骨料输送主要有皮带机输送、提升斗等方式。皮带输送的特点是输送距离远、运行平稳、效率高、故障率低。提升斗结构紧凑，占地面积小，在搅拌站也经常使用，其与皮带输送方式相比，可靠性相对差，维修难度大费用高。

1. 皮带机输送系统

皮带机是一种以连续方式运输物料的运输机械，主要由机架、输送带、托辊、滚筒、张紧装置、驱动装置等组成。根据输送带的结构不同，可分为槽形皮带输送机和平板型皮带输送机，搅拌站一般采用槽形皮带输送机。

机架支撑整个皮带机的其他结构，输送带用于输送物料，托辊直接支承皮带及皮带上方的物料，不使皮带下垂。皮带返回段上没有承载物料，通常间隔都采用托辊支承。带动输送带转动的滚筒称为驱动滚筒，另一个仅用于改变输送带运动方向的滚筒称为改向滚筒。张紧装置使输送带具有足够的张力，保证输送带和传动滚筒间产生摩擦力使输送带不打滑，同时可调整输送带长度变化所带来的影响。防雨罩主要起防尘、防雨作用，检修平台则方便皮带机的检修。急停开关作为安全防护装置，设在皮带机头部和尾部，在输送带发生故障或事故时，可紧急停止皮带运行，急停开关也经常设计成拉绳开关，伴着平皮带和斜皮带，有一根绳与开关相连，一旦出现紧急情况，可以在皮带的任何位置通过拉绳，停止皮带运行。

皮带机的工作原理：驱动滚筒由电动机通过减速器驱动，输送带依靠驱动滚筒与输送带之间的摩擦力拖动，而输送带上的物料则依靠与输送带之间的摩擦力一起随输送带运动，从而实现物料的输送。驱动滚筒一般都装在卸料端，以增大牵引力，有利于拖动。物料由喂料端喂入，落在转动的输送带上，依靠输送带摩擦带动运送到卸料端卸出。图 5 - 24 和图 5 - 25 为混凝土搅拌站（楼）最常用的皮带机形式。

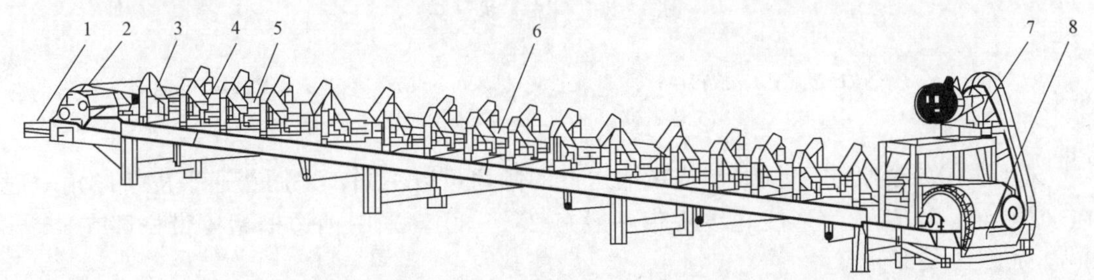

图 5 - 24　平皮带机

1—调节螺杆；2—改向滚筒；3—槽形托辊；4—平行下托辊；5—输送带；6—机架；7—驱动装置；8—清扫器

(a)

图 5 - 25　斜皮带机（一）

(a) 外观

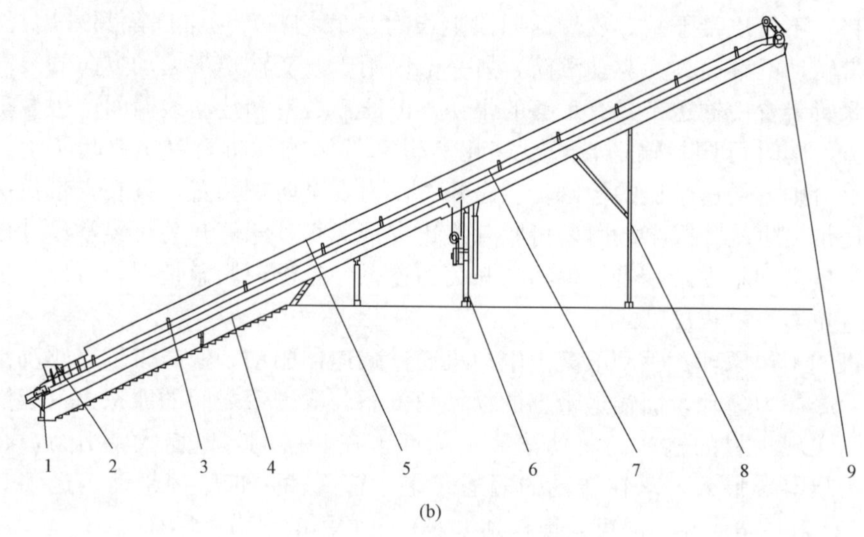

图 5-25　斜皮带机（二）

(b) 结构

1—改向滚筒；2—接料斗；3—托辊；4—机架；5—防雨罩；6—张紧装置；7—输送带；8—支腿；9—驱动装置

根据输送带的形式不同倾斜皮带输送机的倾角可以不同，采用普通平皮带倾角一般在 18°～20°，采用人字形浅花纹皮带一般在 25°～30°，采用挡边槽型皮带一般在 45°～60°，如图 5-26 所示。

普通平皮带占地面积大但运行平稳，回程带料少，所以如果场地允许一般采用这种形式的皮带机。人字带和挡边带，回程带料多，尤其是挡边带尤为严重，但占场地小，所以在场地受限时可以采用这种类型的皮带机。

(a)

(b)

(c)

图 5-26　不同形式的输送皮带

(a) 普通平皮带；(b) 人字浅花纹带；(c) 挡地槽带

皮带机能否长期稳定运行，需要调试和维护人员按照皮带机的特点进行使用和维护，具体要求如下：

(1) 传动装置（电动滚筒或减速机）使用前应加润滑油，润滑油牌号为 150 号工业齿轮油，加油量根据说明书要求的高度来定。

(2) 滚动轴承应加注 3 号锂基润滑脂，以后每月加注一次。

(3) 经常清理滚筒和托辊上的积料，积料过多会影响皮带的运行。

(4) 定期检查刮砂装置的磨损程度，橡胶磨损到一定程度需及时更换。

经常检查皮带张紧情况，斜皮带机张紧装置为重锤张紧方式，无须经常调整。

(5) 皮带跑偏的调整方法：

1) 皮带松弛或有跑偏应通过尾架的调整螺杆和电动滚筒轴承座的调整螺栓进行调整。调整位置如图 5-27 所示。

2) 皮带跑偏，调节承载上托辊组的方法，如图 5-28 所示。

3) 皮带跑偏，调节承载下托辊组的调整方法，如图 5-29 所示。

4) 滚筒处跑偏的调整方法，如图 5-30 所示。

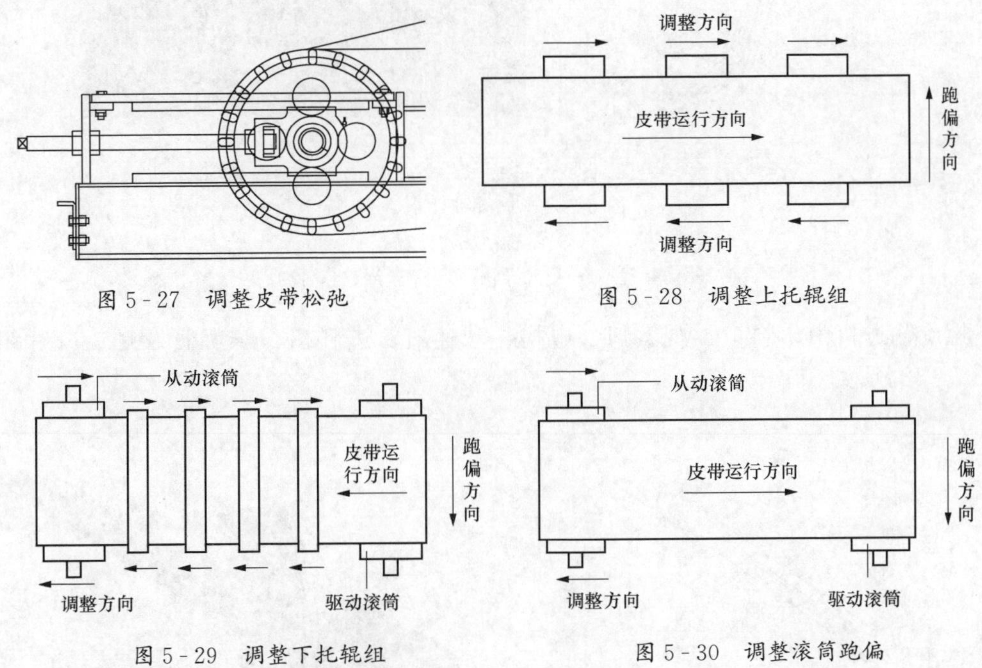

图 5-27 调整皮带松弛

图 5-28 调整上托辊组

图 5-29 调整下托辊组

图 5-30 调整滚筒跑偏

2. 提升斗组成与工作原理

提升斗由带滚轮的提升斗、驱动装置、提升导轨及滑轮、钢丝绳等组成，图 5-31 是混凝土搅拌站中使用得最多的一种提升斗。

提升斗工作原理：当料斗在底部原始位置时，骨料秤卸料，料斗充满后，传动装置的钢丝绳牵引料斗上升，料斗沿着导轨上升到指定高度的运料层后，斗体倾翻而卸出物料。在此同时，料斗碰触到限位开关，传动装置随即停止工作。确保物料卸清后，料斗再返回。当料斗自上而下返回到进料处时，碰到底部限位开关，传动装置停止工作，如此上下升降达到提升、输送物料目的。

二、 粉料输送装置

混凝土搅拌站普遍采用的粉料输送方式是螺旋输送机输送。

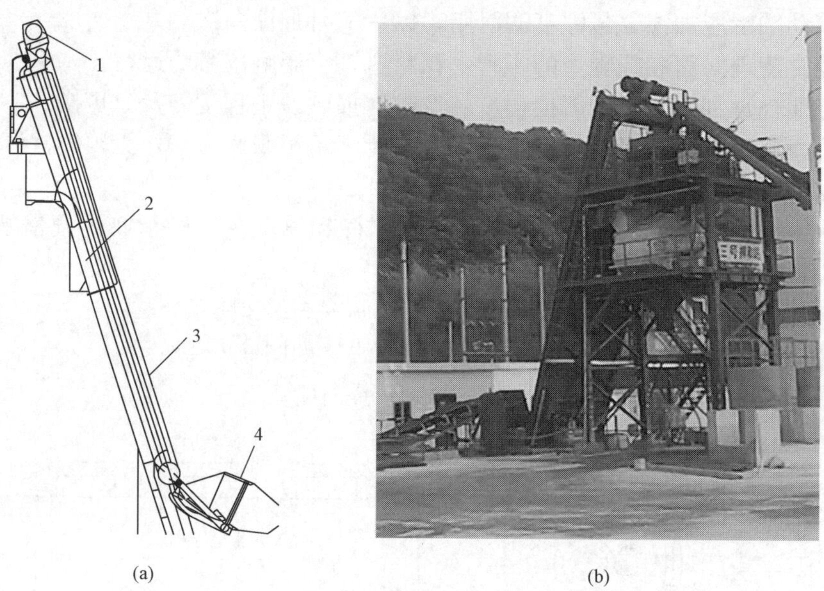

(a)　　　　(b)

图 5-31　提升斗上料系统

(a) 结构；(b) 外观

1—驱动装置；2—提升导轨；3—钢丝绳；4—提升斗

螺旋输送机由出料口、观察口、电机、减速机、进料口、螺旋管及螺旋叶片组成，如图 5-32 所示。

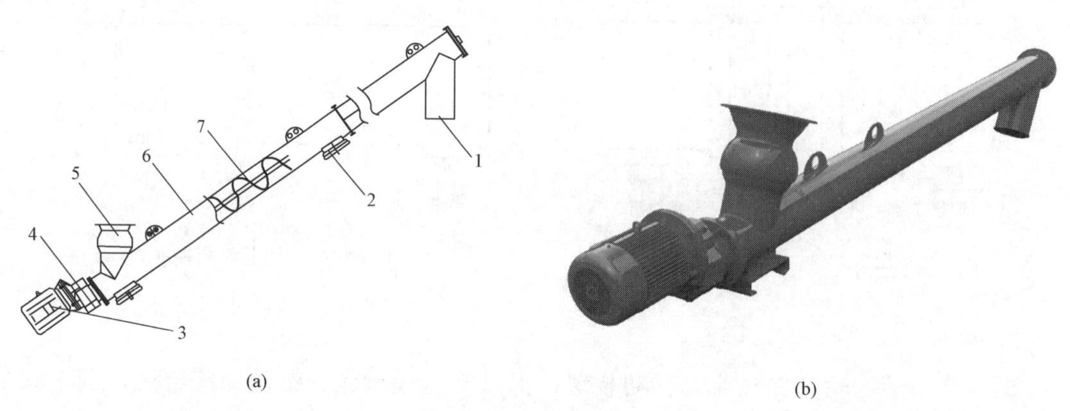

(a)　　　　(b)

图 5-32　螺旋输送机

(a) 结构；(b) 外观

1—出料口；2—观察口；3—电机；4—减速机；5—进料口；6—螺旋管；7—螺旋叶片

螺旋输送机是借助旋转的螺旋叶片来输送物料的输送机，其工作原理是将混凝土搅拌站中使用的粉料物料，通过电机控制螺旋叶片的旋转、停止，达到对粉状物料上料的控制。其输送必须在完全密封的腔体内进行，以免污染环境和输送物料受潮而结块，一般采用管式螺旋输送机来输送水泥及掺合料。

螺旋输送机使用时应注意如下事项：

（1）长时间不用设备时，尽可能放空螺旋输送机内的粉料；

（2）每周检查一次减速箱运转情况，应密封、润滑状况良好、无异响、不漏油，油量不足时及时补充润滑油，润滑油牌号为 150 号工业齿轮油；

（3）每周检查一次出口和吊挂轴承，清理沉积物，确保运转顺畅。

三、 液态料输送装置

混凝土搅拌站（楼）所需液态料主要指水和液体外加剂，输送装置主要由水泵、阀门、管路组成。水泵的型号繁多，性能各异，水泵的两个重要参数是扬程和流量，目前混凝土搅拌站（楼）中常用的水泵主要有三种，即 IS 型单级单吸卧式离心泵、ISG 型单级单吸立式管道离心泵、QW 型潜水泵。

工程搅拌站的水输送一般采用的是潜水泵。潜水泵的优点是不需首次启动时加引水。潜水泵的缺点是泵容易损坏，且难以修复，损坏后一般是更换。

工程搅拌站一般采用管道泵将外加剂从外加剂储罐经过管道打入外加剂秤中，如图 5-33 所示，管道泵的缺点是首次使用需加引水。

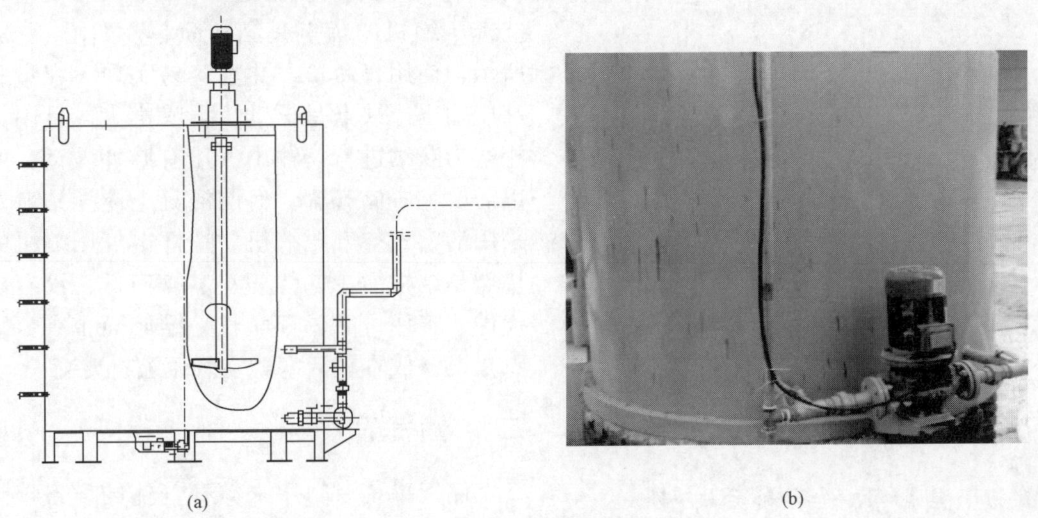

(a) (b)

图 5-33 外加剂输送装置
（a）结构；（b）外观

为了提高生产效率，减少因管道空间造成的等待，也为了防止液体管路中形成中间空气部分，对配料精度造成影响，输送管道靠近泵端，要安装止回阀。对于冬期气温较低的地区，需给输送管路采取保温措施，如果搅拌站长时间不用，应打开止回阀放净储罐及管路内液体，以防冻裂。

第七节 气 路 系 统

混凝土搅拌站各执行机构通过压缩空气驱动而完成的，具有低成本、无污染的特点。

供气系统由空气压缩机、储气罐、气源三联件、阀、气缸、管路等组成，如图 5 - 34 所示。

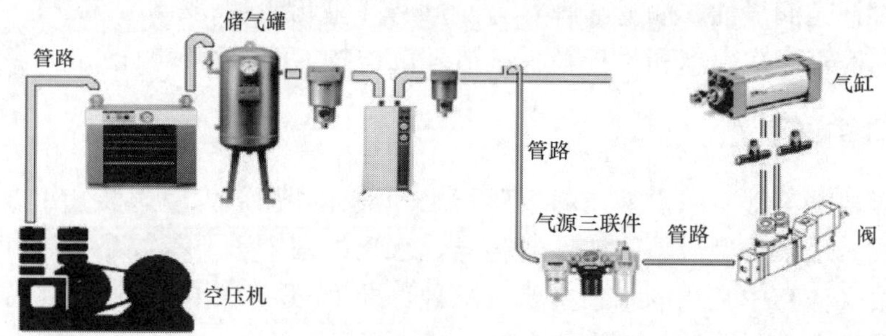

图 5 - 34　供气系统基本组成

一、 空气压缩机

混凝土搅拌站常用的空气压缩机有活塞式空气压缩机和螺杆式空气压缩机。活塞式空气压缩机的优点是结构简单，如图 5 - 35 所示，使用寿命长，并且容易实现大容量和高压输出；缺点是振动大，噪声大，且因为排气为断续进行，输出气压有脉冲波动，所以需要配置储气罐。目前混凝土搅拌站普遍采用活塞式空气压缩机。螺杆空气压缩机的优点是结构简单、体积小、噪声低、没有易损件、工作可靠、寿命长、维修简单等，缺点是设备成本较活塞式空气压缩机要高。

图 5 - 35　活塞式空气压缩机

二、 储气罐

储气罐是专门用来储存气体的设备，同时起稳定系统压力的作用。储气罐（压力容器）一般由筒体、封头、法兰、接管、密封元件和支座等零件和部件组成，此外，还配有安全装置及完成不同生产工艺作用的内件。

三、 气源三联件

气源三联件是过滤器、减压阀、油雾器的组合装置，如图 5 - 36 所示，在气动系统中分别起到过滤、减压、油雾器作用。过滤是将压缩空气中的冷凝水和油泥等杂质分离出来，使压缩空气得到除水、净化，减压阀可调节出口压力大小，油雾器的作用是使润滑油颗粒化，便于压缩空气携带微细油粒润滑各类控制阀和工作气缸等。

四、阀

阀是气动系统中主要的控制元件，它通过开启、关闭或切换阀芯位置来控制气流的压力、流量和方向。方向阀的功能是用来控制气流的方向，以控制执行元件的动作。方向阀包括单向阀、换向阀等。单向阀只允许气流往一个方向流过，在相反方向则截止。换向阀有两个重要概念——位和通。位是指阀芯的位置数，即阀芯可以稳定处在几种工作状态，常见的阀一般是两位或三位的；通是指阀的气口数，常见的有二通、三通和五通等。排气口装有消声器，以便降低噪声。

电磁阀的作用就是控制气缸进气排气，从而控制仓门打开关闭。电磁阀原理如图5-37所示。

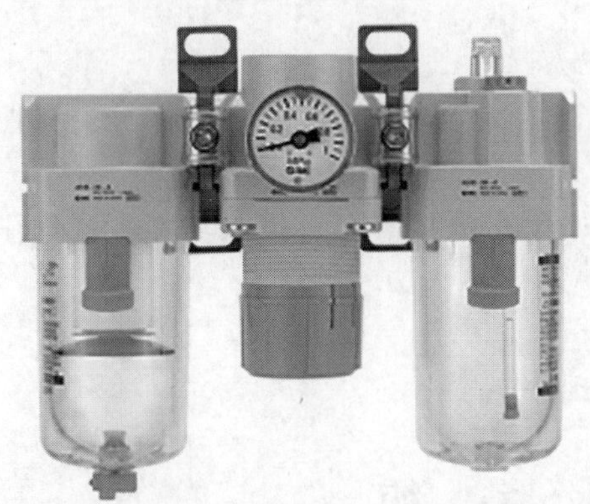

图5-36 气源三联体

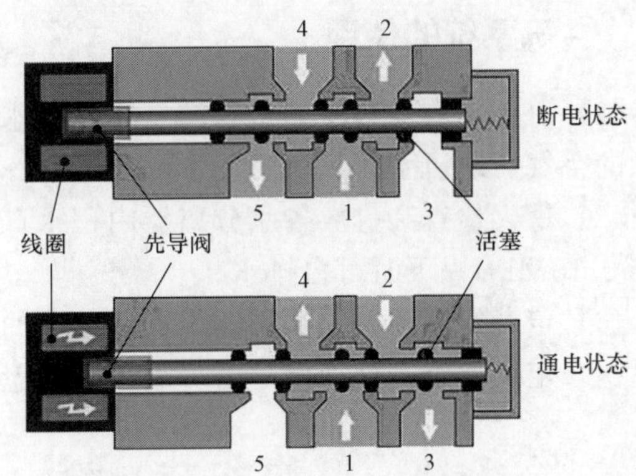

图5-37 电磁阀工作原理

电磁阀通电时，1—4导通，向气缸左侧供气，2—3导通，向外排气，推动仓门打开。电磁阀断电时，1—2导通，向气缸右侧供气，4—5导通，向外排气，推动仓门关闭。电磁阀安装在阀岛上，一般放置在气缸附近的气控箱中，如图5-38所示。

五、气缸

气缸是获得直线运动的主要气动执行元件，按结构可分为单作用气缸和双作用气缸。单作用气缸只有一个进气口，产生一个方向上推力，活塞杆的回缩靠气缸内的弹簧或外部负荷自动实现；双作用气缸有两个进气口，通过空气压力交替作用在两个相对活塞面上产生伸出和回缩动作，搅拌站常用的是双作用缸，如图5-39所示。

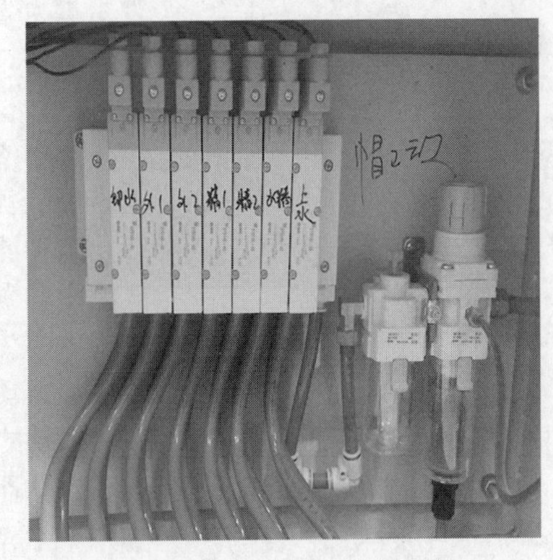

图5-38 电磁阀换向阀岛

有的时候混凝土搅拌站使用的气缸活塞上带有磁环，在气缸的外壳上装有磁性开关来反

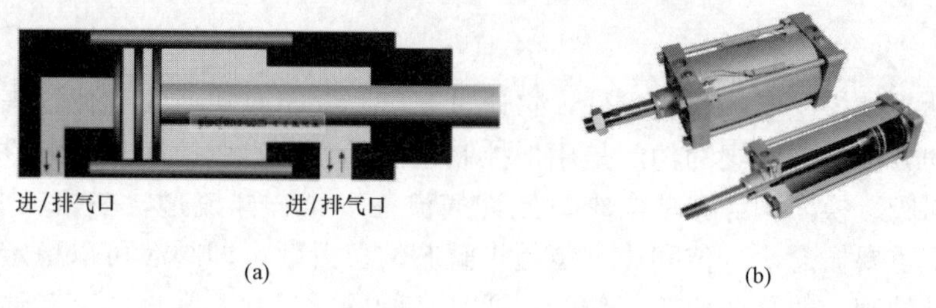

图 5-39　电磁阀工作原理

(a) 气缸原理图；(b) 气缸实物图

映卸料门的开闭状态，并带有状态指示灯。

六、 供气系统的使用

（1）每天排放空气压缩机和储气罐内积水及气体，空气压缩机的维护保养请参照所选型的空气压缩机手册进行。

（2）每天检查和排放各水分离器内积水，本站配水分离器有自排水功能，当气压降低到 0.15MPa 以下时可自排水。

（3）定期给气路系统油雾器中加注润滑油。

（4）定期检查气路连接是否可靠，有无泄漏现象。

第八节　除　尘　系　统

混凝土搅拌站除尘系统的主要作用是处理主机、粉仓等扬尘点的粉尘，保证设备的环保性能满足国家相关法规要求。主机及粉仓处一般采用除尘器除尘，当粉仓进料和搅拌机进料时，都有大量的含尘气体被排出，通过对含尘气体进行过滤，使得排出气体含尘量大为减少，从而达到除尘的目的。

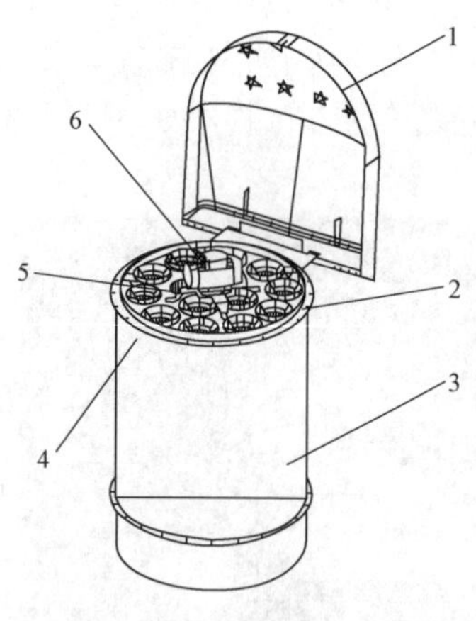

图 5-40　振动式除尘器

1—防水顶盖；2—滤芯；3—筒体；4—滤芯安装板；5—振动器安装底座；6—振动器

一、 振动式除尘器组成与工作原理

早期的搅拌站粉仓仓顶除尘器采用振动式除尘器，目前市场上仍然能够见到。振动式除尘器的滤芯材料为玻纤，这种滤芯是一种多孔性的滤尘材料，当气流通过时，气流中的微粒吸附在滤芯上或沉降下来，净化后的空气即可排出，为了清除附着和沉入滤芯的灰尘，每隔一段时间顺序，振动除尘器，让附着在滤芯的粉尘掉落下来。

振动式除尘器由防水顶盖、滤芯、筒体、滤芯安装板、振动器安装底座及振动器组成，如图 5-40 所示。

二、 脉冲反吹式除尘器组成与工作原理

振动式除尘器若不经常清理，滤芯很容易堵塞，影响除尘效率，随着对环保要求提高，越来越多的用户都选择采用脉冲反吹除尘器来除尘。常见的脉冲反吹式除尘器由检修门、风机、箱体、检查门、滤袋、脉冲控制板、脉冲电磁阀、储气包、喷气管等组成，如图 5-41 所示。

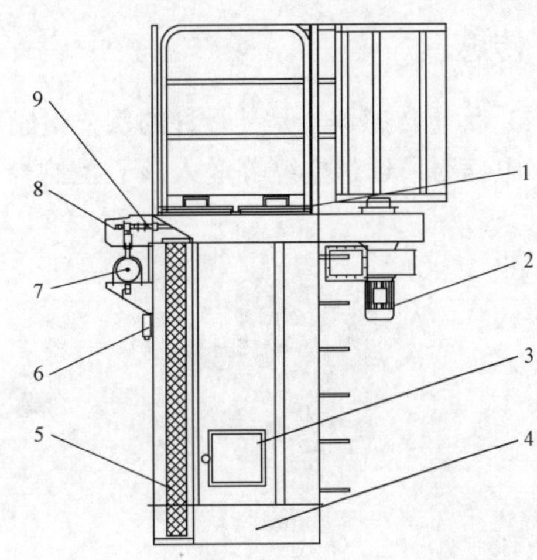

图 5-41 脉冲反吹式除尘器

1—检修门；2—风机；3—检查门；4—箱体；5—滤袋；6—脉冲控制板；7—储气包；8—脉冲电磁阀；9—喷气管

脉冲反吹式除尘器的工作原理：正常工作时，在风机的作用下，含尘气体吸入进气总管，通过各进气支管均匀地分配到各进气室，然后涌入滤袋，大量粉尘被截留在滤袋上，而气流则透过滤袋达到净化。净化后的气流通过袋室沿排气口排入大气。随着滤袋织物表面附着粉尘的增厚，除尘器的阻力不断上升，这就需要定期进行清灰，使阻力下降到所规定的下限以下，收尘器才能正常运行。整个清灰过程主要通过高压储气包、电磁阀、喷气管及反吹控制机构的动作来完成的。首先控制系统自动按顺序打开电磁阀，高压空气通过喷气管反吹，使黏附在滤袋上的粉尘受冲抖而脱落，然后电磁阀关闭，对该系统清灰操作结束，滤袋恢复过滤状态。控制系统依次打开其他电磁阀，对其他的滤袋实施清灰，所有滤袋经过清灰循环后，达到了清灰的目的，除尘器全面恢复过滤状态。

第九节 电 控 设 备

搅拌站机械设备的运行，离不开电机、气动阀门、控制器等驱动设备；而这些机械设备正常动作，则需要使用传感器来检测。这些电机、控制器、传感器以及控制这些电机、气动阀门动作的接触器、电磁阀、继电器统称为电控设备。

传感器的作用类似于人的眼睛、耳朵、皮肤，“负责看到东西的位置、听到外界的声音、感知物体的温度”。传感器就是将机械设备的运行状态采集、处理并转换为计算机可识别电信号，然后传递给控制器和计算机。

执行器类似于人的脚或者手，“负责接受大脑的指令，拿取东西或者走路、跑步移动”。执行器对生产线来说就是电机运转、仓门开关，进行相应的动作。

低压电器类似于人的各个关节、血管、神经网络，“让手脚能动，将大脑的指令传递给手脚”，通过低压电器给电机、仓门等执行机构供电，为其动作提供能量。

控制器和计算机就类似于人的大脑，“根据眼睛看到的东西、耳朵听到的东西、皮肤感觉的东西，指挥手脚身躯做相应的动作”。控制器也是通过传感器采集生产线的运

行状态，指挥执行器做各种动作。

作为搅拌站的操作人员，需要掌握一些电控设备的基本知识，才能理解搅拌站的动作原理，出现异常情况时可以对问题进行简单分析，向别人陈述设备故障时也能准确地表达，便于快速排除故障。本节对主要电控设备的基本构成及原理进行简要介绍。

一、 传感器

（1）称重传感器：是计量秤的重要组成部分，负责将计量斗内物料重量转换成一种电信号，电信号再通过电缆等送入核心控制器，转换成电脑显示的质量，其形状如图 5－42 所示。

(a) (b)

图 5－42　称重传感器

（a）S型称重传感器；（b）悬臂梁称重传感器

（2）接近开关：搅拌机门的开、关到位信号，它是一种电磁感应开关，如图 5－43 所示，当传感器头接近铁质材料，处在传感器的检测范围内时，传感器内部的开关将动作，这样，电信号将实现导通，控制器通过检测电信号是否导通，判断传感器是否检测到了铁质材料，如搅拌机门，当关到位接近开关检测到门轴监测点时，“关到位”接近开关动作。搅拌站根据配置不同，一般在搅拌机门设有“开到位”“半开位”“关到位”三个接近开关，预储料斗门设有“关到位”接近开关，对于配置高的搅拌站，秤的计量门上也会安装关到位接近开关。其他行业也有用于检测塑料、砂石料的接近开关。

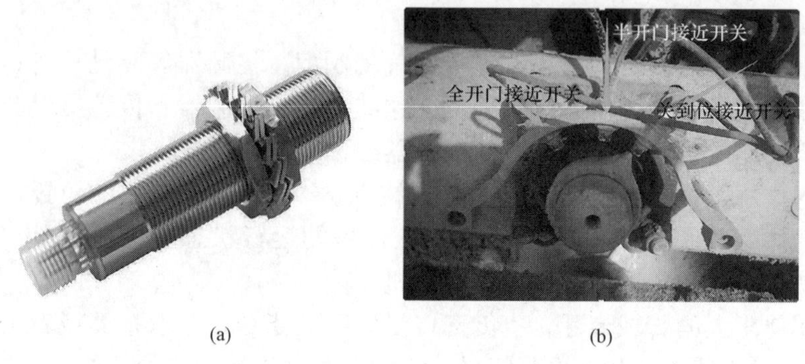

(a) (b)

图 5－43　接近开关

（a）外观；（b）接近开关安装在搅拌机门上

（3）行程开关：类似于接近开关，但是其是纯机械结构的开关，当被检测物体触碰到行程开关的机械装置时，开关内联动的按钮就会动作，类似于操作台上的按钮被按下。行程开关在提升斗式搅拌站上常应用到提升斗的上下限位、极限位。另外，在搅拌机的维修入孔上，也有行程开关作为安全设备，入孔打开后，行程开关断开，搅拌机将不能运转，防止发生人员伤亡的意外。所以在搅拌站日常管理中，一定要注意检查，保证入孔行程开关的正常工作，如图 5 - 44 所示。

(a) (b)

图 5 - 44 行程开关

(a) 外观；(b) 搅拌机检修入孔行程开关

(4) 电流互感器：用于电流检测，电机电缆从互感器内部穿过，形成感应电流，感应电流进入电流表，按照比例转换成电机电缆上经过的电流。一般用于检测搅拌机的主机电流，并在电脑上显示。主机电流可以很好地反应出搅拌机内的混凝土均质性和坍落度，有经验的操作员，可以通过主机电流，判断出该盘混凝土的匀质性和坍落度是否合适。原材料刚投入搅拌机内时，搅拌机主机电流会非常大，并且波动剧烈，随着搅拌的进行，匀质性越来越好，搅拌机电流就会渐趋平稳。相同方量的混凝土，在达到匀质性后，也就是搅拌机电流平稳后，搅拌机电流越大，坍落度越小。但搅拌机不同，匀质性和坍落度与电流大小的关系也有所不同，所以操作员需要自己摸索所用的搅拌机、电流、配合比之间的关系。某些混凝土搅拌站控制系统也在软件中提供了智能判断的功能，供操作员参考，如 BCS7 系列控制软件。

电流互感器在正常使用时，互感器的检测端严禁不带仪表使用，也就是电工常说的开路使用，否则互感器将发热严重，造成设备损坏甚至发生危险。电流互感器一般安装在电器柜内，如图 5 - 45 所示。

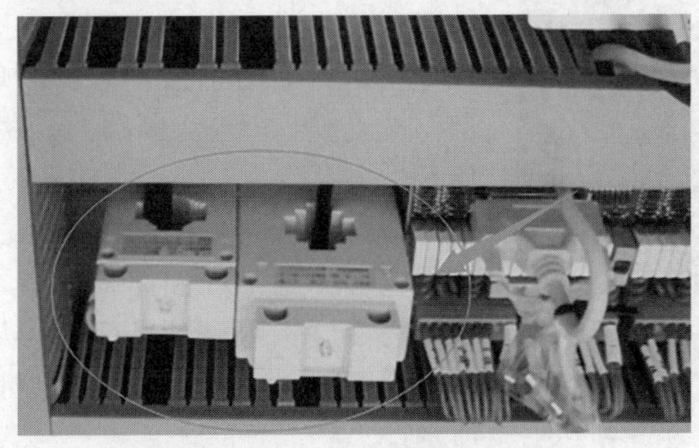

图 5 - 45 电流互感器在电器柜内

（5）压力变送器：搅拌站上压力变送器主要用于检测气路压力。空气压缩机为气路提供气体压力，压缩气体是驱动计量斗、储料仓等仓门动作的动力，只有足够的压力才能将仓门打开和关闭。压力变送器分为机械式和电子式两种，机械式多为指针结构，电子式将压力信号转变成电信号显示或者送往电脑显示，这两种变送器如图 5-46 所示。

(a)　　(b)

图 5-46　气体压力变送器

（a）机械式气压表；（b）电子式压力变送器

二、 低压电器

低压电器安装在电器柜内，并由线缆、端子、线槽等辅材，根据设计的控制回路，按照功能连接起来，如图 5-47 所示。

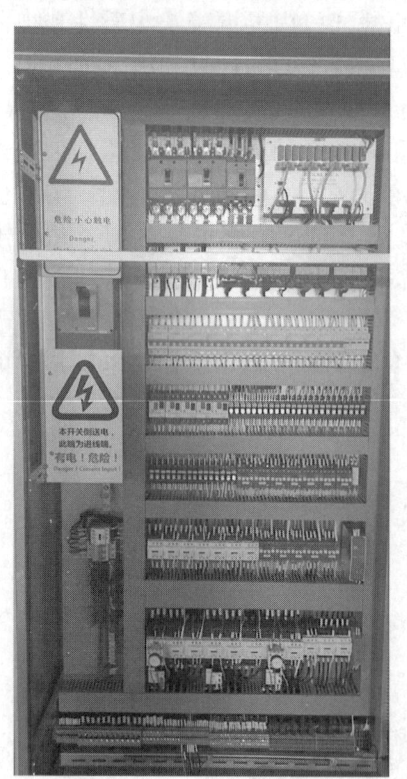

图 5-47　电气柜内部图

电器柜内部的低压电器元件包括如下设备：

（1）断路器：用于为后续设备供电或者断开其后续设备的电源，同时断路器有过载（电流太大）保护等功能。安装断路器主要出于如下几个目的：

1）可以断开对设备供电，便于断路器后续电器设备、机械设备的更换、维修等，起到安全保护作用。

2）对电源线路及电动机等实行保护，当它们发生严重的过载或者短路及欠压等故障时能自动切断电路的作用。

搅拌站电器柜内有多种断路器，一般包括主进线塑壳断路器、微型断路器（也称空气开关）、电动机开关，为了便于操作人员的理解，它们的功能类似，可以统一理解为断路器，这些设备的如图 5-48 所示。

（2）接触器：搅拌站上用于控制电机启停的设备，电气回路上在断路器之后，电机之前，接收控制器的控制信号，断开闭合，从而将断路器送过来的电断开闭合，如果闭合，电机将转动，如图 5-49 所示。

图 5-48　电气柜内断路器（从上至下：塑壳断路器、微型断路器、电动机开关）

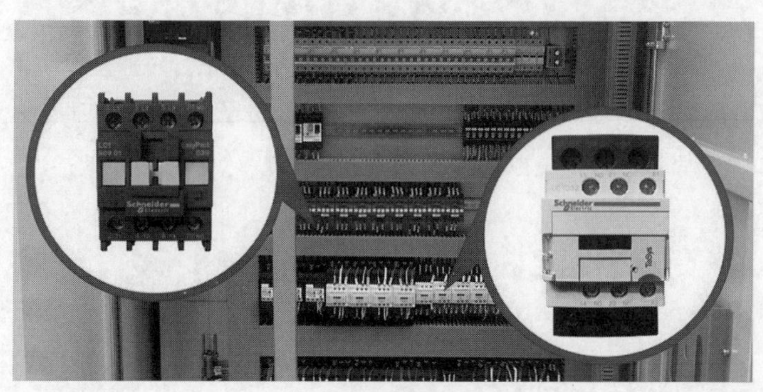

图 5-49　电气柜内接触器

（3）热保护器：也称为电机热继电器、过载保护器，如图 5-50 所示，作用是电机负载过大时，如搅拌机闷机堵转，使控制电路断开，从而使接触器失电，主电路断开，实现电动机的过载保护。热保护器一般应用于搅拌机、斜皮带等常转设备，对于螺旋等间歇运行的设备。热保护器选用时需和电机的功率和负载情况匹配，可参考所选用品牌的选型手册。如果电机过载，热保护器动作，有两种复位模式，一是延时自动复位；二是手动复位，使用时需要注意。

（4）继电器：接触器的控制电压一般为交流 220V，在搅拌站上称为强电，而控制器输出的控制信号电压一般采用安全电压直流 24V，在搅拌站上称为弱电。控制器不能直接控制接触器启停，需要使用继电器在其间作为转接，实现弱电控强电的功能。另外，继电器也起到保护控制器的作用，如图 5-51 所示。

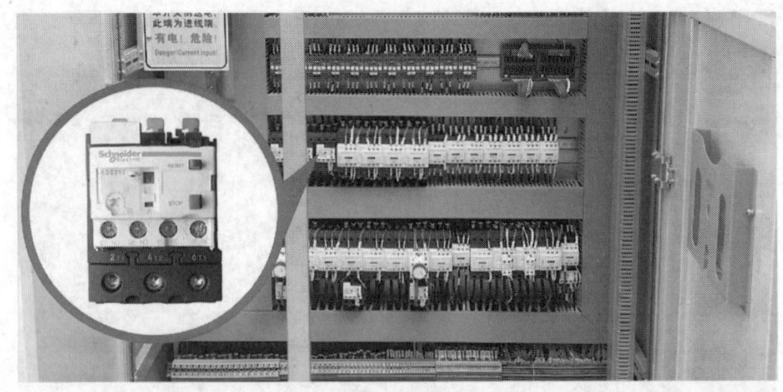

图 5-50 电气柜内热保护器

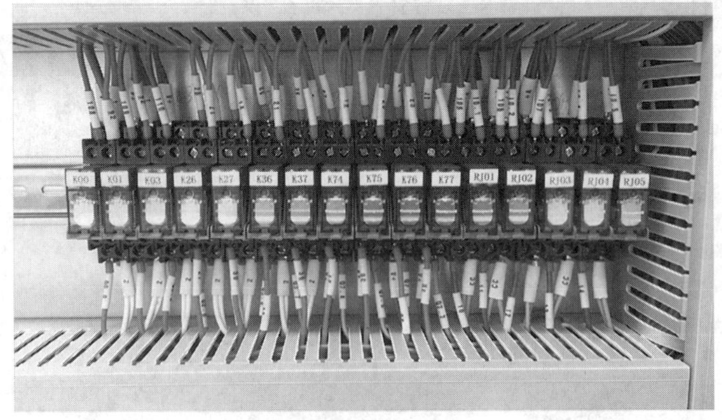

图 5-51 电气柜内继电器

第十节 其他机械设备

一、 残留混凝土的清洗及回收

随着环保要求的提高，残留混凝土中的骨料及清洗用水的利用和回收显得越来越重要。因此，一般搅拌站均应设置残留混凝土的清洗回收系统。通常的方法是将残留混凝土中的砂石清洗后重新利用。清洗废水经沉淀处理后达到工业用水标准，可作为混凝土搅拌用水或清洗用水加以重复利用。

混凝土回收系统由砂石分离设备、供水系统、砂石输送系统、筛分系统、沉淀池、搅拌池等组成，系统中的分离设备主要由内壁附有螺旋叶片的筛网滚筒和螺旋铰龙构成，通过倾斜筛网滚筒和螺旋铰龙的分离输送，将残余料中的砂石分别分离出来，再用于混凝土生产，分离后的浆水进入搅拌池，搅拌池中的搅拌器间歇周期性运转，保持浆水的均匀。浆水通过搅拌楼控制箱控制，进入搅拌机被合理地用于混凝土生产。

砂石分离机主要是把搅拌车中泥浆残余料中的砂子和碎石分离，图 5-52 是砂石分离机结构示意图。

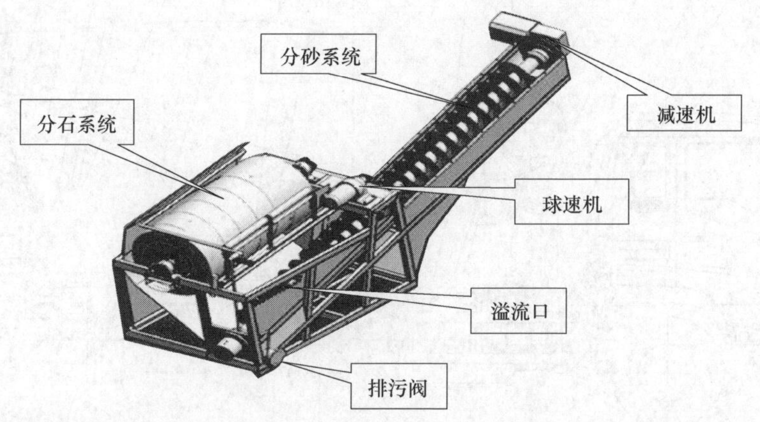

图 5-52　砂石分离机结构示意图

在实际使用过程中，由于混凝土配合比的要求，浆水往往不能完全利用，这种情况下可配置压滤机设备（见图 5-53）。压滤机可把浆水中的泥浆压滤成泥饼，压滤出的清水则可继续用来清洗砂石分离机或进行酸碱中和处理后直接进入搅拌站的清水池。压滤成的泥饼一般有三种处理方式：一是运出填充简易路面；二是可以用作对原材料压制强度要求不高的砖块；三是作为混凝土原材料回收利用。通过压滤机设备，废弃混凝土可以做到完全被回收利用。

图 5-53　压滤机

二、 混凝土搅拌运输车

混凝土搅拌运输车作为一种专用运输车辆，主要运输混凝土搅拌站预拌好的混凝土至工地，同时必须保证混凝土的质量。

图 5-54 为一辆标准的 6×4 三轴混凝土搅拌运输车结构简图。

搅拌运输车作为商品混凝土应用的一个重要运输环节，其工作流程为：

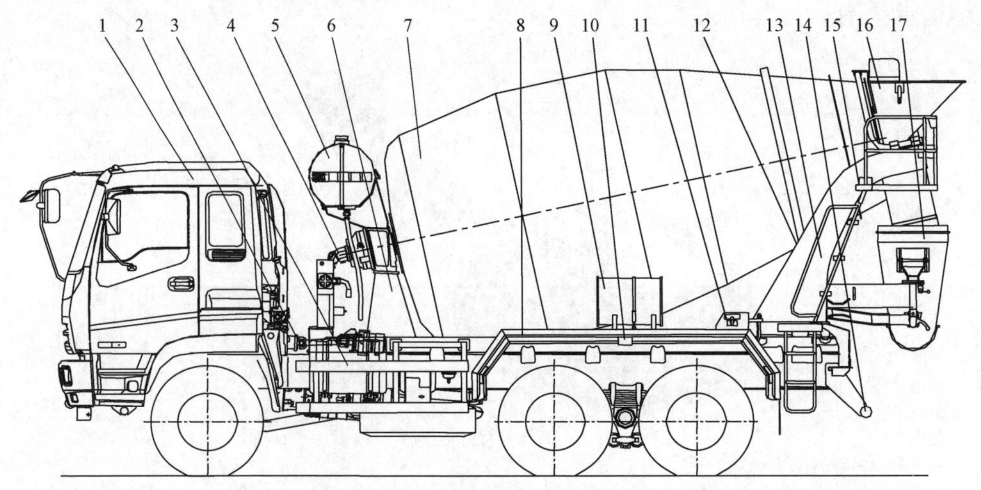

图 5-54 混凝土搅拌运输车简图

1—汽车底盘；2—传动轴；3—侧防护；4—液压传动系统；5—供水系统；6—前台车架总成；7—搅拌筒；8—轮胎罩；9—加长卸料溜槽；10—电气系统；11—操纵系统；12—托轮；13—后台总成；14—后防护；15—人梯；16—进料装置；17—出料装置

进料时，搅拌站的混凝土从进料斗滑入，通过搅拌筒中间的导料管进入搅拌筒内，通过搅拌筒在进料方向的旋转，将混凝土往前搅拌推移。出料时，搅拌筒反向往出料方向旋转，通过螺旋叶片将混凝土往后推，将混凝土从导料管、筒壁与叶片之间的通道推出。

在运输途中，搅拌筒以极慢的速度（1～3r/min）正向（进料方向）旋转，给混凝土以轻微的扰动，以保持混凝土的品质。搅拌站在生产混凝土时应当精确配料、充分搅拌均匀，不能依赖搅拌车运输过程中进行再次搅拌，也不能将搅拌运输车搅拌桶的旋转过程视作搅拌过程。因为搅拌桶的旋转速度太低、搅拌强度太差，大量的混凝土进入罐体内，无法实现均匀搅拌。一些搅拌站，在进行混凝土生产时，某一盘原料配料出现精度问题，不立即采取相关措施，试图通过下一盘配料时进行修正，他们认为搅拌车内会在运输过程中搅拌均匀，这种观点和方法是完全错误的，会造成两盘混凝土均不合格。

第三篇

混凝土搅拌站设备操作及维护

第六章

混凝土搅拌站控制系统

第一节 控制系统的作用

电气系统是搅拌站的心脏，控制系统是搅拌站的大脑，电器和控制合称为电控系统。习惯上，电器系统被包含在了控制系统中，统称为控制系统。

搅拌站控制系统包括控制器和监控电脑。控制器负责控制搅拌站各设备按照设定的工艺和性能自动运行，完成混凝土的生产，对各设备的控制包括以下几个方面。

(1) 接收各称重传感器的重量信号，并进行信号转换，在电脑界面中显示。

(2) 接收各设备的运行信号、仓门到位信号，并根据当前各设备应该的运行状态或门的开关状态进行判断，设备是否正常，否则进行报警。

(3) 根据各物料的配合比信息和传感器重量信号，控制配料给料设备实现配料控制。

(4) 根据搅拌站的工作流程，进行各设备的运行控制，包括各计量秤按照一定的次序投料、平皮带运行、斜皮带的运行、中储仓的运行、搅拌机运行、空气压缩机的运行、搅拌计时、卸混凝土等。

(5) 送出各控制指令，控制继电器、电磁阀、接触器动作，从而驱动各设备的运转。

(6) 控制系统软件作为人机交互的工具，实现操作人员对生产的安排，接收操作人员发送的配合比、手动动作指令等信息，向操作人员反馈设备运行型号、配料完成值等信息，电脑软件将这些直观地展现给操作人员。

第二节 控制系统的结构形式

目前混凝土搅拌站的控制系统形式主要有如下几种。

(1) 以通用 PLC（可编程逻辑控制器）为核心的控制系统，称重仪表或者称重模块作为配料控制单元，如图 6-1 所示。

图 6-1　以 PLC 为核心的搅拌站控制系统

这种控制系统采用通用 PLC，模块化设计，便于不同规模的搅拌站扩展，较为灵活。缺点是成本高，接线复杂不易维护。

例如，山东博硕的 BCS7. E12 搅拌站控制系统、中国铁建重工的搅拌站控制系统、福建南方路基的搅拌站控制系统。

(2) 以专用控制器为核心的搅拌站控制系统，这种专用控制器是根据搅拌站的特点，采用ARM等数字芯片设计，将逻辑流程控制、称重配料控制等集中在一个设备内，减少了接线和设备间的通信交互，从而让整个搅拌站控制系统结构简单，程序执行效率高。专用控制器采用专用高分辨率AD芯片，采样精度高，采样速度快，这使得搅拌站的各秤具有较高的静态精度，系统如图6-2所示。

图6-2　以专用控制器为核心的控制系统

这种控制系统国内比较典型的产品有PLY1200A搅拌站配料控制系统、XK3110A称重显示控制器。

（3）以电脑为核心的搅拌站控制系统，整个搅拌站的控制流程在电脑软件中实现，电脑通过板卡或者通信IO接口将控制指令送出去，将传感器信号接入电脑中来。

这种控制系统较为落后了，电脑的稳定性和性能影响整个控制系统的性能及稳定性，并且电脑长时间运行会出现性能下降，从而造成搅拌站各方面性能下降，如控制流畅性、配料精度等，都会受电脑的影响。

搅拌站电工、操作员不太容易判断控制系统的形式，这需要相对专业的知识，在搅拌站采购时可以向供应商提出控制系统选型要求。

第三节　工程搅拌站控制系统的发展趋势

现在主流的搅拌站控制系统，都是针对商混站开发的，长期大量使用，推动了混凝土行业的发展。国家基础建设开展后，搅拌站及相应的控制系统被引入到工程站大量应用，并随着工程站的发展而得到了很大的改进提升，结合工程站的实际需求，逐渐地出现了一些新的控制系统形式，这是将来工程搅拌站控制系统的发展趋势。

一、搅拌站分布式控制系统

工程搅拌站是随着工程的开展入场，随着工程结束新工程的开始而搬迁，做到搅拌站的快建、快拆、快搬，将为简化搅拌站的搬迁带来很大的便利，对设备的重复利用，减少投资非常有利。这个需求催生了集装箱式搅拌站，集装箱式搅拌站将整套机械分成几个部分，可以分块搬迁和运输，机械结构上满足了快搬、快建的需要。分布式控制系统就是针对集装箱式搅拌站的结构特点，从电气上满足集装箱式搅拌站快拆、快搬、快建。

分布式控制系统是根据搅拌站的机械设备特点，将控制系统的电器设备、控制设备安装到3～4个小的电控箱内，这些电控箱分别安装在搅拌站不同的位置，每个电控箱负责控制其附近的机械设备。

就地电控箱一般分成如下几种。

（1）骨料配料机就地控制箱：配料机部分的骨料秤传感器、骨料仓门、振动电机、骨料秤门、平皮带等设备就近接入该控制箱控制。

（2）主机计量层就地控制箱：各粉料秤振动电机、各粉料秤小螺旋电机、各粉料秤传感器、水秤和外加剂秤传感器、中储仓振动、斜皮带电机、中储仓及各秤的卸料门控制等设备就近接入该控制箱控制。

（3）主机层就地控制箱：搅拌机主机电机、搅拌机卸混凝土门及液压油泵、主机除尘风机等设备就近计入该控制箱控制。

（4）粉料螺旋层就地控制箱：粉料螺旋电机、粉料破拱、粉料仓高低料位就近接入该控制箱。

就地控制箱与控制室相连的只有一个电缆线和一根通信线，减少了大量的线缆和桥架、线槽施工，节约了大量的时间和费用，降低了搬迁施工的难度。搬迁时只需将这两根线解开，其余整体运输，再建起来时接上这两根线缆就可以了。

分布式控制系统不是新技术，但是在混凝土搅拌站上，因环境、设备水平等因素制约，一直没有得到很好地应用，这几年随着集装箱式搅拌站的推广，开始在行业内得到了大量采用，典型厂家包括山推建友、山东博硕、成都金瑞、山东方圆等。这种系统的示意图如图 6-3 所示。

二、 搅拌站双控双机控制系统

双控双机控制系统是一种全新的控制系统，它允许两台电脑同时控制两条生产线，两台电脑互为备用，任何一台电脑出现问题，剩下的电脑可以继续控制两条生产线的生产。这种控制方式提高了系统的稳定性，确保生产的持续和数据的安全。

这种控制系统允许一个操作员在一台电脑上控制两条生产线。

这种控制系统从生产模式上允许两个同时上班的操作员，一个作为主要操作人员，另一个作为辅助操作人员，分别在各自的电脑上对两条生产线进行监控。也允许在生产任务不紧张时，一个操作人员临时休息，另一个操作员独自操作两条生产线。工程站自动化程度高、生产效率要求并不高，一个操作员完全可以有精力监控两条线的生产。

这种控制系统如图 6-4 所示。

图 6-3　搅拌站分布式控制系统

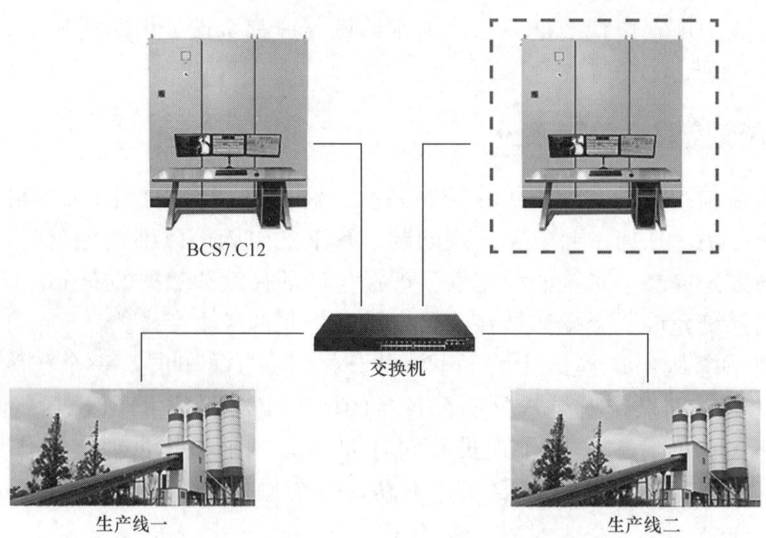

图 6-4　双控双机控制系统结构

第四节 搅拌站主要设备控制原理

下面按照大类简单说明电控系统是如何控制各个设备运行的。

一、 搅拌主机

主机一般功率较大，为了避免对电网和变压器造成比较大的冲击，一般采用星 - 三角启动的形式，其控制回路如图 6 - 5 所示。

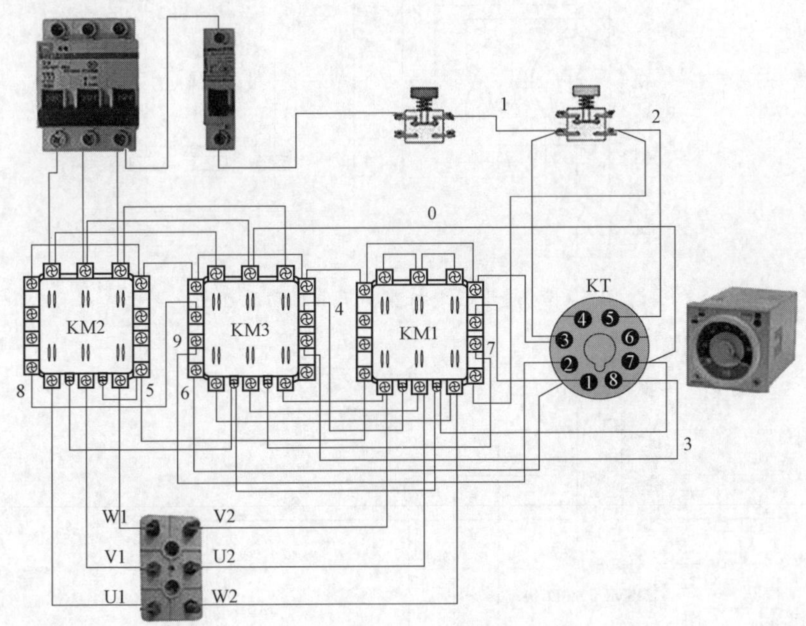

图 6 - 5 控制图

图 6 - 6 是通用的电机星 - 三角启动原理图，搅拌站实际的元器件接线也大都采用这个图纸，只是在控制回路部分略有不同。

二、 其他电机

其他电机，包括皮带、螺旋、空气压缩机、振动电机、水泵等。这类电机采用直接启动的形式，常规电机控制原理图如图 6 - 7 所示。

三、 仓门开关

仓门控制采用电磁阀启动控制，如图 6 - 8 所示。

这些控制回路只是原理，各个厂家在设计时会有所不同，具体的实现要根据搅拌站电气图纸进行分析。

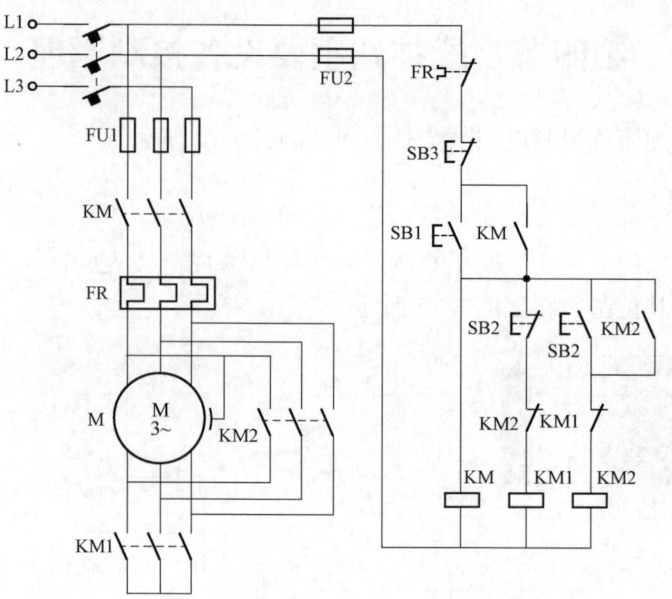

图 6-6　通用的电机星-三角启动原理图

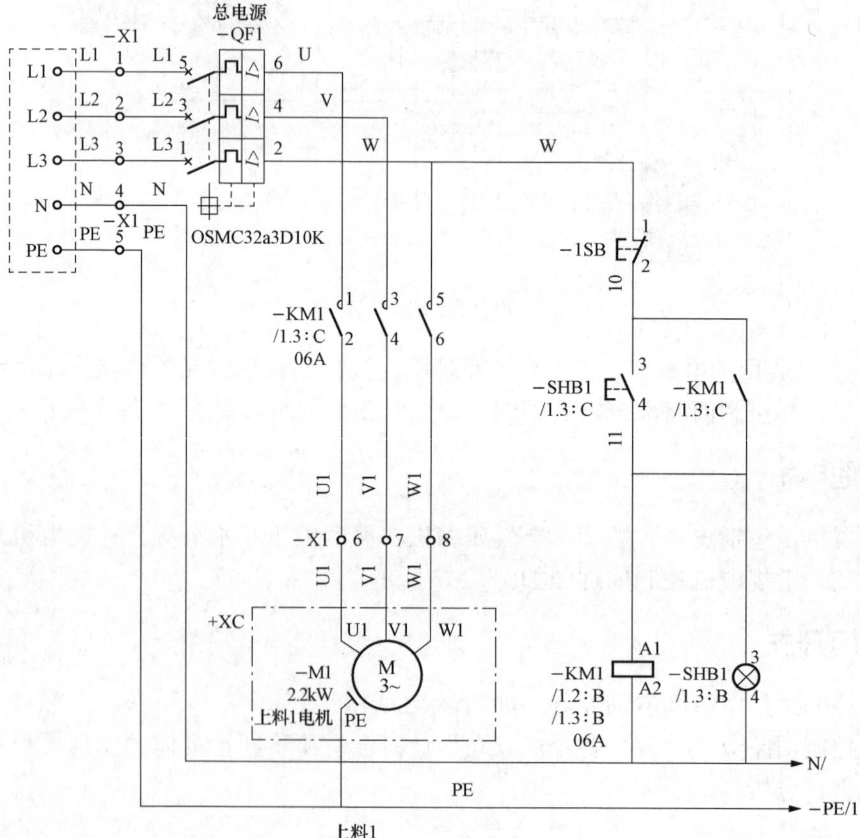

图 6-7　常规电机控制原理图

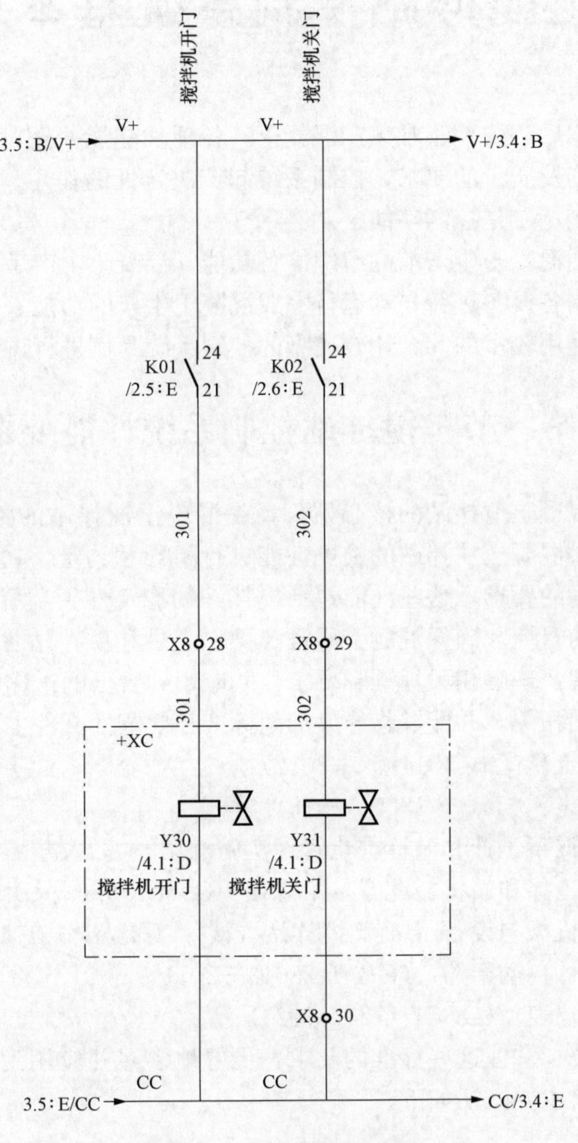
搅拌机开门
搅拌机关门
3.5：B/V+
V+
V+
V+/3.4：B
K01
/2.5：E
24
21
K02
/2.6：E
24
21
301
302
X8 28
X8 29
301
302
+XC
Y30
/4.1：D
搅拌机开门
Y31
/4.1：D
搅拌机关门
X8 30
CC
CC
3.5：E/CC
CC/3.4：E

图 6-8　电磁阀控制原理

第七章

混凝土搅拌站控制系统基本功能

搅拌站建立起来后，能否正常生产混凝土，各项功能能否正常运行，各项性能指标能否满足混凝土生产及质量的要求，控制系统起着决定性的作用。控制系统功能由两大部分，一是管理功能；二是控制功能。

管理功能：包括混凝土生产前的组织准备功能，混凝土生产后的查询、统计功能。

控制功能：控制各设备进行自动运行完成混凝土生产的功能。

本章以市场上使用较多的几个比较典型的控制系统为例进行讲解。

第一节　搅拌站控制系统性能要求

控制系统作为混凝土搅拌站的核心器件，是混凝土搅拌站的整机性能的重要因素。国家有相应的标准对混凝土搅拌站的整机性能进行指导和约定，铁路上也有相应的行业标准予以了更加明确的要求，这些性能包括搅拌站的稳定性、混凝土配料精度等，目的是加强混凝土生产的管控，确保混凝土质量。操作人员和搅拌站各级管理人员应根据自己的工作内容，掌握、理解相关标准和要求，并应用到自己的工作中去。

与混凝土搅拌站相关，并能够指导生产的标准和规范性文件主要有如下几个。

（1）《预拌混凝土》（GB/T 14902—2012）。

（2）《铁路混凝土》（TB/T 3275—2018）。

（3）《铁路工地混凝土拌和站标准化管理实施意见》（工管办函〔2013〕283 号）。

（4）《铁路混凝土拌和站机械配置技术规程》（Q/CR 9223—2015）。

（5）《建筑施工机械与设备 混凝土搅拌站（楼）》（GB/T 10171—2016）。

（6）《非连续累计自动衡器》（GB/T 28013—2011）。

（7）《电子称重仪表》（GB/T 7724—2023）。

为了更好地理解、掌握这些标准的要求，更好地学习并应用到生产中，这里对标准相关内容进行汇总，主要概括如下。

一、 稳定性要求

《建筑施工机械与设备　混凝土搅拌站（楼）》（GB/T 10171—2016）规定了搅拌站的工作环境要求，具体如下：

（1）作业温度 1～40℃。

（2）相对湿度不大于 90%。

（3）最大雪载 800Pa。

（4）最大风载 700Pa。

（5）作业海拔不大于 2000m。

这个要求为搅拌站整机的要求，搅拌站控制系统作为搅拌站的一部分，应不低于该要求。

对于搅拌站的运行稳定性，《建筑施工机械与设备　混凝土搅拌站（楼）》（GB/T 10171—2016）也做了规定：搅拌站（楼）的可靠性要求；首次故障前工作时间不少于100h；平均无故障时间不少于200h；可靠度不小于85%，可靠性试验时间为300h。

同样，搅拌站控制系统作为搅拌站的一部分，应不低于该要求。

上述稳定性要求，作为国标是对设备的最低要求，搅拌站及其附属设备，包括搅拌站控制系统，根据施工的需要达到甚至超过该最低要求。

另外，控制系统及其称重单元作为核心组成部分，其稳定性还决定着配料精度。《电子称重仪表》（GB/T 7724—2023）中对影响计量及配料稳定性的因素做了界定，对影响程度做了规定，主要内容如下：

1. 静态温度

若没有标明特定的工作温度，则称重仪表应在－10～40℃温度范围内保持其计量性能。

若标明了特定温度范围，则仪表应在该温度范围内保持其计量性能。仪表温度范围应不小于30℃。

2. 湿热影响

仪表在工作温度范围的上限及85%（无结露）的相对湿度下，应满足对称重仪表的要求。

3. 供电电源

若供电电压不同于仪表的额定电压（U_{nom}）或电压范围（U_{min}，U_{max}），仪表在下列供电电源条件下，仪表应满足计量要求：

（1）公共电网供电（AC），供电范围为：$0.85U_{nom}$～$1.10U_{nom}$或$0.85U_{min}$～$1.10U_{max}$。

（2）外接电源或适配器供电电源装置（AC或DC），包括在对电池充电时仪表能正常工作的；最低工作电压～$1.20U_{nom}$或最低工作电压～$1.20U_{max}$。

（3）不可充电电池供电（DC），以及在对电池充电时仪表不能工作的；最低工作电压～U_{nom}或最低工作电压～U_{max}。

这些要求是对搅拌站称重配料功能稳定运行的基本要求。具体内容可以查看相应的标准。作为搅拌站操作和管理人员，应重视温度、湿度、电压等因素影响搅拌站配料的情况。一些劣质的搅拌站控制系统，称重变送单元设计不严谨、不规范及生产低劣，很容易出现受温湿度影响而不稳定的情况。搅拌站是否受温湿度变化、电压变化等因素的影响，可以很容易地观察出来，几个简单的判断方法如下。

（1）在确定当天没有生产任务，记录早晨7点左右的各配料秤的示值，待下午2点左右，观察各秤的示值是否出现较大变化（对于骨料称，超过6kg、对于粉料秤和水秤超过3kg，对于外加剂秤超过0.5kg，可以认为较大），如变化较大则可以认为有温漂影响。这个试验要求早晨和中午的温度变化较大，控制室不要开空调；

（2）不生产时，注意观察下雨天时和下雨后，或者下午和第二天早晨，控制室不开空调时，各秤的示值的变化，如果变化较大，则可以认为有湿漂的影响；

（3）注意观察搅拌机启停、秤仓震动电机的启停，各配料秤在没有配料时是否存在秤示值的大幅度波动，如果存在大幅度波动，则可判定为电压变化影响，波动幅度对于骨料称超过±4kg、粉料秤超过±2kg、外加剂秤超过±0.3kg则认为是较大幅度波动。判断时要排除设备震动对配料秤的影响。

二、 配料精度要求

对生产混凝土各种原材料配料的精度要求，在很多标准中都做了详细规定，都是一致的。《铁路混凝土》（TB/T 3275—2018）针对铁路工程搅拌站的要求更为具体。

（1）应采用强制式搅拌机搅拌，搅拌机的性能及维护应满足GB/T 9142的要求。

（2）各种原材料计量设备应检定合格。

（3）各种原材料计量偏差应符合表7-1的要求。

表7-1　　混凝土各种原材料充许计量偏差

原材料品种	水泥	骨料	水	外加剂	掺和料
每盘允许计量偏差	±2%	±3%	±1%	±1%	±2%
每车（罐）允许计量偏差①	±1%	±2%	±1%	±1%	±1%

① 每车（罐）允许计量偏差是指每一车（罐）混凝土中每种原材料的总用量相对于按施工配合比计算的总用量的偏差允许值。

混凝土搅拌站称重配料衡器必须通过计量器具型式评价试验，并取得计量器具型式评价证书（简称为CPA）。所以在设备采购或者改造时，应要求设备提供商提供通过型式评价试验并取得证书的设备。

三、 其他要求

《铁路混凝土》（TB/T 3275—2018）中明确了搅拌站投料次序和搅拌时间，混凝土生产时应严格执行。

（1）搅拌顺序宜为：先投入骨料、水泥和矿物掺合料，搅拌均匀后，再加水和外加剂（粉体外加剂应与矿物掺合料同时加入），直至搅拌均匀为止；水泥的入机温度不应高于55℃。

（2）搅拌时间是指自全部材料装入搅拌机开始搅拌至搅拌结束开始卸料为止所经历的时间。搅拌时间应根据混凝土配合比和搅拌设备情况通过试验确定，但最短不宜少于2min，不应少于90s，特殊混凝土搅拌时间宜适当延长。

在搅拌站设备选购时，需注意搅拌机的搅拌能力，铁路搅拌站要求的90s、120s的搅拌时间是基于搅拌机本身符合国家标准要求的前提下提出的要求。如果搅拌机本身的搅拌能力不满足国标要求，本身搅拌效率低，即便达到了120s的搅拌时间，也仍然不能保证搅拌出来混凝土满足均质性的需要。

《建筑施工机械与设备　混凝土搅拌站（楼）》（GB/T 10171—2016）关于搅拌机搅拌能力的要求做了如下规定。

（1）搅拌机能搅拌的最大骨料粒径应符合GB/T 9142的规定；并应具有瞬时超载10%的能力。

（2）在标准测试工况下，匀质性混凝土的搅拌时间应符合表 7-2 的要求，对于连续式混凝土搅拌站（楼）达到匀质性要求的搅拌时间不应大于 35s。

表 7-2　　匀质性混凝土的搅拌时间

搅拌机公称容量 W/L	主机型式	
	强制式/s	自落式/s
500≤W≤1500	≤35	≤45
1500<W≤2000	≤40	≤65
2000<W≤4000	≤45	≤100
4000<W≤5000	≤50	≤120

第二节　搅拌站控制系统管理功能

从满足混凝土生产的角度，搅拌站控制系统管理功能至少应包括：配合比管理、生产任务管理、生产任务统计查询，为了用户使用方便简单，满足客户的不同需求，不同厂家的控制系统功能设计不尽相同，但经过多年的市场竞争和相互学习，只是画面及操作方式差异已经不大。

一、配合比管理

配合比指混凝土中各组成材料之间的比例关系，是混凝土生产的基础数据。行业内习惯的建立配合比的方法是，指定生产一方混凝土，各种所需原材料用量。建立配比时注意两个计量单位，一是配合比的总量是“一方混凝土”，各种原材料的用量以千克（kg）计，$1m^3$ 混凝土的总质量约为 2400kg，所以，配合比中各种原材料的质量之和应该为 2400kg 左右。

配合比分为基本配合比和施工配合比，基本配合比是指试验室设计并试验验证的各种原料用量，也称为理论配合比。而在具体混凝土生产时，因砂子含水、含泥、含石等因素的影响，选择理论配合比进行生产时，控制系统会自动进行加砂减水等的运算，形成一个运算后的配合比进行生产，这个配合比称为施工配合比。目前行业内比较常规的做法是，试验室制定基本配合比，下发到各搅拌站，搅拌站控制系统根据接收的基本配合比组织生产，生产时系统根据含水率等运算出施工配合比。

在由基本配合比转换为施工配合比时，砂料含水率是最重要的一个因素，极端情况下，砂石含泥量也要参与运算形成准确的施工配合比，影响施工配合比的因素和运算规则都是由试验室人员根据具体的情况制定的，控制系统在设计时考虑使用的方便性，都支持这方面的引入，必要时可以联系控制系统厂家予以修改。

配合比管理包括配合比的建立、保存、查询、修改等功能，不同的控制系统厂家设计了不同的配合比管理界面，主要的元素都是类似的，图 7-1 是一些搅拌站的配合比管理界面示例。

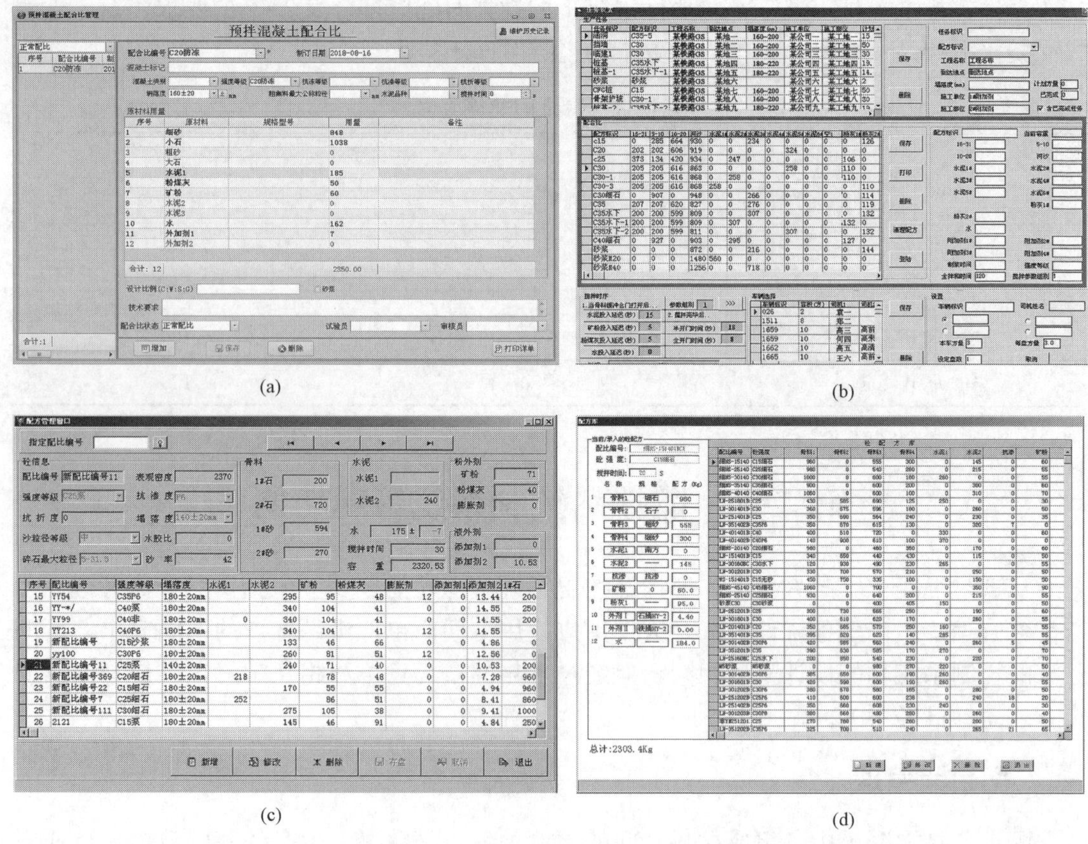

(a)　　(b)　　(c)　　(d)

图 7-1　配合比管理界面示例❶

(a) 山东博硕；(b) 铁建重工；(c) 三一生产；(d) 南方路基

二、 生产任务管理

生产任务是组织管理混凝土生产的一种形式，铁路建设混凝土搅拌站一直采用这种形式组织生产。生产任务主要包括如下几个要素。

(1) 任务编号：控制系统软件用于对不同的生产任务进行标示的编码，根据操作人员的习惯自己制定编码规则。

(2) 任务制定日期：制定生产任务的日期，便于查询、修改等管理功能。

(3) 工程名称：本任务所生产的混凝土要使用到的工程。

(4) 施工地址：本任务所生产的混凝土要使用到的工程的工地所在。

(5) 施工部位：本任务所生产的混凝土要使用到的工程的具体施工部位。

(6) 浇筑方式：本任务所生产的混凝土将要如何用于工地，一般是“自卸”或者是“泵送”。

(7) 任务数量：本生产任务需要的混凝土数量，单位一般是“m^3”。

❶ 有些软件的表格中，将“混凝土”缩写为“砼”。

（8）配合比：本生产任务所使用的配合比。

（9）混凝土性能指标：用于对本生产任务所需要的混凝土的性能指标做一个标注，这些性能指标是由配合比决定的，但很多情况下，显示出来提醒操作员和后续的施工人员，使之能在各自的工序上对混凝土的性能做了解和判断。

同配合比管理功能一样，不同厂家的控制系统设计的生产任务管理也不相同，具体使用时需要根据系统的说明书针对性学习，常见的几家控制系统生产任务管理界面示例如图 7-2 所示。

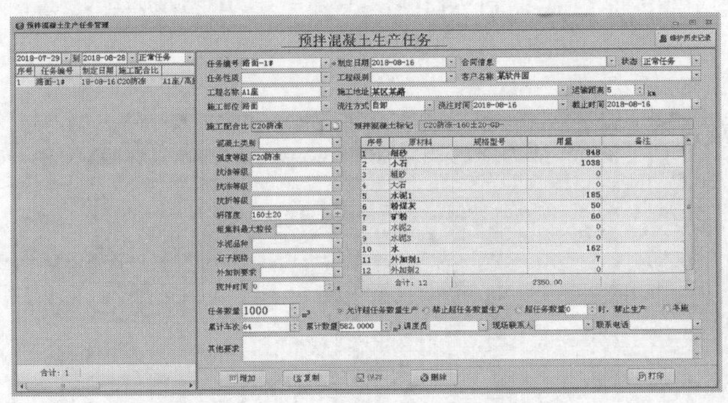

(a)

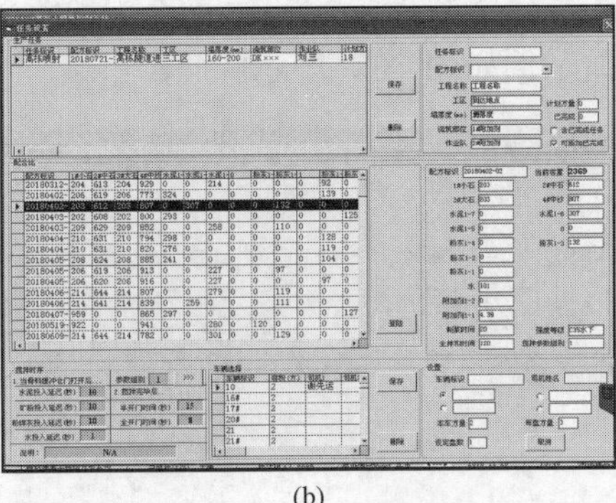

(b)

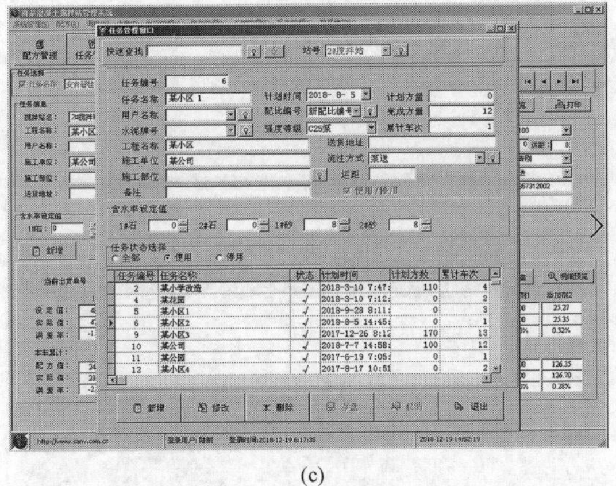

(c)

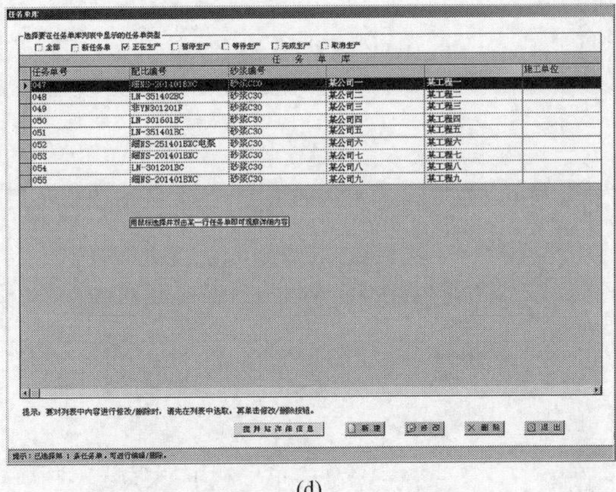

(d)

图 7-2 ××××生产任务管理界面示例

（a）山东博硕；（b）铁建重工；（c）三一生产；（d）南方路基

三、 生产数据统计与查询

生产完成后，管理上需要对生产的情况进行了解，这就要用到生产数据统计与查询功能。常用的统计查询功能包括如下几种。

（1）生产统计与查询：可以统计指定时间段内、所有的或者指定任务的生产的混凝土数据，包括每车的方量、使用的配合比、每车生产的每盘每种料的设定值、完成值、误差信息等情况，作为一个搅拌站控制系统这个功能是必须要有的，对于铁路建设用工程搅拌站，这些数据要求长久保存且不可修改。

（2）原材料消耗查询：可以统计指定时间段内，所有原材料的消耗情况，也可以根据某个工程的生产任务查询该任务所产生的原材料消耗。

（3）误差统计：可以统计一段时间内，所有的生产过程中产生的配料超差数据、搅拌时间超差数据，这个功能便于搅拌站自己及时地掌握设备运行情况，以便在设备出现故障前进行设备维护，保证混凝土质量。

上述功能，除了第一个功能外，有些控制系统是不存在的，都属于管理范围内的要求，各搅拌站根据自己的管理要求确定并向控制系统厂家提出需求。

生产数据统计功能各家实现时差异也非常大，常见的几家控制系统生产数据查询界面示例如图 7-3 所示。

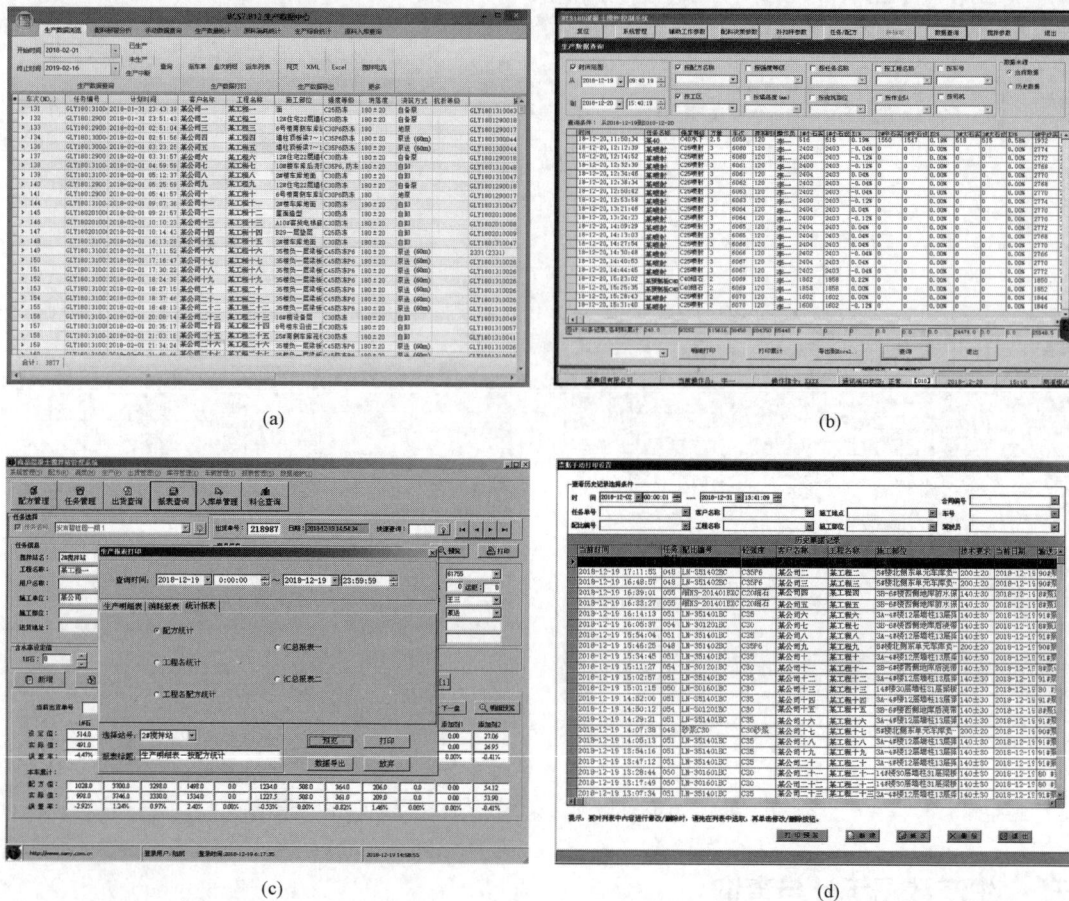

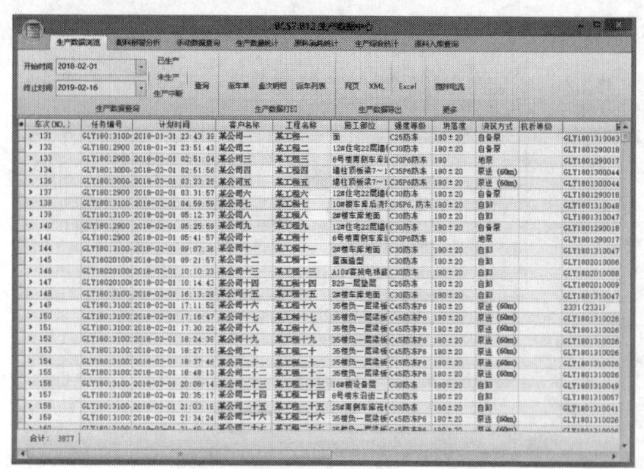

(a)

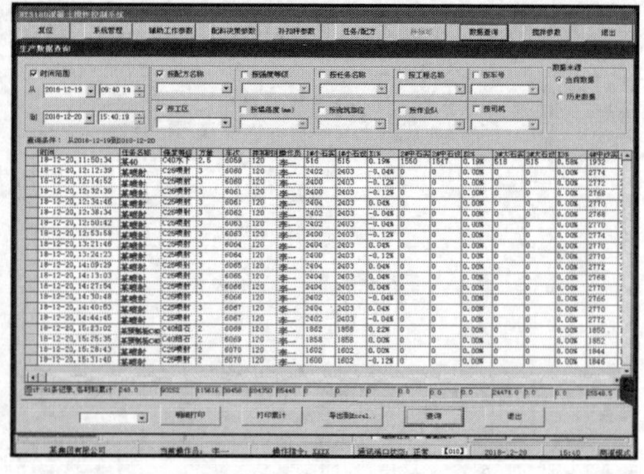

(b)

(c)

(d)

图 7-3　数据查询界面示例

（a）山东博硕；（b）铁建重工；（c）三一生产；（d）南方路基

某公司的系列控制系统设计了误差统计分析功能，便于操作人员统计一段时间内生产混凝土产生的误差、各种误差的占比，这为设备及控制系统的调整提供直接的数据支持，如图 7-4 所示。

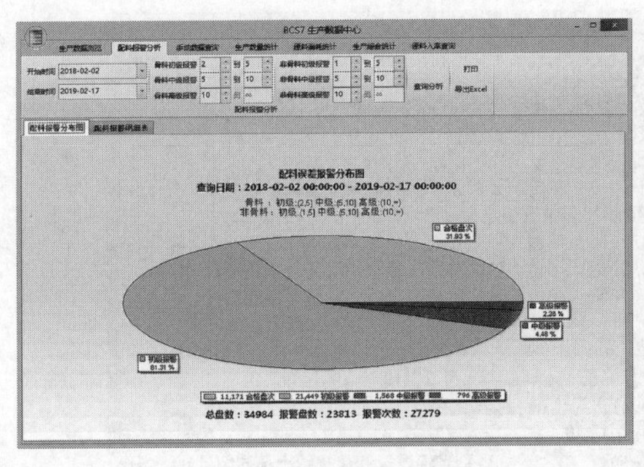

(a)

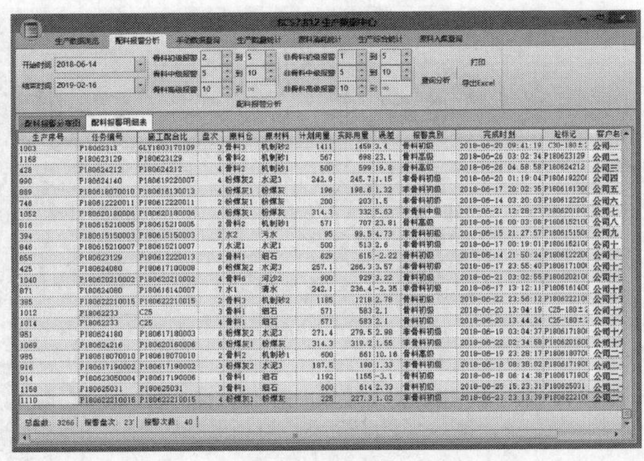

(b)

图 7-4 生产数据误差统计分析界面

第三节 搅拌站控制系统控制功能

一、 生产及控制工艺参数设计

混凝土控制系统控制搅拌站的各个设备按照设定工艺控制参数动作，实现混凝土的自动生产，工艺控制参数通过控制系统软件录入到控制系统中，由控制系统核心控制单元（PLC 或者专用控制器）按照参数执行程序。根据混凝土搅拌站的功能构成，工艺参数分为以下几类：(不同厂家参数名称不尽相同，操作人员应结合各厂家控制系统的使用说明书学习理解)

1. 计量配料控制类参数

计量配料控制类参数主要包括设定值、完成值、允差范围、配料落差、卸料落差、补秤、扣秤、精计量、延迟判断落差时间、完成值跟踪、空秤判据等，如图 7-5 所示。这类参数每个配料秤都有，各个厂家的控制系统设计的方法都不一样，有的厂家这类参数集中在一个窗口，有的分布在每个秤的弹出窗口，采用不同的控制系统需要根据使用说明书进行设置，设置时要充分理解每个参数的意思，设置不合适将影响配料精度，必要时可以和厂家的售后联系，在他们的指导下更改各参数，已达到提高配料精度的目的。

2. 投料控制类参数

投料控制类参数主要包括延迟投料时间、投料次序、振动时间、振动间隔时间等，如图 7-6 所示。

延迟投料时间和投料次序是配料斗卸料次序控制参数。延迟投料时间是用时间间隔控制投料次序，配料完成的原料，按照一定的次序向预储料斗或者搅拌机投料，延迟投料时间越长，该配料斗开门卸料越晚。投料次序更好理解，投料次序小的先投料，配料斗卸空后继续投下一个料。对于骨料配料斗，这两种投料方式都有采用，各有优点，对于搅拌机上面的粉料秤、液料秤，全部采用按时间投料的形式。这些参数的设置，每家的控制系统

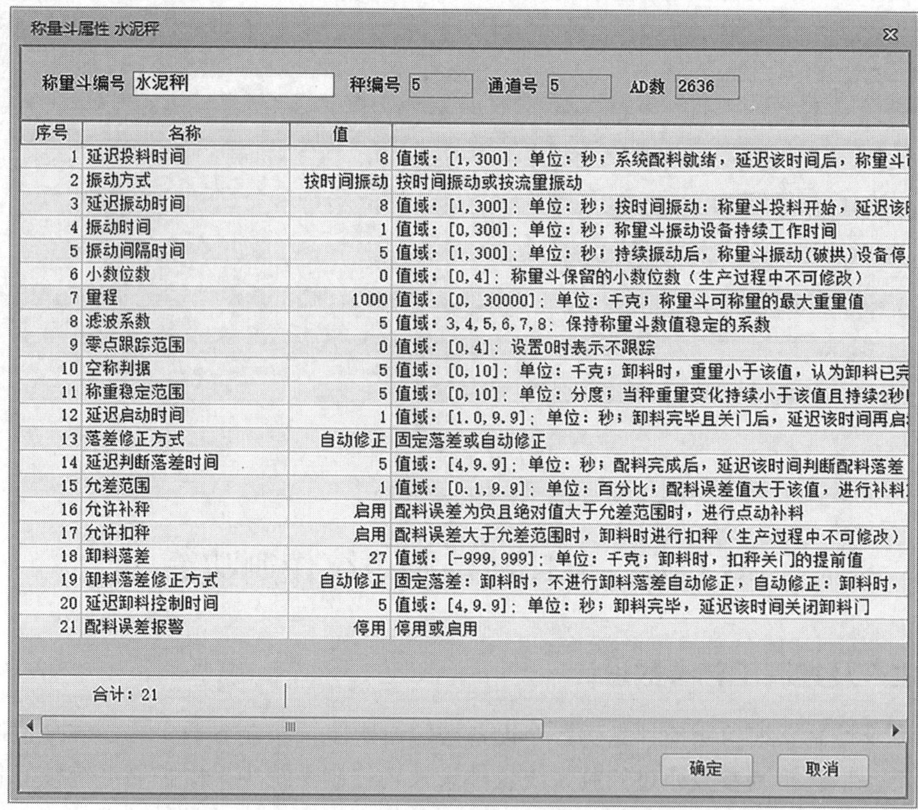

称量斗属性 水泥秤

称量斗编号 水泥秤　秤编号 5　通道号 5　AD数 2636

序号	名称	值	
1	延迟投料时间	8	值域：[1,300]；单位：秒；系统配料就绪，延迟该时间后，称量斗
2	振动方式	按时间振动	按时间振动或按流量振动
3	延迟振动时间	8	值域：[1,300]；单位：秒；按时间振动：称量斗投料开始，延迟该
4	振动时间	1	值域：[0,300]；单位：秒；称量斗振动设备持续工作时间
5	振动间隔时间	5	值域：[1,300]；单位：秒；持续振动后，称量斗振动(破拱)设备停
6	小数位数	0	值域：[0,4]；称量斗保留的小数位数（生产过程中不可修改）
7	量程	1000	值域：[0，30000]；单位：千克；称量斗可称量的最大重量值
8	滤波系数	5	值域：3,4,5,6,7,8；保持称量斗数值稳定的系数
9	零点跟踪范围	0	值域：[0,4]；设置0时表示不跟踪
10	空称判据	5	值域：[0,10]；单位：千克；卸料时，重量小于该值，认为卸料已完
11	称重稳定范围	5	值域：[0,10]；单位：分度；当秤重量变化持续小于该值且持续2秒
12	延迟启动时间	1	值域：[1.0,9.9]；单位：秒；卸料完毕且关门后，延迟该时间再启
13	落差修正方式	自动修正	固定落差或自动修正
14	延迟判断落差时间	5	值域：[4,9.9]；单位：秒；配料完成后，延迟该时间判断配料落差
15	允差范围	1	值域：[0.1,9.9]；单位：百分比；配料误差值大于该值，进行补料
16	允许补秤	启用	配料误差为负且绝对值大于允差范围时，进行点动补料
17	允许扣秤	启用	配料误差大于允差范围时，卸料时进行扣秤（生产过程中不可修改）
18	卸料落差	27	值域：[-999,999]；单位：千克；卸料时，扣秤关门的提前值
19	卸料落差修正方式	自动修正	固定落差：卸料时，不进行卸料落差自动修正，自动修正：卸料时，
20	延迟卸料控制时间	5	值域：[4,9.9]；单位：秒；卸料完毕，延迟该时间关闭卸料门
21	配料误差报警	停用	停用或启用

合计：21

确定　取消

图 7-5　控制系统配料参数设置界面

都不同，没有固定的设置参数的位置，可以查看厂家的说明书找到设置的位置。

3. 搅拌机相关参数

搅拌机相关参数主要包括搅拌时间、半开门卸混凝土时间、全开门卸混凝土时间、润滑油泵运行时间、润滑油泵运行间隔时间等，如图 7-7 所示。

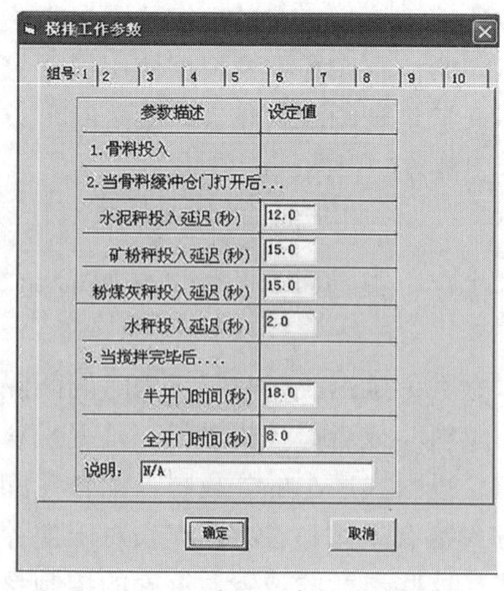

图 7-6　投料控制参数设置界面

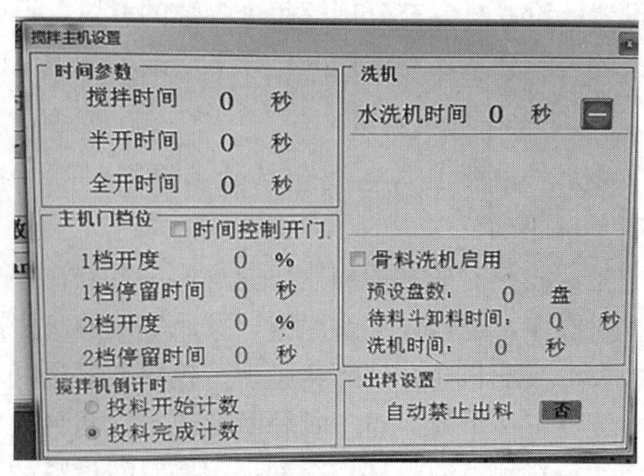

图 7-7　搅拌机相关参数设置界面

二、 生产监控

生产监控是搅拌站控制系统的核心功能，在进行混凝土生产时，操作人员绝大部分精力都在控制系统软件的监控界面上，操作搅拌站生产，观察搅拌站各设备的运行状态。

成熟的、便于操作的控制系统软件生产监控界面应具有如下几个功能。

（1）监控界面要能够显著指示搅拌站各设备的运行状态。

（2）监控界面能够进行派车生产，并启动生产。

（3）控制系统在监控软件进行完各项配置和启动生产后，按照设定的混凝土生产工艺，自动进行各种原材料的配料、投料、输送、搅拌、卸混凝土，这些自动化功能的实现需要监控软件和下位控制器等硬件的配合完成。

（4）监控界面要显示当前生产的车的配合比、物料含水率、各物料的设定值、各秤的实时值、物料配料完成后的配料完成值、每种料的配料误差值；这些数值作为生产关键信息，应能够持续且稳定显示。

（5）监控界面要判断并显示搅拌站各设备工作是否正常，必要时给操作人员提供报警信息及故障排除解决方案信息。

上述功能是基本功能，各控制系统厂家在设计时有一些个性化的功能，都是以方便操作、提高效率和精度等为目的，但严禁任何修改秤的实时值、完成值、配料误差等方式的功能存在。

常见控制系统厂家的监控界面如图 7-8 所示。

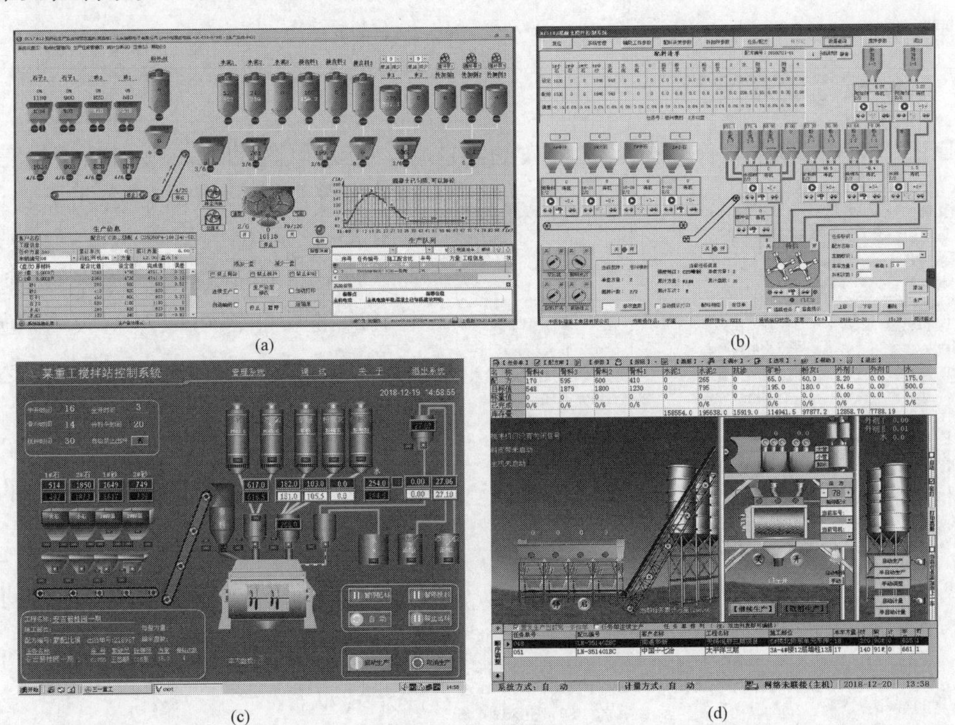

图 7-8 生产监控界面

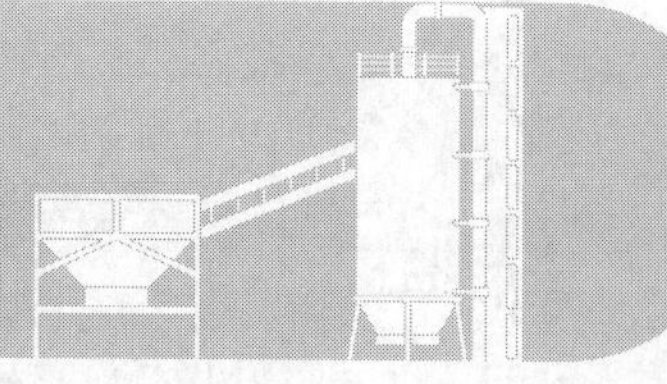

第八章

混凝土搅拌站生产操作

为了更好地理解和掌握混凝土搅拌站的操作，熟练的进行混凝土生产，并具有一定的处理混凝土生产相关业务的能力，本章以山东博硕的BCS7控制系统为例，分四个部分对控制系统软件的操作进行讲解。

第一节　控制系统权限的控制

控制系统权限指登录软件和使用软件的人，在软件中做具体的操作时所能够操作的功能范围，例如一些铁路工程搅拌站，为了管理责任明确，要求操作员能够安排任务进行生产，但不能建立任务和配合比；而站长则被允许建立生产任务而不能生产；试验员能够建立配合比和为任务安排配合比而不能进行其他操作，这种功能操作权限的给予和限制，就是权限控制。

现在软件设计的权限控制非常灵活，可以为登录软件的每一个人员分配非常细致的功能权限。控制系统厂家，在调试时会按照客户的管理规定进行设置，后期可由搅拌站管理人员进行设置和更改。权限分配和控制作为一项软件功能，本身也受权限控制，只有具有管理员权限的人，才能够为别的人员设置或更改使用该系统的权限。操作人员对这部分进行了解，能够知道自己不能进行某项操作的原因，必要时可以向领导申请相应的权限。

一、 系统权限管理设置

BCS7软件将整个软件划分了九个大的功能区，登录软件的人员可以被授权是否能够“操作”或“查看”这九个功能区，如图8-1所示。

操作员管理

操作员名称	登录密码	备注
管理员	***	
操作员1	***	
操作员2	***	

权限名称	授权类型	备注
系统设置	未授权	控制用户初始化系统，包括设置系统基本
原料设置	查看	控制用户管理原料，包括查看、初始化和
砼车设置	查看	控制用户管理砼车，包括查看、添加、编
配比管理	操作	控制用户管理配比，包括查看、添加、编
任务管理	操作	控制用户管理生产任务，包括查看、添加
生产监控	查看	控制用户进行生产，包括创建、编辑和删
设备参数	未授权	控制用户管理生产设备，包括查看和编辑
校秤管理	操作	控制用户进行校秤，包括查看校秤记录和
生产数据管	操作	控制用户管理生产数据，包括查看生产数

增加　删除　清空密码

图8-1　BCS7操作员权限控制

如果是授予权限“操作”，则该权限对应的功能都可以进行设置和更改。如果授予权限“查看”，则登录软件的人员只能看到这些功能区的设置情况，而不能修改。如果登录软件的人员未被授权该功能区，则不能看到相应的软件功能。

二、 操作人员权限管理功能划分

九个功能区主要功能权限及可操作性介绍如下。

（1）系统设置：对搅拌站的基本信息、生产工艺流程、报表格式、设备配置、校秤参数等进行设置管理，这部分功能是控制系统厂家根据搅拌站的实际构成进行配置，然后交给站上的负责人后期维护；如果需要对搅拌站功能做改动，比如搅拌计时方式是从投料开始还是从骨料投完料开始，都是在这个地方进行改动。这里的设置如果改动错误，会造成系统功能与站上的管理要求不符，甚至不能继续生产，所以这个权限的等级比较高，一般由站长或者专人负责。

如果登录软件的人员具有该权限，将在菜单“系统设置”中看到“基本设置”菜单，如图 8-2 所示。

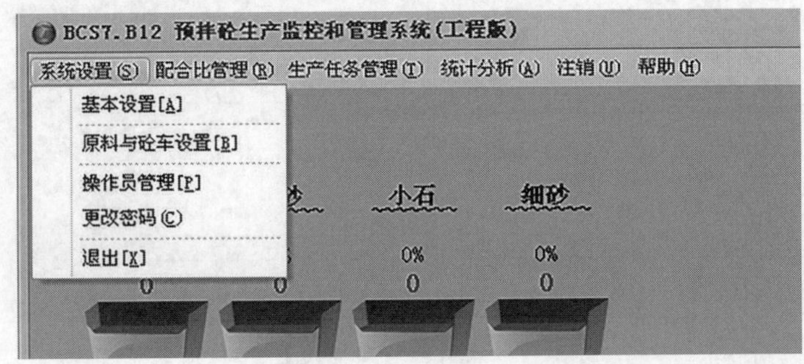

图 8-2 BCS7 软件系统设置菜单

点击“基本设置”菜单，弹出系统设置窗口，完成控制系统的系统设置，如图 8-3 所示。

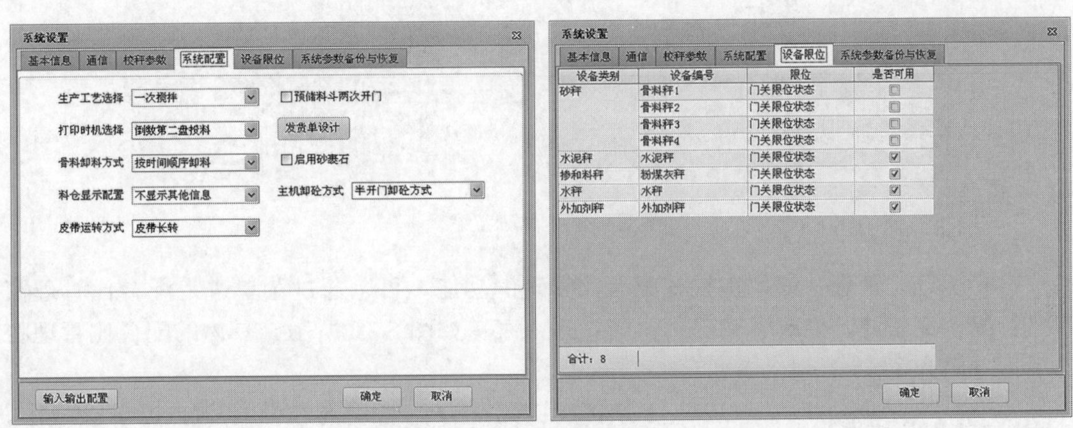

图 8-3 BCS7 系统设置窗口

(2) 原料配置：该功能主要是配置和管理搅拌站生产的原材料，这些原材料是进行配合比设计的基本信息，如果登录软件的人员具有该权限，将能够看到菜单中“原材料与车辆设置”，点击菜单进入如图 8-4 所示界面。

这里进行原材料设置时，包括原材料名称、规格型号、原材料类型三项，原材料名称对应搅拌站每个原料仓的物料，规格型号由所采购的原材料决定，可不填，原材料类型为每种原材料指定其属性，是水泥还是其他掺合料。

(3) 混凝土车设置：主要是管理混凝土车信息，包括司机、车牌编号、车方量，便于生产时安排任务派车，如图 8-5 所示。

原材料与车辆设置

原材料设置 | 车辆设置

序号	原材料名称	规格型号	原材料类型	备注
1	砂1		细骨料	
2	砂2		细骨料	
3	石子1		粗骨料	
4	石子2		粗骨料	
5	水泥1		水泥	
6	水泥2		水泥	
7	水泥3		水泥	
8	掺合料1		掺和料	
9	掺合料2		掺和料	
10	掺合料3		掺和料	
11	掺合料4		掺和料	
12	水1		水	
13	水2		水	
14	外加剂1		外加剂	
15	外加剂2		外加剂	
16	外加剂3		外加剂	

图 8-4　原材料与车辆设置窗口

原材料与车辆设置

原材料设置 | 车辆设置

车辆编号	司机1	司机2	司机3	运输方量	备注
001#	张**	赵**		12	
002#	王**	宋**		14	
003#	李**	孙**		16	

图 8-5　车辆设置窗口

（4）配合比管理：如果被授权配合比管理的功能，可以通过菜单进入配合比管理窗口进行配合比新建、修改、删除等操作，进入菜单如图 8-6 所示，具体的配合比管理将在后面专门介绍。

图 8-6　配合比管理菜单

（5）任务管理：同配合比管理的权限控制，授予该权限，操作人员登录时就能够看到相应的菜单，进入任务管理界面，查看任务或者进行新建、修改、删除等操作。

（6）生产监控：生产监控功能是控制系统软件的主要功能，进入 BCS7 软件首先进入的就是生产监控界面，如果未被授权或者授权为“查看”，则进入软件后，将只能看到设备的运行状态，而不能进行派车生产、点动操作等动作，如图 8-7 所示。

（7）设备参数：该权限是控制登录软件的操作人员是否能够更改各设备的运行参数，比如骨料投料时间、搅拌机搅拌计时时间等，如果授权“查看”，则操作人员可以通过鼠标双击相应的设备或者右键单击设备弹出属性窗口，查看各设备参数设置的数

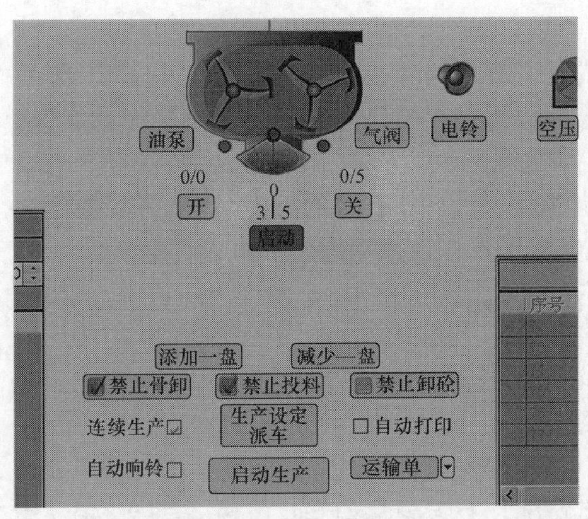

图 8-7 生产监控未授权或授权“查看”

值，如果授权“操作”权限，则可对参数数值进行更改，如果设置成未授权，则不能打开设备的属性窗口。

（8）校秤管理：同设备参数权限控制，如果授权了可以进行校秤，如果未授权或者授权“查看”，当前登录软件的操作人员将不能进行校秤操作。

（9）统计分析：统计分析功能是对生产数据进行查询，按照各种管理需求进行统计的功能，是混凝土生产后对生产数据统计和生成报表的地方。如果对登录人员授权了该功能，不管是“查看”和“操作”权限，都可以对生产数据进行各种查询和分析，因管理规定，也是为了生产数据可追溯性，生产完成的数据在任何权限下都不能更改和删除。如果未授权登录人员该权限，将看不到统计分析功能菜单。

第二节 混凝土搅拌站启停的处理

在启动混凝土搅拌站进行混凝土生产之前需要做一些检查和准备，以确保设备的正常运行、防止生产事故和危险的发生。而在生产完成之后，也需要对设备的停机做一些处理，让设备处在一个正常的待生产状态，避免不恰当的停机操作对设备造成损坏或者对人员造成意外伤害。

一、通电前的检查

（1）确定机械不在检修状态，重点确定搅拌机、平皮带、斜皮带、螺旋等设备不在检修状态，如果有设备处在检修状态必须尽快与相关人员落实清楚，确定设备及人员能否具备生产条件。

（2）检查搅拌站生产范围内有无与生产无关人员，确保工作人员都在安全区域内，并与相关工作人员的通信正常，如果不能确定生产环境安全，严禁启动生产。

（3）检查搅拌站机械有无异样；检查骨料秤、水秤、外加剂秤、提升设备、预储料斗、搅拌机等开放设备内有无异物。切记，一块角钢、一根焊条、一个螺钉都会造成机械设备的严重损坏。

（4）检查电器柜内是否有断路器悬挂或者标示“检修”或者“禁止送电”的标识，如果有这类标识或标志，根据电气检修安全规定“谁挂牌谁摘牌”的原则，不得随意送电，操作人员要切记。

（5）检查电器柜电压表是否为正常的三相380VAC电压，允许波动±10%，即342V—418V，如果送电电压不在该范围内，不可以送电。

二、 混凝土搅拌站设备启动

通电前的检查完成后，具备送电条件，应按照如下顺序启动混凝土搅拌站各个设备，准备进入生产状态：

（1）总断路器送电，观察配电柜内电器件状态，有无异常动作、声音、气味。

（2）观察外部设备情况，有无异常动作、声音、气味，有无其他人员通知。

（3）计算机开机，登录控制系统软件，实时监测各设备的运行状态。

（4）按照如下顺序依次启动设备：空气压缩机→除尘风机→搅拌机→斜皮带→平皮带。在启动时，应等待当前设备完全启动并正常运行后再启动后续设备，不可操作过急过快。否则一旦某些设备存在问题将不能及时处理，容易造成设备损坏或者人员伤害。搅拌机启动后，应观察控制柜总电压、总电流、斜皮带电流、搅拌机电流是否正常、搅拌机声音是否正常。

上述设备在启动过程中，系统软件会实时显示其运行状态，启动完成后即可根据需要进行混凝土的生产。

提升斗形式的搅拌站没有斜皮带，在设备启动时，要将提升斗降到下限位。

在上述启动顺序中，有两个特殊的设备在一些工况或配置条件下可能存在例外：一是系统将平皮带设置成非常转时，即在骨料秤卸料时才启动平皮带，卸料完成后平皮带自动停止运行，这种设置条件下不需要提前启动平皮带；二是在空气压缩机启动后，出于节能的考虑，可以等待气路的压力达到需要的值后再启动后续设备。

三、 生产条件的检查

在进行混凝土生产前进行生产条件的检查，是保证生产连续稳定的必要条件，生产条件检查主要包括如下两个方面：

1. 原材料库存

（1）骨料：与铲车司机确认骨料储备状态，并根据生产计划方量及配合比测算当前库存可生产混凝土方量，如果不能满足生产计划，要及时通知站长、试验室等相关负责人，避免出现混凝土浇筑过程中断料的情况。

（2）粉料：在BCS7软件中查看物料库存量，并计算原材料可生产方量。查看库存量的方法是登录电脑BCS7软件后，在监控界面中，将鼠标移动到相应的粉料仓的左侧模拟料柱处，停下不动，就会出现当前的粉料仓的库存量和剩余量。还有一个方法是，用鼠标右键单击相应的粉料仓，在弹出菜单中点击“添料”，进入“料仓添料”窗口。料仓添料窗口中，第一个显示框为当前库存原料数量，如图8-8所示。和骨料一样，计算出当前的剩余粉料可以生产的混凝土的方量。

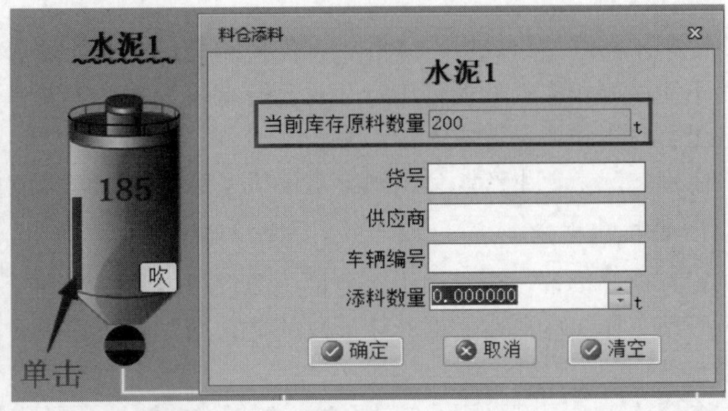

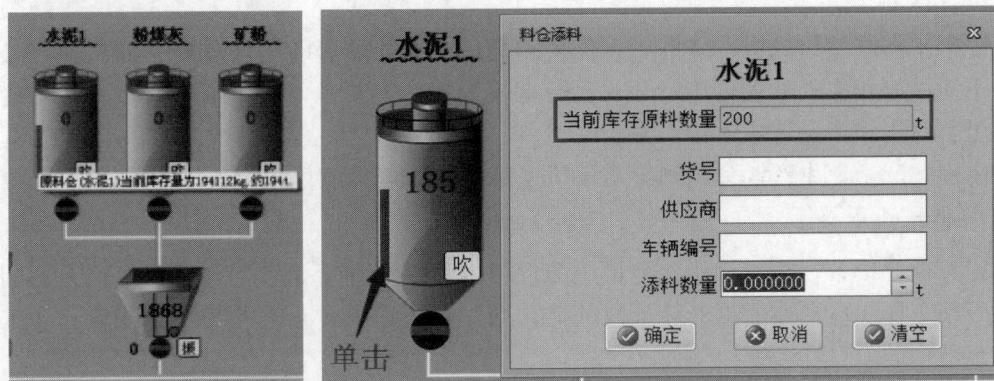

图 8-8 粉料库存原料数量查看

（3）外加剂的库存检查情况同粉料。

生产条件的检查不规定时间点，在生产过程中也应随时留意生产条件是否具备。

监控软件上显示的粉料库存量，是根据操作员录入的进料量、生产过程中该原料的消耗量计算来的，很多搅拌站反映这个计算的库存量不准确，主要原因如下几个方面。

（1）没有及时地将来料信息录入到软件中，这样软件中的库存料量就和实际不符了。

（2）粉料来料是地磅称量，一次几十吨，而粉料使用是一次几百公斤的小秤，大秤进小秤出，时间久了就会出现累计误差，如果不及时盘点，累计误差会越来越大。另外还要考虑磅房称量不准的因素。

（3）手动干预生产，并且没有设置对手动数据进行记录，也会造成消耗的统计误差。

所以，操作人员包括站上的管理人员，在日常的生产过程中，要注意上述几个方面，及时的录入进料信息，定期对粉料仓进行盘点，减少累计误差。

计算粉料及外加剂库存能够生产的混凝土方量时，还需要考虑到粉料及外加剂是否经过了检验及留置期，没有通过检验和留置期的原料对混凝土的质量是没有保障的，按照管理规定不允许使用，所以计算库存能否满足生产计划，应将这部分库存去掉。

2. 软件环境

为了监管混凝土的生产质量，并留存生产混凝土的生产数据便于日后对混凝土建筑物进行长期的维护跟踪，现在的工程搅拌站都要求安装信息化监管软件，将生产数据实时地传输到监管中心的服务器上。还有些建设单位，为了管理的需要、生产质量提高的需要，也开发设计了一些管理软件，用于对搅拌站的生产进行管理和服务，这些软件要求在混凝土生产时处在运行状态。这些在混凝土生产时需要同时运行的软件，统称为混凝土生产控制系统的软件环境。虽然这些环境软件不是混凝土生产的必需条件，但根据管理要求，在生产前，这些软件应该启动起来，处在正常运行的状态。

四、 混凝土搅拌站停止生产的处理

混凝土搅拌站完成生产任务后，停机的处理与搅拌站启动同样重要。如果搅拌站停机时不能做好相应的处理工作，会对设备有较大的伤害并且可能影响下次生产，一些情况甚至会对工作人员造成人身伤害。

个别情况下，生产线会出现异常停机，这时更应该将搅拌站设备进行停机处理。

1. 停机前检查

检查提升设备、预储料斗、搅拌机等设备内是否清空；如果异常停机，这方面的检查及处理工作更应严格；提升斗形式的搅拌站，除清理提升斗内的物料，还应该将提升斗降至下限位。

冬期施工，温度降至 0℃以下时，如果搅拌站骨料配料机部分没有保温和加温措施，有条件的搅拌站，应将骨料仓及秤内的原料清空。

2. 停机前清理

确定提升斗、预储料斗、搅拌机内没有残料后，如果是长时间（一般超过 2h）停机，需要对搅拌机进行清理，清理的办法是采用粗骨料和大量的水进行搅拌，然后放出，反复几次后可将搅拌机内轴上、搅拌臂上、机内衬板上的残余混凝土清理干净。粗骨料和水的具体用量可以根据搅拌机的方量、种类摸索出来。用于清理搅拌机的粗骨料，用铲车接走后严禁直接倾倒在粗骨料原材料区。

3. 停机顺序

上述清理工作完成后，照如下顺序停机：平皮带→斜皮带→搅拌机→除尘风机→空气压缩机，如有其他设备请根据机械设计需求依次停机；

搅拌站在启动和停机时各设备的顺序有两个规律便于记忆，应养成工作习惯：一是按照逆着物流的方向顺序启动各设备；二是启动时先启动的设备，停机时先停。

规律二好理解，对规律一做些解释。搅拌站物料流动顺序最先的是配料机配料，然后由平皮带投入斜皮带，斜皮带投入预储料斗随后投入搅拌机，逆着这个顺序，那就应该先启动搅拌机，然后依次向前，最后启动的是平皮带。

不仅混凝土搅拌站，绝大部分生产线的启停都是遵循这两个规律。

4. 停机后处理

按照上述顺序停机后，需要对控制系统等用电设备断电，这里操作人员要切记一点，那就是控制系统断电前要首先关闭软件，然后关闭电脑。很多搅拌站停机完成后，直接将总进线断路器断电，虽然电脑这时候有 UPS 电源供电，但是 UPS 电源仅能够持续供电 10min 左右，10min 后 UPS 放完电，电脑会出现非正常关机，容易造成电脑硬盘、内存条、软件、数据等的损坏。况且，经常性的深度放电对 UPS 寿命和存电能力影响很大。

第三节 生 产 操 作

完成混凝土搅拌站的启动工作后，整个混凝土搅拌站进入了待生产状态，完成一车的混凝土生产需要三个方面的工作，分别是生产配合比建立、生产任务建立、生产监控。

生产配合比是混凝土生产的基本数据，没有配合比就不能生产，配合比错误混凝土就会出现质量问题，所以生产配合比的建立、管理是搅拌站的非常重要的工作。

混凝土搅拌站的常用生产组织模式有两种，一种是建立生产任务，按照生产任务进行生产；另一种是没有生产任务，直接选择配方、设置要生产的方量进行生产。按任务进行生产称为任务生产模式，没有任务直接安排生产称为配合比生产模式。配合比生产模式适合配合比单一、任务单一的预制件生产，如管桩场；任务生产模式混凝土适用于混凝土浇筑部位多、配合比多的生产场合，这种模式利于生产数据管理、任务统计。现在大部分铁路工程搅拌站都采用任务生产模式。

完成生产配合比建立和生产任务建立后，剩下的是生产监控，这是操作人员的主要工作界面。操作人员70%以上的精力要关注生产监控界面，保证生产顺利进行。

一、 生产配合比的管理

在BCS7软件菜单栏中单击“配合比管理”菜单，即可打开“配合比管理”窗口，如图8-9所示。

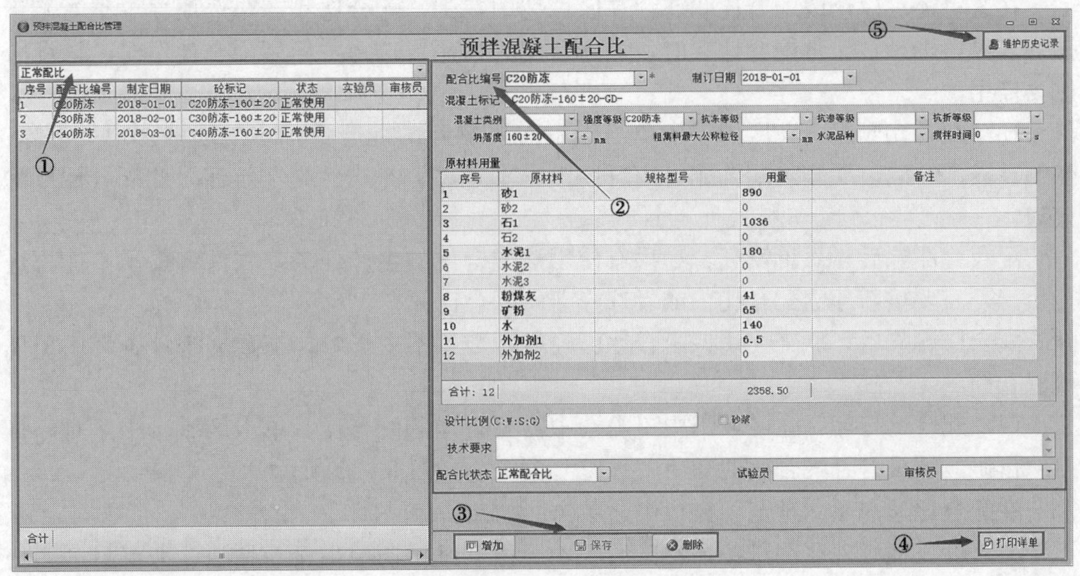

图8-9 配合比管理

配合比建立和修改都在这个界面完成，界面分区如下：

①—配合比列表；

②—配合比明细；

③—配合比编辑维护；

④—配合比打印；

⑤—输入框候选名词维护；

搅拌站长期生产形成很多配合比，例如C30混凝土，可能会形成冬施配合比和夏施配合比等。为了便于管理，将配合比分为了两类，一是“正常配合比”，二是“停用配合比”，对于暂时用不到的配合比，可以将其标注成“停用配合比”，这样在配合比列表①的上部有一个下拉列表框选择“所有配合比”“正常配合比”及“停用配合比”，可以减少列表框中的配合比，便于查看。

（1）配合比的添加：单击区域③中“增加”按钮，区域②中新增一条未编辑的配合比明细，根据需求编辑配合比明细中各项信息内容，单击区域③中“保存”按钮，在区域①中即可生成一条新的配合比；新添加配合比时，“配合比编号”必须唯一，否则保存配合比时将提示无法保存配合比。

添加配合比时，注意这里的计量单位转换，搅拌机每盘的计量单位是立方米（m^3），而配合比中每种料用的用量的单位是千克（kg），1m^3 混凝土大约等于2400kg；所以建立配合比时，每种原料的用量之和应介于2350～2500kg之间，否则配合比设置可能存在问题，应向试验室人员落实清楚。

（2）配合比修改：在区域①中单击选中需要修改的配合比，区域②中即显示对应配合比的明细，此时即可在区域②中编辑此配合比中各项信息内容，编辑完成后，单击区域③中“保存”按钮，此配合比明细修改完成；

在这里还可以修改配合比状态，在区域②中找到“配合比状态”选项并单击右侧下拉列表框，选择“正常配合比”时，该配合比为启用；选择“停用配合比”时，该配合比为停用。

（3）配合比删除：在区域①中单击选中需要删除的配合比，单击区域③中“删除”按钮，提示“确定要删除配合比（PF＊＊＊＊）吗?”，单击“是”按钮，此配合比删除完成。

配合比删除后，不可恢复，如果有使用该配合比的生产任务，软件将提示不能再进行生产，需要重新建立配合比，或者选择新的配合比。

配合比删除后，原来使用该配合比已经生产数据不受影响，在数据统计查询中仍然可以查询到。

（4）配合比打印：在区域①中单击选中需要打印的配合比，单击区域④中“打印详单”按钮，即可打开配合比通知单“预览”窗口，如图8-10所示。

在配合比通知单“预览”窗口中，单击按钮即可打印。

（5）输入框候选名词维护：在区域⑤中单击“维护历史记录”按钮，即可打开“历史记录维护”窗口，如图8-11所示。

这个“历史维护记录”功能，主要是简化配合比添加或者修改时的录入操作，这里录入的相关名录，在配合比管理界面的相关条目中录入时，会自动提示供下次输入时快速选择，例如，图8-10中，“配合比编号”中的这四个条目，在图8-9的配合比管理界

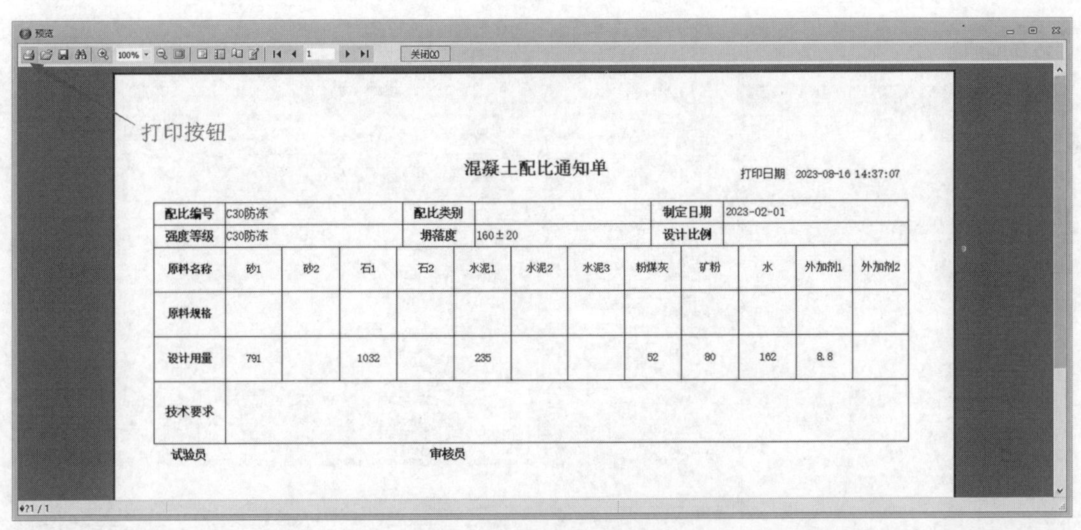

混凝土配比通知单

打印日期 2023-08-16 14:37:07

配比编号	C30防冻	配比类别		制定日期	2023-02-01
强度等级	C30防冻	坍落度	160±20	设计比例	

原料名称	砂1	砂2	石1	石2	水泥1	水泥2	水泥3	粉煤灰	矿粉	水	外加剂1	外加剂2
原料规格												
设计用量	791		1032		235			52	80	162	8.8	
技术要求												

试验员　　审核员

图 8-10　配合比打印预览

面中，录入“配合比编号”时，可以用鼠标点击其输入框右边的箭头，就会出现这四个条目供选择。在“历史记录维护”窗口中，可对自动保存的名词进行编辑或删除。

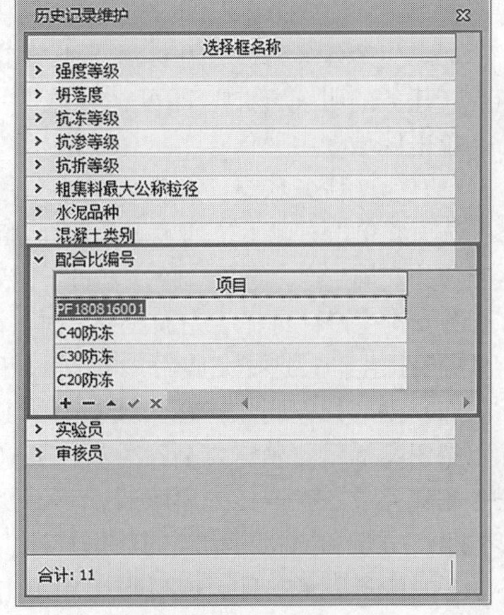

图 8-11　历史维护记录

二、 生产任务的管理

在 BCS7 软件菜单栏中单击选择“生产任务管理”菜单，即可打开“生产任务管理”窗口，如图 8-12 所示。

类似于配合比管理界面，任务单管理界面包括如下几个部分：

①—生产任务列表。

②—生产任务明细。

③—生产任务编辑维护。

④—生产任务打印。

⑤—输入框候选名词维护。

任务管理窗口的操作方法也与配合比管理窗口相同，为了管理和查看的简便，分为“正常任务”“完成任务”及“停用任务”三种，在任务查看时可以选择其中一种，减少列表中的数量从而便于查看，也可查看“所有任务”。

(1) 生产任务增加：单击区域③中“增加”按钮，区域②中新增一条未编辑的生产任务明细，根据需求编辑生产任务明细中各项信息内容并选定施工配合比，单击区域③中“保存”按钮，在区域①中即可生成一条新的生产任务。“任务编号”必须唯一，否则软件将提示无法保存生产任务。

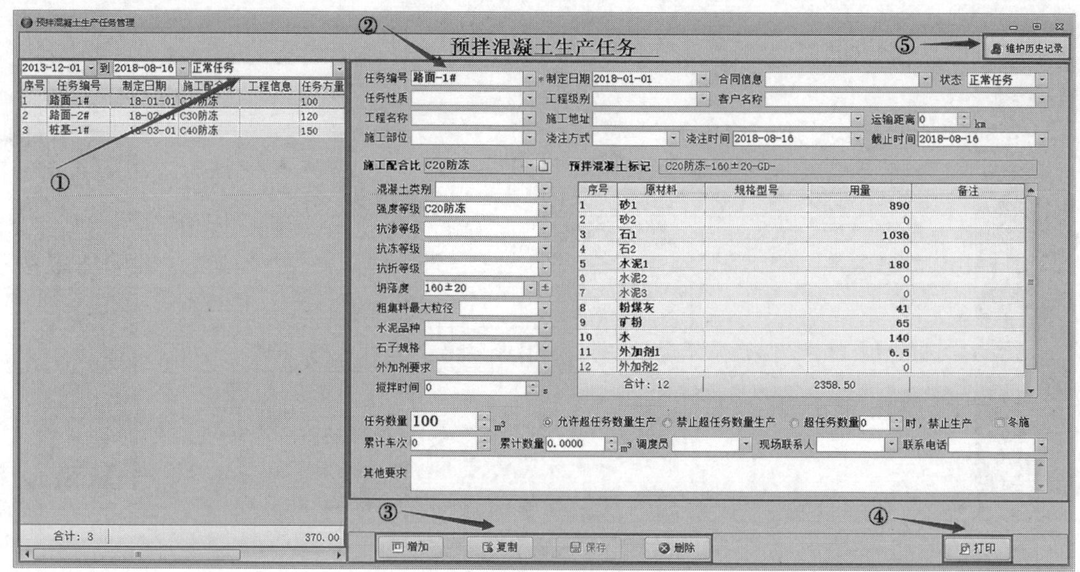

图 8-12　生产任务管理

（2）生产任务修改：在区域①中单击选中需要修改的生产任务，区域②中即显示对应生产任务的明细，此时即可在区域②中编辑此生产任务中各项信息内容，编辑完成后，单击区域③中“保存”按钮，此生产任务明细修改完成。

（3）生产任务状态：在区域①中单击选中需要修改的配合比，在区域②中找到“状态”选项并单击右侧下拉列表框，选择“正常任务”时，该生产任务为启用，可以使用该生产任务安排生产；选择“停用任务”时，该生产任务为停用，生产队列不可以使用该生产任务安排生产；选择“完成任务”时，该生产任务为已完成，生产队列不可以使用该生产任务安排生产；选择完成后，单击区域③中“保存”按钮，此生产任务状态修改完成。

（4）生产任务删除：在区域①中单击选中需要删除的生产任务，单击区域③中“删除”按钮，提示“确定要删除生产任务（TS＊＊＊＊）吗?”，单击“是”按钮，此生产任务删除完成；生产任务删除后，不可恢复；使用该生产任务安排的派车仍存在，不会影响生产方量和原材料消耗的数据统计。

（5）生产任务打印：在区域①中单击选中需要打印的生产任务，单击区域④中“打印”按钮，即可打开生产任务“预览”窗口，如图 8-13 所示。

在生产任务“预览”窗口中，单击按钮即可打印。

（6）输入框候选名词维护：在区域⑤中单击“维护历史记录”按钮，即可打开“历史记录维护”窗口，如图 8-14 所示。

在编辑生产任务明细时，软件系统会自动保存输入的名词，供下次输入时快速选择，在“历史记录维护”窗口中，可对自动保存的名词进行编辑或删除。

三、 混凝土生产中用到的单位

建立好生产配合比和生产任务后，既可以进行生产，但为了更好地理解生产的组织

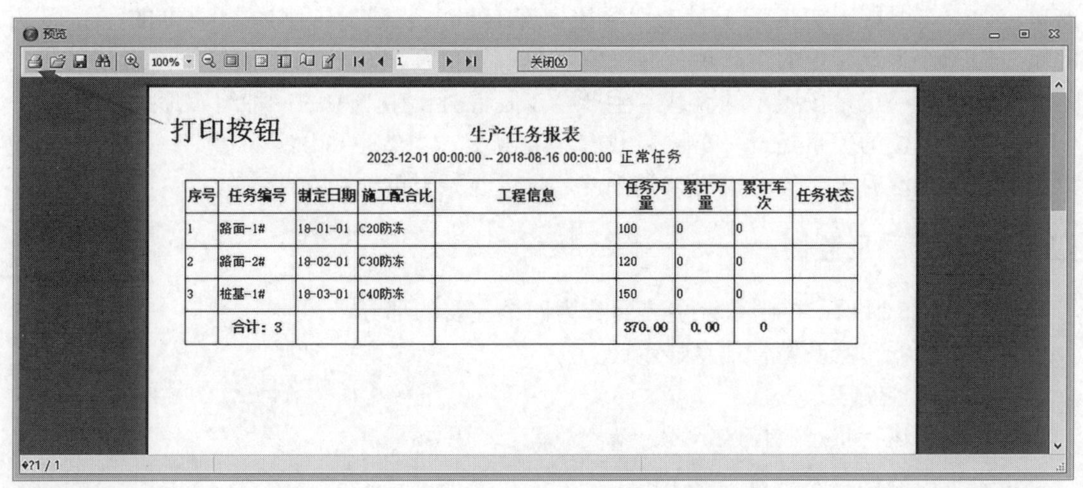

生产任务报表

2023-12-01 00:00:00 -- 2018-08-16 00:00:00 正常任务

序号	任务编号	制定日期	施工配合比	工程信息	任务方量	累计方量	累计车次	任务状态
1	路面-1#	18-01-01	C20防冻		100	0	0	
2	路面-2#	18-02-01	C30防冻		120	0	0	
3	桩基-1#	18-03-01	C40防冻		150	0	0	
	合计：3				370.00	0.00	0	

图 8-13　生产任务打印预览

方式，需要对混凝土生产过程中经常用到的计量单位进行学习。

生产完成的混凝土是用混凝土运输车运送到浇筑地点，而混凝土运输车与其他货物的运输车一样，有其自己的装载容量。混凝土生产时，一般存在以下几个常用的单位：

(1) 千克（kg）：混凝土生产中，用到的质量单位。混凝土所有原材料，在进行配合比录入、设定值计算、配料称量、完成值统计等工作时，都是采用这个质量单位。

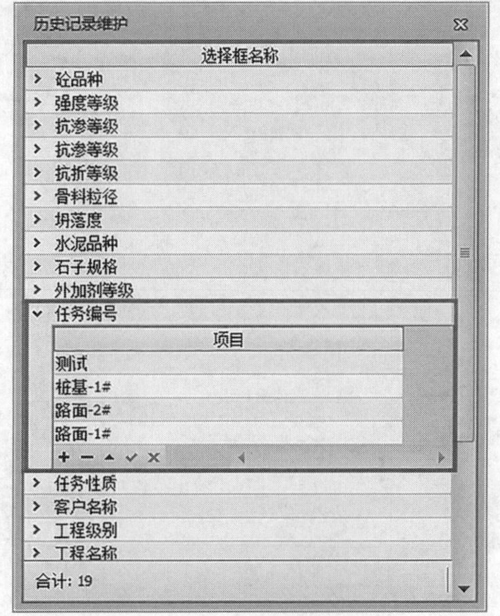

图 8-14　历史维护记录

(2) 立方米（m^3）常简称方，在生产中，将体积的量称为方量。不同的材料，$1m^3$ 的质量也不相同，$1m^3$ 混凝土大约在 2.4t (2400kg)，并且由于配合比和材料不同，质量也有所不同。在混凝土搅拌站中，通常用于管理混凝土的量。混凝土采用立方米作为计量单位，主要因为建筑工地浇筑部位体积容易计算，所以采购时直接向混凝土搅拌站要求需求方量，从而搅拌站也以立方米为单位进行生产。

(3) 盘：盘是指搅拌机的一次搅拌过程所生产的混凝土的量。对于常规的混凝土搅拌机，采用间歇式计量、投料、搅拌，每一次循环的这个过程完成一次混凝土的生产，而这一次混凝土的生产量称为一盘；搅拌机的生产能力也是以每盘能够生产的最大方量确定的，例如，3 方搅拌机，就是每盘能够最大生产 $3m^3$ 的混凝土。但是盘不是确定的质量单位和体积单位，一盘可以是 $3m^3$，也可以是 $1m^3$。

(4) 车：车是混凝土的运输工具，但在混凝土生产中也习惯性地作为用于组织生产的单位，一车混凝土包括若干盘的混凝土。车有最大装载量，例如，12 方的车、16 方的车，但车作为混凝土的生产单位时，它不是确定的质量单位和体积单位，通俗的生产一车混凝土不一定是按照车的满载量生产，车是混凝土生产中的一种组织形式。

各计量单位的关系是，一车可装载多盘混凝土，当然也可以是一盘；一盘混凝土可以是数立方米混凝土，当然也可以是 $1m^3$，$1m^3$ 混凝土重约 2400kg。

四、 生产启动及监控

如图 8-15 所示，控制系统主界面分为四个主要的部分。

①—生产派车区及警告信息显示区；

②—生产控制区；

③—设备运行状态监控区；

④—生产数据及派车信息显示区。

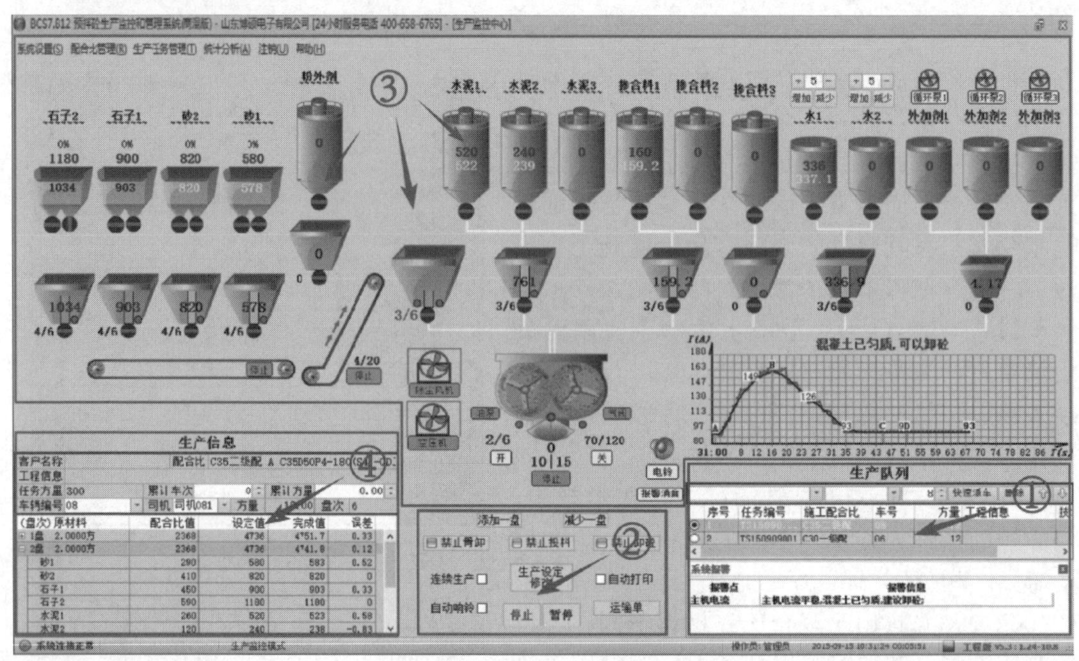

图 8-15 BCS7 生产控制界面

建立配合比和生产任务后，剩下的整个生产过程都是在这个界面监控完成。整个生产的操作也是按照上述区域依次展开。

1. 生产派车

混凝土的生产是按照“车”为单位进行生产的，根据生产调度的安排，选择要生产的任务，选择运输该“车”混凝土的车，设定好该“车”混凝土计划生产的方量，然后安排生产，图 8-16 所示整个工作流程，这个流程称为派车生产。

BCS7 系统软件允许一次性安排多个生产车次，这样就形成了一个生产队列。在提前派车生产时，因为后续的车没有到位，可能不知道车辆编号，这时可以不填写车辆编

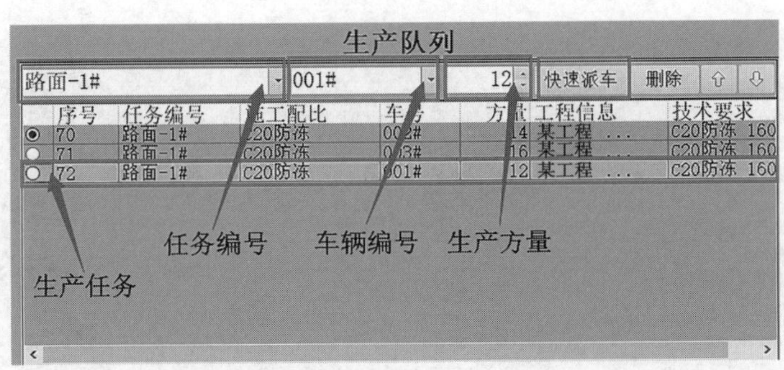

图 8-16 创建生产任务

号，后面生产时再添加车辆编号。

通常情况下按照派车顺序从先到后依次生产，特殊情况下也可以对生产队列的生产顺序进行调整，如图 8-17 所示。

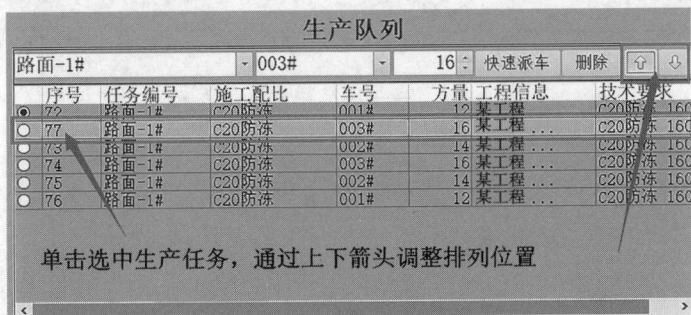

生产队列

路面-1# | 003# | 16 | 快速派车 | 删除

序号	任务编号	施工配比	车号	方量	工程信息	技术要求
72	路面-1#	C20防冻	001#	12	某工程	C20防冻 160
77	路面-1#	C20防冻	003#	16	某工程 ...	C20防冻 160
73	路面-1#	C20防冻	002#	14	某工程 ...	C20防冻 160
74	路面-1#	C20防冻	003#	16	某工程 ...	C20防冻 160
75	路面-1#	C20防冻	002#	14	某工程 ...	C20防冻 160
76	路面-1#	C20防冻	001#	12	某工程 ...	C20防冻 160

单击选中生产任务，通过上下箭头调整排列位置

图 8-17 调整派车生产顺序

队列中如果要将某一个派车提前生产或者推后生产，可以用鼠标单点队列中该派车的任何位置，然后用鼠标单点图 8-17 右上角向上或者向下的箭头，这样该派车在队列中将向前提一位或者向后退一位。

在非生产过程中，如果用鼠标单击生产任务前的○或双击该生产任务选定该生产任务，单击◉则取消选定该生产任务，如图 8-17 中的“任务 72”所示。通过上述操作选定生产任务时，系统将自动加载生产所需的全部信息，这些信息包括：

(1) 在设备运行监控区显示用到的物料的设定值，用不到的物料设定值为“0”，生产的盘数等。

(2) 在生产数据及派车信息显示区当前任务的信息和总盘数等信息。

在这时，可以检查派车所选定的生产任务、使用的配合比用量、生产方量盘次、运输司机等是否正确如图 8-18 所示。

2. 生产控制区

派车后，启动混凝土生产的操作，在软件界面的“生产控制区”中完成。生产队列中的派车，建立好后，可以选择队列中的一个“派车”进行生产，选中派车后，在生产控制区单击“启动生产”按钮，启动过程如图 8-19 所示。

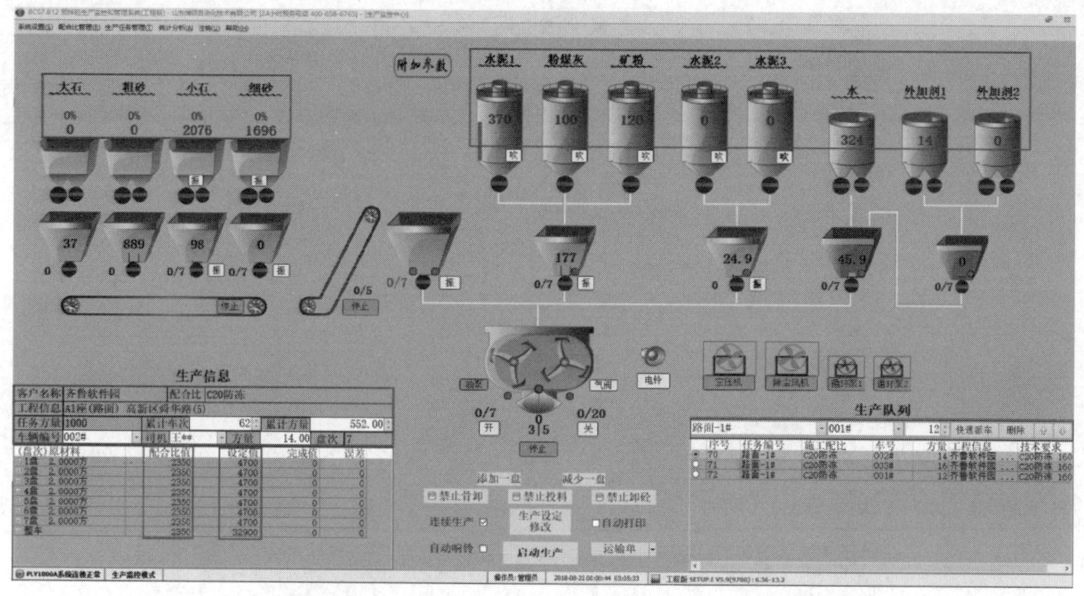

图 8-18 选定生产任务信息显示

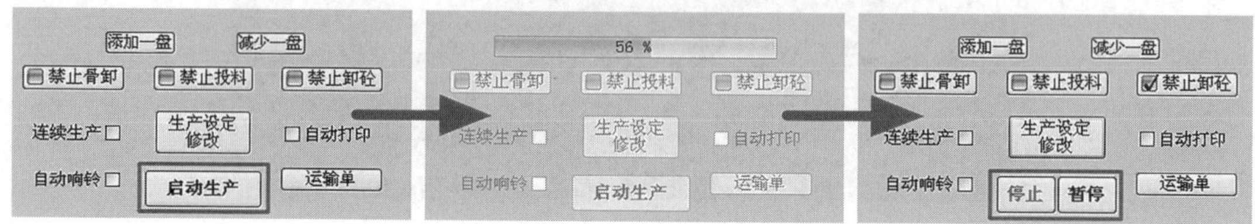

图 8-19 启动生产过程

注意启动生产过程中界面的变化，鼠标单击“启动生产”按钮后，在启动过程中，各个按钮都不能操作，此时有进度条表示生产启动的进程，这个过程根据电脑性能不同一般会在 2s 内完成。启动后，启动生产按钮变成“停止”和“暂停”两个按钮，所有的按钮进入可操作状态，这时整个生产已经启动，开始混凝土的生产过程。

生产控制区的各个按钮和选择框是比较常用的，其功能分别如下：

（1）启动生产：在“生产派车区”安排好生产派车后，选择将要生产的派车，点击“启动生产”按钮，控制系统将检查生产条件是否具备，包括搅拌机是否启动、斜皮带是否启动、平皮带是否启动，一些搅拌站，还会检查气压是否在允许范围内，如果这些设备不具备条件，将提示操作人员启动相应的设备，如果具备条件则启动混凝土的生产。

（2）禁止骨卸：此功能可让生产流程暂停，从而有机会处理设备异常。点击选中该按钮，当骨料配料完成后，在需要进行骨料投料时，骨料部分将暂时停止动作，直到再次点击按钮，整个生产流程其余部分将继续运行，例如，预储料斗、粉料称量斗将继续投料，搅拌机继续搅拌、卸混凝土等。通过这个骨料称量斗暂停投料，可以处理骨料部分的故障，如皮带跑偏、粘料，骨料仓漏料等。如果在下一盘生产时，骨料仍然没有解除故障，还在暂停状态，整个搅拌站将等待骨料的状态解除才能继续进行生产。

（3）禁止投料：与“禁止骨卸”相类似，当点击选中该按钮后，所有的原材料，包括预储料斗里面的骨料、粉料秤中的粉料、水秤、外加剂秤都将暂停向搅拌机投料，而骨料配料部分、搅拌机卸混凝土计时、卸混凝土等流程不受影响，继续相应的动作。

（4）禁止卸砼：该按钮被点击选中后，即使搅拌完成，但仍然不会卸混凝土，整个系统将在这个环节暂停，直到解除“禁止卸砼”状态。这个功能主要防止生产过程中混凝土运输车不到位，造成混凝土卸到地上。

（5）停止：在生产过程中，如果点击“停止”按钮，当前搅拌站的该派车生产将立即停止，除平皮带、斜皮带、搅拌机、空气压缩机仍旧照常运行外，其余所有的仓门关闭、所有的螺旋停止，这些设备进入手动状态。已生产的盘次信息将保存记录下来。所有搅拌完成已进入混凝土运输车的盘次认为已生产完成。搅拌机里面的料，如果配合比中用到的所有原材料都已经投进搅拌机，虽然搅拌计时没有完成，这时也认为是已生产。如果搅拌机里面的料不完整，还有部分原料没有按照设定质量完全投入到搅拌机中，这盘搅拌机里面的料不归为已生产的信息，将不进行保存。

（6）暂停：在生产过程中，点击“暂停”生产按钮，除平皮带、斜皮带、搅拌机、空气压缩机正常运行外，所有的配料和投料动作停止，整个搅拌站机械将暂停生产过程。

（7）恢复：点击“暂停”按钮暂停生产后，“暂停”按钮将变成“恢复”按钮，如果具备继续生产的条件，可以点击“恢复”按钮，搅拌站的生产流程将恢复，继续暂停前的动作。

（8）生产设定修改：主要作用是修改派车队列中已安排的派车，选择生产派车区的派车，点击该按钮，弹出如图 8-20 所示窗口，在这个窗口可以对派车的信息进行修改。

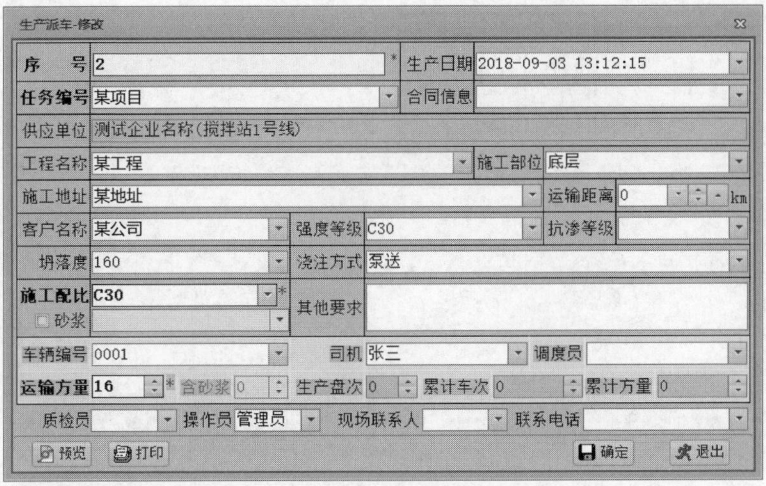

图 8-20　生产派车修改

生产派车区没有选择派车时点击派车修改按钮，也可以弹出图 8-20 界面，这种情况下弹出的界面内容为空，可以直接在界面中进行信息录入，点击保存后，会在生产派车区新增一个相应内容的派车。

(9）连续生产：勾选该选择框后，生产派车区中的功能队列如果有多个生产派车，将按照从上至下的顺序依次生产，直至完成所有的派车生产，或者取消这个选择框的勾选状态。

(10）自动响铃：勾选该选择框后，每车生产完成后将自动的响铃，提醒混凝土运输车司机可以发车。

(11）自动打印：运输单是用于混凝土搅拌站、运输司机、混凝土使用单位进行签收、统计的凭证，在生产命令区，选择“自动打印”，生产完成后运输单将会自动进行打印。

自动打印派车单的打印时机可以在软件中设置，BCS7 系统软件支持四种派车单打印时机的模式，分别是“启动生产时”“倒数第二盘投料”“末盘投料完成时”“末盘卸砼完成时”。这四个打印模式根据管理需要选择，默认的是末盘投料完成时打印。当前车最后一盘混凝土生产时所有的配料秤里面的料投入搅拌机后启动打印，当混凝土生产完成时，派车单已经打印出来，交给司机带走即可。如果选择“末盘卸砼完成时”打印，会出现司机等待派车单的情况。如果选择“启动生产时”打印，派车单里面的生产方量信息都是设定值，不是生产时的实际完成值，混凝土实际方量会和派车单有误差。

打印模式的设置方法：在 BCS7 软件菜单栏中单击选择“系统设置”菜单，选择“基本设置”选项单击，即可打开“系统设置”窗口，然后选择“系统配置”子菜单，单击“打印时机选择”后的选择框展开下拉列表，根据需求选择，如图 8-21 所示。

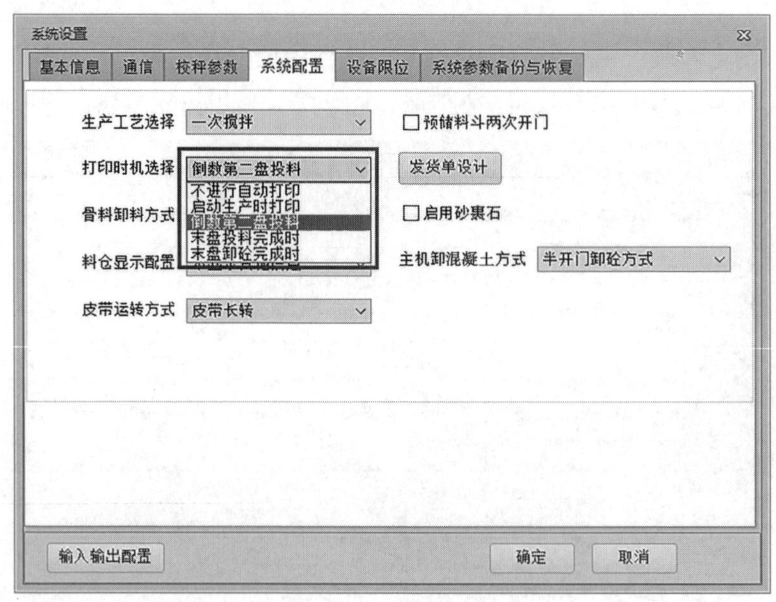

图 8-21　打印时机选择

(12）运输单：运输单按钮是在没有选择“自动打印”运输单的条件下，进行运输单的手动打印。当然，如果自动打印了运输单，但特殊情况下需要进行补打时，也可以通过该按钮进入如图 8 - 22 所示界面实现运输单打印。

预拌砼运输单

预 拌 混 凝 土 运 输 单 No. 77 *

任务编号	路面-1#	合同信息			
供应单位	搅拌站	生产日期	2018-08-22 00:38:12		
工程名称	A1座	施工部位	路面		
施工地址	高新区舜华路	运输距离	5 km		
客户名称	齐鲁软件园	强度等级	C20防冻	抗渗等级	
坍落度	160±20	浇注方式	自卸		
施工配比	C20防冻 *	其他要求			
□砂浆					
车辆编号	003#	司机	李**	调度员	
运输方量	8 *	含砂浆	0	生产盘次	0
累计车次	64	累计方量	582		
质检员		操作员	管理员	现场联系人	
联系电话					

预览 打印 关闭

图 8 - 22 预拌混凝土运输单修改

进行运输单打印时，可以根据需要更改部分信息，这里修改的信息只体现在打印的运输单上，数据库不修改，本车混凝土所有原料的设定值、完成值等已经生产的信息不能修改。

(13) 增加一盘、减少一盘：通过这组按钮可以对正在生产的派车，增加一盘生产量或者减少一盘生产量；这组按钮的操作时机有一定的要求，如果当前派车最后一盘所有的物料已经投入搅拌机，则不能再执行增加一盘；如果最后一盘已经开始了配料，也不能再执行减少一盘。

增加一盘和减少一盘都是修改当前派车的生产量，这种修改生产量的方法只能以当前的每盘的量为单位进行修改，例如当前盘量为 1.8m^3，每增加一盘和减少一盘都会增加或者减少 1.8m^3。BCS7 系统允许增加或减少任意方量，在后续章节加以介绍。

3. 设备运行监控区

启动生产后，操作人员的主要关注点就是运行监控区。

运行监控区是以仿真图形的形式显示搅拌站设备的构成、设备的运行状态。对于工程拌和站，在非生产状态，可以通过鼠标点击界面运行监控区仿真的图形设备控制搅拌站机械设备动作。

生产中，设备运行监控区设备的状态分为如下几种，操作人员要学会通过不同的状态判断生产的进展，并判断生产是否正常、是否需要干预生产。

(1) 原料仓信息。界面上原料仓分为如图 8 - 23 所示三种，左边的两种为骨料原料仓，第三个为粉料仓，最右面的为液料仓。

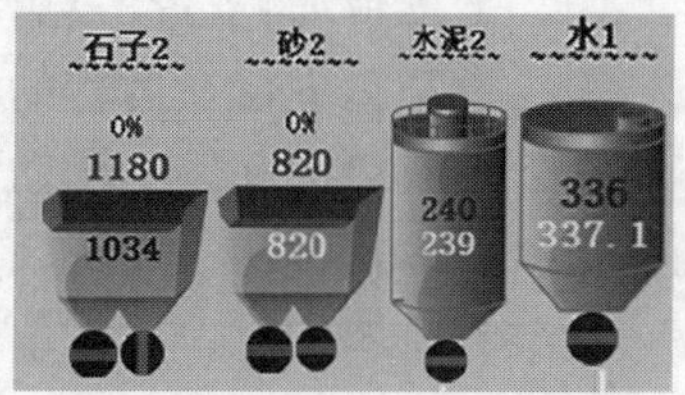

图 8 - 23 原料仓信息

这三种仓的最上部显示的是原料名。骨料场的原料名称下面显示骨料含水率，仓上部蓝色的字体显示的是仓的设定值，仓体上面显示蓝色字体时为当前仓质量的实时值，显示黄色字体时，表示该种原材料配料完成，数值为配料的完成值。粉料和液料仓，设定值、实时值、完成值都在仓体上显示，实时值和完成值和骨料仓的显示方法相同，都是采用同一个区域，根据需要，在配料完成后变黄色显示配料完成值。

仓的下面表示机械给料设备。骨料仓，表示仓门，一般的骨料仓都有两个配料门，实现快慢配料，监控界面上用一个圆球表示。对于粉料仓和液料仓，都是一套给料机构，也是用圆球表示，粉料仓圆球代表螺旋，液料仓的圆球则代表水泵。表示给料机构圆球有两个状态，分别为⊖、⦶，红色横杠，表示当前设备没有动作，也就是没有给料，绿色纵杠，表示设备正在动作，正在配料。在非自动生产过程中，可以用鼠标点击仓下面的这个球形图标操作设备的启停。

手动操作时，将鼠标停留在图形球部，按住鼠标左键，设备动作实现给料；松开鼠标左键，设备停止动作，送料停止。

很多搅拌站粉料给料装置设计成子母螺旋结构，为了表示子母螺旋，粉料仓图形的下部也用两个圆球，分别代表母螺旋（大螺旋）和子螺旋，在自动生产过程中，不同的球形指示设备的运行情况。在非自动生产时，可以分别进行手动操作。

(2) 配料秤信息。配料秤在控制界面的显示如图 8 - 24 所示。

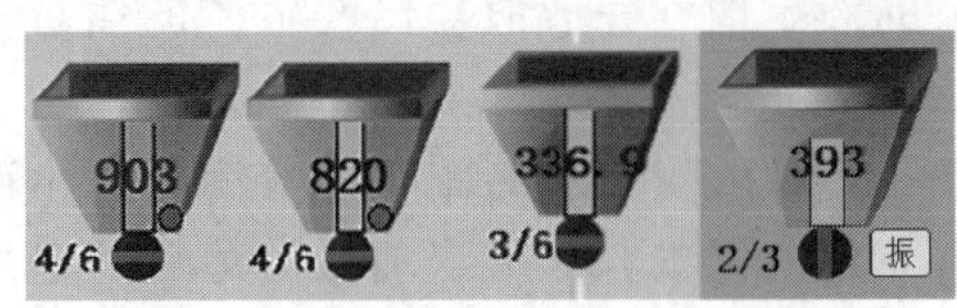

图 8 - 24　原料秤信息

骨料秤和粉料秤仿真图形相同，液料秤（水和外加剂）用蓝色用以与其他秤进行区别，图形中部有一上下的竖条，模拟配料过程，其浅蓝色的部分会随着料量的增加向上填充黄色，当完成配料后，填充完成。秤上的数字是该秤的实时质量，正常用黑色显示，在配料过程中用绛紫色显示。

秤上右下角的点表示该秤带有限位，当秤门实际关闭时该限位接收到信号点变成红色，如果秤门被石子卡住，门限位变为灰色，操作人员应尽快通知机修处理，并判断秤内的质量是否出现了漏料情况。秤门右侧有一个振动电机的启动按钮，当骨料下料不畅时，控制系统会自动启动振动，也可以在任何时候用鼠标点击这个按钮启动相应的振动电机。

秤下面的球形部分表示秤门，其表示方法及操作方法同原料仓。

秤门的左边数字部分，表示当前正在配料的盘次和本车总盘次。

(3) 平皮带/斜皮带信息。如图 8 - 25 所示，监控界面上仿真显示平皮带和斜皮带。

平皮带和斜皮带在运转的时候会有动画显示。

皮带上有启动和停止按钮，如要启动设备，可用鼠标点击启动按钮，设备运行，启动按钮变成停止按钮，如图 8 - 25 所示。

如果有骨料卸料，皮带上会有箭头以动画的形式表示皮带上有料。

斜皮带右下角的数字，是骨料投料延时提升倒计时，表示当所有的骨料投料完成后，经过延时设定的时间即认可所有的骨料已经通过平皮带、斜皮带输送到预储料斗中。左边倒计时显示剩余时间，右边显示设定的提升时间。

(4) 预储料斗信息。预储料斗的界面仿真图片类似于称量斗，如图 8 - 26 所示。

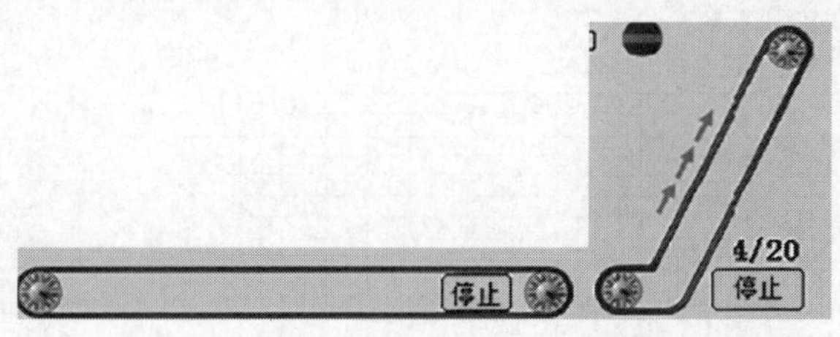

图 8 - 25 平皮带、斜皮带信息

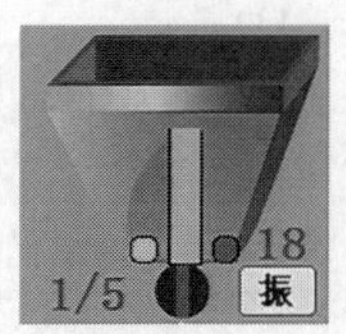

图 8 - 26 预储料斗信息

预储料斗的画面上也有料位指示，当骨料卸料时，该料位以蓝色柱进行填充，当所有的骨料秤卸完料并且斜皮带提升时间走完后，该蓝色柱变为橘色，表示预储料斗料满。预储料斗下面有仓门控制和盘数指示，当预储料斗向搅拌机投料时，在预储料斗门右侧会有倒计时显示。如图 8 - 26 右侧所示。

(5) 搅拌机信息。在生产过程中，搅拌机区域需要操作员关注的信息较多，如图 8 - 27 所示，BCS7 搅拌站控制系统将这些信息集中放置，便于操作人员关注和处理。

对于图 8 - 27 中的信息，分别如下：

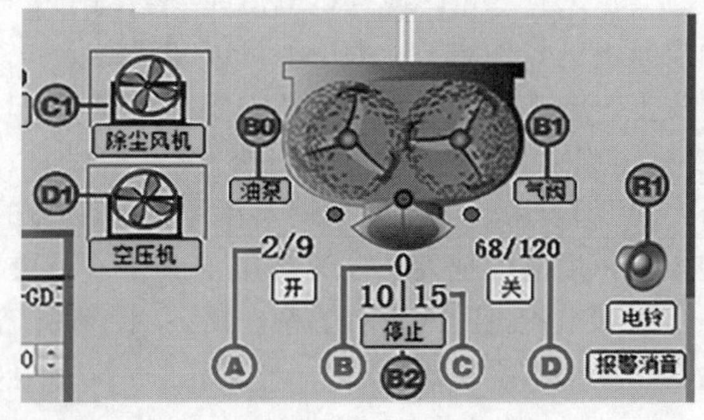

图 8 - 27 搅拌机信息

A—搅拌机内正在搅拌的车的总盘数和当前正在搅拌的盘数；

B—搅拌机开门时间；

C—系统设置的搅拌机半开门时间和全开门时间，左边为半开门，右边为全开门；

D—搅拌机搅拌时间，左边为当前搅拌倒计时，右边为设置的总搅拌时间；

B0—搅拌机液压油泵运行指示及启动按钮；液压油泵在搅拌机开关门时自动动作；

B1—搅拌机气封阀打开信号及启动按钮；

B2—搅拌机启停控制按钮，当搅拌机没有运行时，为“启动”按钮，用鼠标点击“启动”按钮，搅拌机启动运行，正常启动后，变为“停止”按钮；

C1—搅拌机储存风机启动信号；

D1—整个搅拌站提供气源的空气压缩机运行信号；

R1—电铃信号，当前车最后一盘生产完成并进入搅拌机后，系统自动响铃，如果操作人员需要通过铃声指挥车辆前进或者倒车，可以用鼠标点击该电铃。

(6) 电流曲线信息。搅拌机电流可以反映搅拌机内混凝土的多种指标，很多有经验的操作人员根据搅拌机电流判断混凝土的性能，包括混凝土的匀质性、坍落度，甚至可以判断出搅拌机本身运行是否正常。

BCS7 混凝土搅拌站控制系统采集搅拌机电流，并将一盘混凝土生产时的电流绘成一条曲线，自动分析搅拌机电流曲线，为操作人员提供一些信息。图 8 - 28 是一盘混凝土生产流程的搅拌机电流变化。

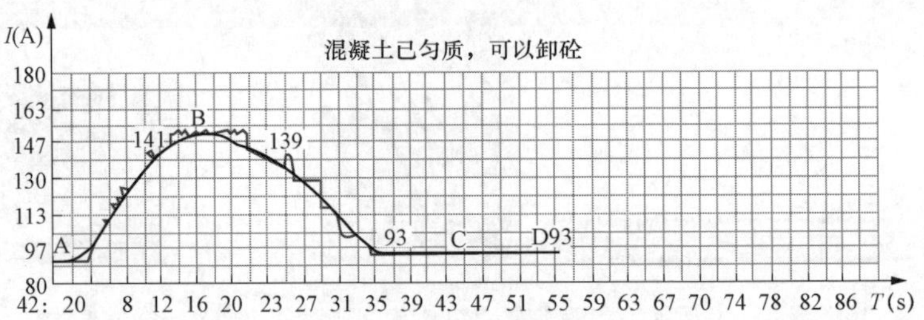

图 8 - 28　搅拌机电流曲线

通过这个电流曲线，可分析出如下几个结果。

1）最左边为搅拌机没有投入原料时的空载电流，搅拌机每次启动后空载时都应在这个电流附近，如果偏离这个电流较大，或者空载电流波动太大，都可能是搅拌机、减速机等设备存在故障，应及时通知机修人员对设备进行检查；

2）搅拌机投入物料后进行搅拌，随着搅拌时间的持续，里面的物料越来越均匀，电流会越来越稳定，搅拌机电流曲线会趋于平稳，当持续平稳一段时间即可认为搅拌机内混凝土已经均匀了，理论上可以卸混凝土。铁路施工混凝土都是采用的高强度等级的混凝土，宏观上的匀质后，还需要继续搅拌一段时间后，方可卸混凝土，铁路施工要求 120s 搅拌时间，生产时应严格执行；

3）匀质后，电流根据坍落度不同，最终的大小会不同，相同方量、相同配合比的混凝土，坍落度越大，电流越小，操作人员可以通过经验积累，某种配合比的混凝土，坍落度和电流之间的对应关系。BCS7 控制系统软件上，也可以记录下相应的经验数据，为操作员提供操作指导。

4. 生产数据及派车信息显示区

生产数据及派车信息显示区位于整个监控界面的左下角，如图 8 - 29 所示。

生产信息

客户名称	某工段		配合比	C35二级配 A C35D50P4-180(S4)-GD			
工程信息	基础建设(地基)						
任务方量	300	累计车次	5	累计方量	52.00		
车辆编号	10	司机	司机101	方量	18.00	盘次	9

(盘次)原材料	配合比值	设定值	完成值	误差
⊞ 1盘　2.0000m³	2380.5	4761	4759.03	-0.04
⊟ 2盘　2.0000m³	2380.5	4761	4766.95	0.12
砂1	290	580	582	0.34
砂2	410	820	820	0
石子1	450	900	900	0
石子2	590	1100	1102	0.17
水泥1	260	520	520	0
水泥2	120	240	240	0

图 8 - 29　生产信息显示区域

整个信息区分成两个部分，上面为当前派车的基本信息，包括客户名称、所采用的配合比、工程信息、任务方量、盘次等。基本信息区白色的部分可以修改，包括累计车次、累计方量、车辆编号、司机、方量等信息。允许修改是为了打印派车单和生产统计的需要，一些搅拌站有两条生产线，两条生产线共同生产一个生产任务，如果两条生产线没有联网，就会出现两条生产线的都是单独进行车次累计和方量累计，这时只能由操作人员在生产信息区人工修改累计车次、累计方量。累计车次和累计方量的修改不会修改数据库里面的生产数据和统计数据，只用于小票打印。

基本信息区里面的车辆编号和司机能够修改，是因为派车时可能会不知道具体的车辆编号，但在生产时车辆编号和司机都已经确定，可以在这里进行修正。

此处“方量”参数的设置比较重要，它是对生产派车方量的修改，并且修改后立即影响本车的派车方量，修改后系统软件会自动计算搅拌机盘方量和需要生产的盘数，然后按照新的计算结果进行生产。与第三节-四-(二)中“增加一盘”和“减少一盘”相似，都可以达到调整当前车生产方量的目的，但这里调整的更为精确，可以任意调整方量。这里调整方量也受一定条件的制约，已经完成配料的盘次不能再减少方量；最后一盘原料如果已经投入搅拌机，也不能再增加方量。

基本信息区下部显示的是派车的盘次信息和生产配料完成信息。可用鼠标点击每盘左侧的“+”号，将当前盘展开，看到每种原材料的配合比、设定用量和实际配料完成值、误差情况。点击左侧的“-”号，可将详细信息收起来，这时显示的是当前盘混凝土的配合比一方的总质量、一盘的总设定质量、一盘的实际配料质量、一盘的总误差。

在工程搅拌站上，如果当前盘的总误差超过允差范围，即骨料的误差超过2%、粉料超过2%、液料的误差超过1%，信息区当前盘的显示会呈现不同的颜色，如图8-30所示。

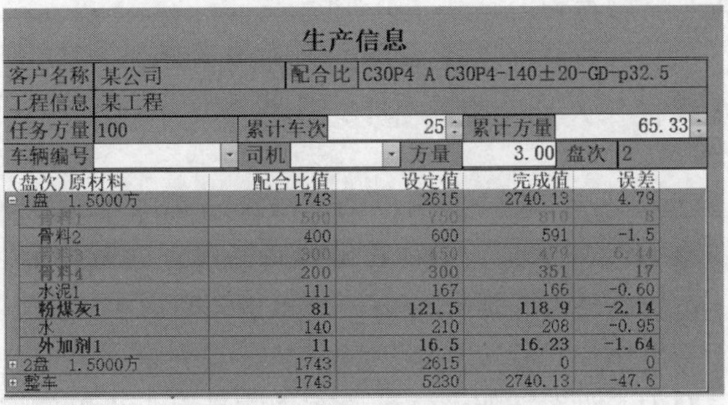

生产信息

客户名称	某公司	配合比	C30P4 A C30P4-140±20-GD-p32.5
工程信息	某工程		

任务方量	100	累计车次	25	累计方量	65.33
车辆编号		司机		方量	3.00	盘次	2

(盘次)原材料	配合比值	设定值	完成值	误差
1盘 1.5000方	1743	2615	2740.13	4.79
骨料1	500	750	810	8
骨料2	400	600	591	-1.5
骨料3	300	450	479	6.44
骨料4	200	300	351	17
水泥1	111	167	166	-0.60
粉煤灰1	81	121.5	118.9	-2.14
水	140	210	208	-0.95
外加剂1	11	16.5	16.23	-1.64
2盘 1.5000方	1743	2615	0	0
整车	1743	5230	2740.13	-47.6

图8-30 生产信息报警显示

初级报警显示为棕色、总计报警显示为黄色、高级报警显示为红色。

如果当前盘的某种料达到高级报警了，操作人员要按照铁路建设混凝土生产的施工要求，果断的申请对该盘混凝土进行处理，用铲车或其余车辆接走，并拍照留证，以免带来更大的损失。

有些搅拌站及控制系统的厂家，因自身设备无法保证盘次误差满足铁路建设用混凝土的要求，转而宣扬其整车误差在合格范围内，这是偷换概念的说法。他们认为混凝土运输车在运输的过程中，一直在旋转搅拌，并自以为是地假定这个搅拌过程可以让物料搅拌均匀。而实际上混凝土运输车搅拌桶的旋转速度是 3～4r/min，搅拌效率非常低，其能够做到的仅仅是对混凝土产生扰动，从而保持混凝土的性能。通过搅拌车短时间内把十几方混凝土搅拌均匀根本不可能，基于此前提认为整车误差在合格范围内就代表整车混凝土合格的观点是一厢情愿的。所以，以盘次误差达标为要求，严格执行铁路施工的工艺，是对质量负责、对工程负责、对单位负责、对国家和人民负责，更是对自己负责。

5. 生产启动及监控总结

生产监控作为操作员主要学习和必须掌握的内容，对其操作要点总结如下。

（1）生产派车可以在操作画面的右下角生产派车区进行，也可以点击“派车修改”按钮进行派车任务的添加和修改。

（2）启动生产后可以通过“禁止骨卸”“禁止投料”“禁止卸砼”三个按钮对生产过程进行分阶段暂停，便于进行排除故障等操作。也可以通过“暂停”按钮暂停整个生产流程，需要特别注意的是，暂停过程中只有在各设备的状态没有改变的情况下，才可以通过“恢复”按钮继续中断的生产流程，否则将无法恢复。如果点击“停止”按钮，则整个生产流程将完全停止，中断的生产流程不能恢复。

（3）启动生产后，可以通过设备监控区监看设备运行情况、配料情况、搅拌机电流等信息，也可以通过左下角的“生产信息”显示区查看配料设定值、完成值、误差情况。

（4）一些工程搅拌站在生产过程中禁止对设备进行手动操作，根据管理需要，如需对设备进行操作，须要停止生产。停止生产时已经完成生产的数据将保存进数据库中，没有完成生产的数据不进行保存。

（5）生产过程中不允许修改配合比和设定值（商品混凝土搅拌站除外），包括水的配合比和设定值，如果操作人员发现混凝土坍落度等不合适，应联系试验室人员进行调整。

（6）生产过程中操作人员不能修改搅拌站各设备的运行参数，这是由搅拌站管理规定所决定的。如果设备运行不正常，出现影响精度、效率等情况时，需要修改参数的，可联系搅拌站管理人员进行修改，或向管理人员申请参数修改权限。

（7）生产过程中可以增加和减少混凝土派车的计划方量，可通过两种方式实现：一是“增加一盘”和“减少一盘”按钮，这种修改方式是以盘为单位增减方量；另一种方式是操作界面左下角的“生产数据及派车信息显示区”中，“方量”位置直接修改本次派车实际要生产的混凝土方量，这种修改方式比较精确，系统会自动调整盘次和盘方量；不管哪种修改派车方量的方法，系统都将保存实际的生产方量，不会因修改造成不准确。

第四节　混凝土搅拌站运行状态的调整

混凝土搅拌站控制系统在出厂前经过了大量的测试，尤其是 BCS7 混凝土搅拌站控制系统，更是经过了上万套的应用检验。只要机械设备和电器设备运行正常，生产出的混凝土是符合基本要求的。但面向不同的应用场合，如要发挥搅拌站机械和控制系统的最佳性能，就需要对搅拌站设备和控制系统参数进行进一步的调整。

混凝土搅拌站的控制参数的调整分为三类，分别是生产工艺的调整、配料精度的调整、生产效率的调整。这些调整都是通过更改控制系统的工艺参数实现，不同的生产场合对这三个方面有不同的侧重。比如商品混凝土特别注重效率，偶尔的超差，不是太严重的情况，不会牺牲效率。工程站特别注意配料精度，因为其本身每盘的生产周期较长，混凝土质量最为看重。而高强度等级的混凝土或者一些研发阶段的新型混凝土反而特别关注生产工艺的调整，以达到试验测试的目的。下面分三个部分进行介绍。

一、 生产工艺的调整

各种物料的投料次序和投料间隔时长会影响混凝土的搅拌效果、强度，会影响搅拌机的运行状态、维护周期，当然也会影响生产效率。应该根据混凝土的要求和搅拌站的机械性能，由搅拌站的试验人员设计相应的生产工艺。BCS7 搅拌站控制系统支持这些工艺的调整。

1. 两次投料两次搅拌

控制系统支持两次投料两次搅拌。两次投料两次搅拌是指先将一部分物料投入搅拌机中进行一次搅拌，搅拌一定的时间后，再投入其余物料进行二次搅拌。这种投料方式主要用于高强度等级的混凝土的生产，一般设置成砂、粉、水、外加剂几种物料先投入搅拌机内搅拌砂浆，然后再投入石子进行二次搅拌。这样的投料方式可以显著提高混凝土强度，缺点是骨料两次提升、搅拌机两次计时，生产效率会大为降低。

两次投料两次搅拌的设置方法步骤如下：

点击“基本设置”菜单，弹出系统设置窗口选择“系统配置”页面，如图 8－31 所示：

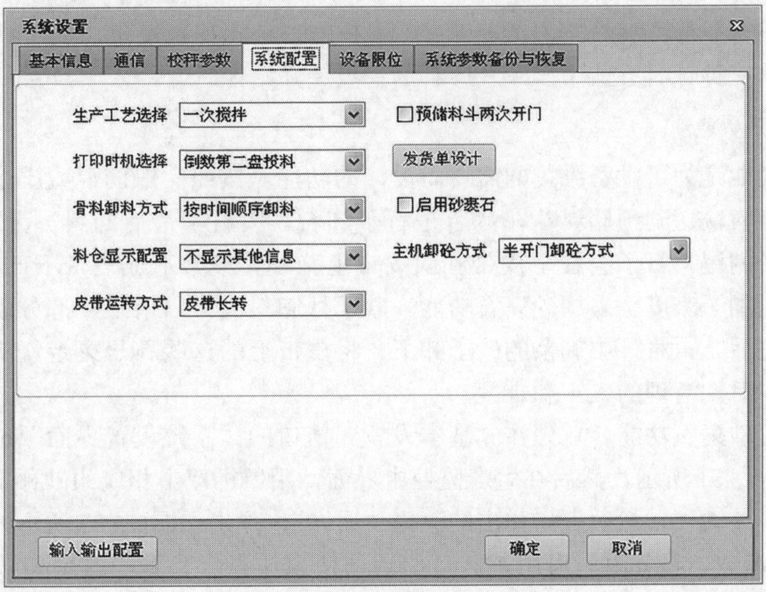

图 8－31　搅拌工艺设置界面

在图 8-31 所示窗口中，“生产工艺选择”可以选择“一次搅拌”和“二次搅拌”方式进行生产。如果选择“二次搅拌”，将弹出如图 8-32 所示窗口。

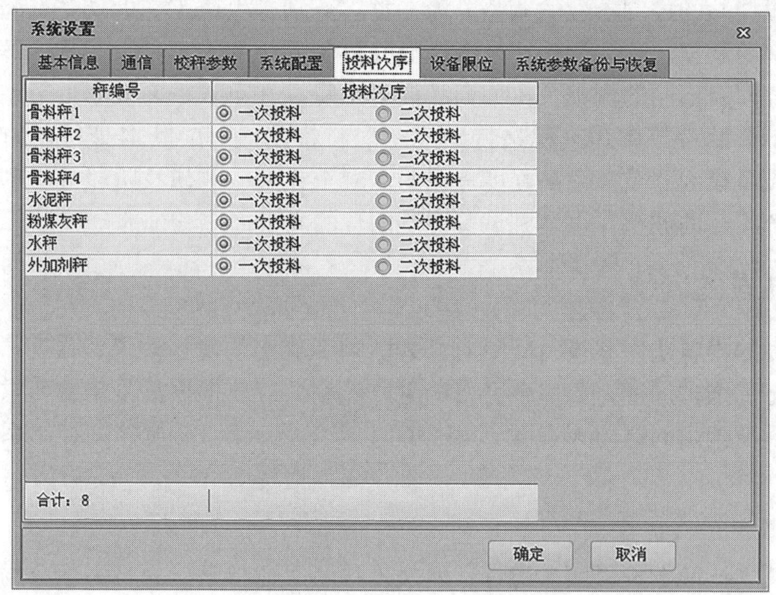

图 8-32 投料次序设置界面

在本窗口中可以根据工艺设计选择二次投料二次搅拌的物料。

2. 搅拌计时方式

BCS7 控制系统提供了三种搅拌计时方式，分别为“投料开始计时”“骨料投完料开始计时”“所有的料投完开始计时”。

按照铁路行业标准《铁路混凝土》（TB/T 3275—2018）规定，施工铁路工程混凝土，须按照第三种计时方式生产—“所有的料投完开始计时”。

3. 砂裹石功能

砂裹石功能是为了设备维护的需要而设计的功能。按照一般的混凝土生产工艺，通常是砂子先卸料输送到预储料斗，然后是石子卸料，大石子最后卸料。大石子卸料时，一些较为圆滑的尾料石子会在平皮带和斜皮带上弹跳，经常造成皮带下产生石子落料，为后期清理增加了难度。采用砂裹石功能，砂子秤卸料时可以留下一部分砂子，待所有的骨料都卸完后，再将秤中剩余的砂子卸下，将皮带上的这些石子裹走，从而减少皮带下落料，减少后期清理的人工和难度。

启用设置砂裹石功能，首先在“基本设置”窗口的“系统设置界面”选中“启用砂裹石”，如图 8-31 所示，然后在生产监控主界面，用鼠标双击相应的砂秤，或者用鼠标右键点击相应的砂秤，然后点击弹出的菜单“属性”，弹出如图 8-33 所示的窗口。选择“两次卸料”参数，将其改为启用，这时出现“残余质量”参数，这个参数就是该秤第一次卸料后剩余的质量，点击保存，退出该窗口，系统在生产时将执行砂裹石的功能。

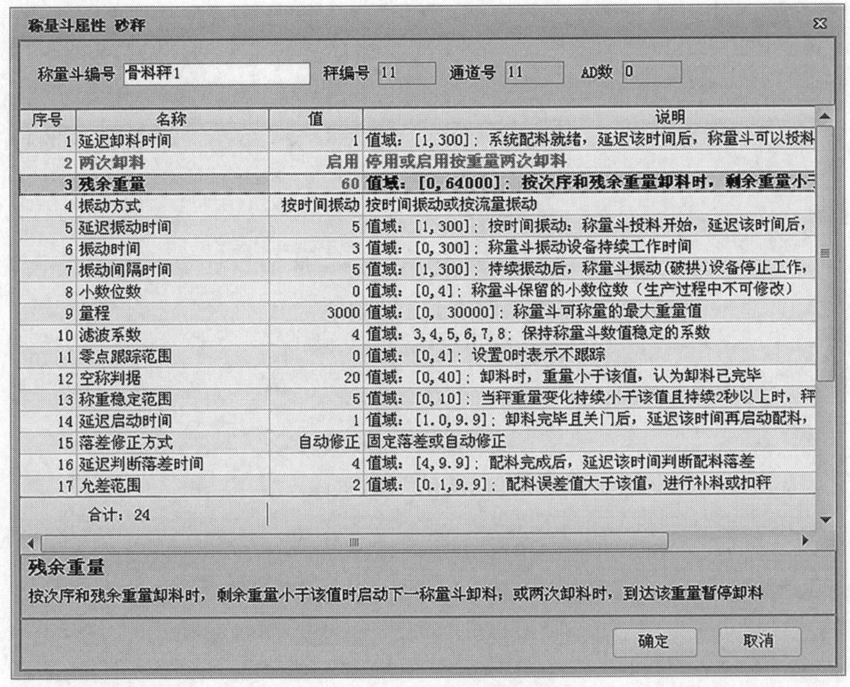

图 8-33 砂裹石功能参数设置

4. 预储料斗二次开门功能

预储料斗二次开门的功能是混凝土生产工艺的一种，实现类似于“两次投料两次搅拌”功能，目的也是为了将一部分骨料（砂石料）先投入搅拌机进行搅拌，搅拌一段时间后再投入剩余的骨料（砂石料）进行搅拌。相对于“两次投料两次搅拌”功能，其生产效率上有所提高，但是在控制第一次进入搅拌机的骨料和二次进入搅拌机的骨料的量上不精确，会出现物料混杂的情况。

该功能如果和“两次投料两次搅拌”进行结合使用，可以实现更为复杂的混凝土生产工艺，如做到四次投料、四次搅拌。

该功能可按如下方法启用，首先在“基本设置”窗口的“系统设置界面”选中“预储料斗两次开门”，如图 8-31 所示。然后在生产监控主界面，用鼠标双击中储仓，或者用鼠标右键单击中储仓选择属性菜单，弹出图 8-34 所示窗口，会看到两个参数，“首次开门时间”和“两次开门间隔时间”。

“首次开门时间”表示中储仓第一次开门投料的时间，这个时间大小要根据经验，这个时间控制了第一次投入搅拌机内的物料质量。一次开门时间完成后，预储料斗的门关闭，将第二次投入搅拌机内的料留在预储料斗内。参数“两次开门间隔”表示第一次开门投进搅拌机内的物料搅拌，经过“两次开门间隔”这个时间后，再次打开预储料斗开门，将剩余的物料投入搅拌机中。

使用该功能要注意搅拌机计时方式，如果选择的是“投料开始计时”这种计时方式，设置的搅拌时间过短，可能会出现预储料斗二次开门投料的物料刚投完料就完成搅

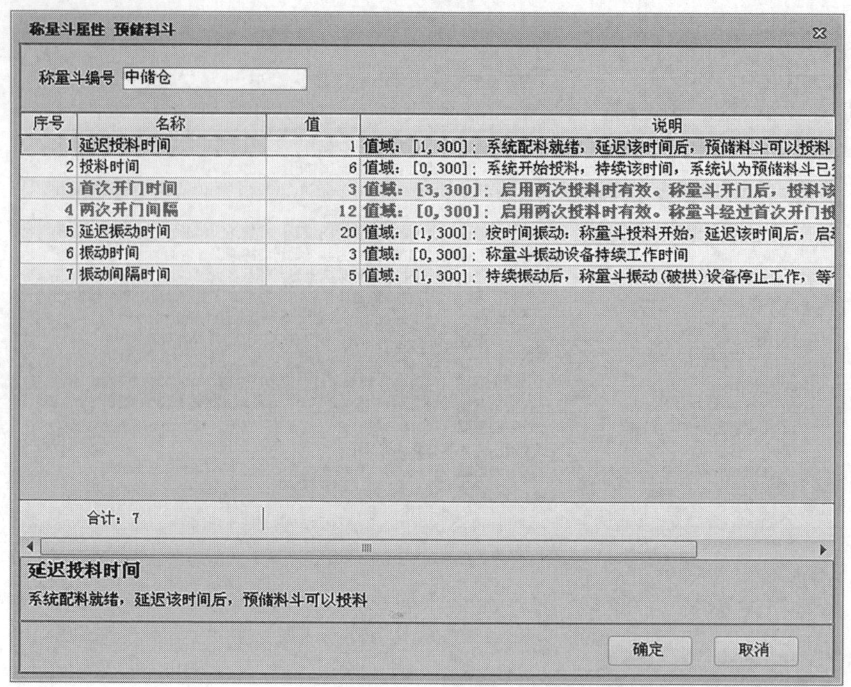

图 8-34 预储料斗两次开门参数设置

拌的情况，所以在这种搅拌计时方式下设置参数时，应确保预储料斗开门时间、开门间隔时间之和小于搅拌时间 10s 或以上，以保证二次开门投入搅拌机内的物料可以充分搅拌均匀。

二、 配料精度的调整

工程混凝土搅拌站对配料精度的要求一直比较高，配料精度也是各个搅拌站管理人员、技术人员、操作人员的重点考核指标。提高混凝土搅拌站的配料精度，需要机械设备、控制系统、操作及维护人员的共同努力。

正确分析影响混凝土搅拌站配料精度的因素，才能有的放矢地解决问题，掌握控制系统一些调整的方法。

混凝土配料秤的精度有两个方面的定义。

(1) 静态精度（也称为称量精度），在秤的量程范围内，显示称量值与标准砝码质量值之差与标准砝码质量值的比，并以百分数表示。这个定义比较拗口，简单的举例说明，称量斗里面放 100kg 砝码，秤的显示质量为 99kg，则秤的静态精度误差为－1%，即（99－100）/100×100%。

(2) 动态精度（也称为配料精度），物料配料完毕，所配物料的质量显示值（称量值）与约定值（设定值）之差对约定值（设定值）的比，并以百分数表示。对于混凝土搅拌站来说，就是每个秤根据其设定值进行配料，配料完成后所进入秤中的物料实际质量与设定值之间的相对误差，以百分数表示。比如砂秤，设定值为 3000kg，如果配料完成后，实际进入秤中的物料质量为3060kg，则相对误差为2%，称为动态精度为2%，习惯上，3060kg这个完成值也是由秤显示的，这里面包含了秤的静态误差。

关于静态精度和动态精度如何标定、如何检测等，在《电子称重仪表》（GB/T 7724—2023）和《建筑施工机械与设备 混凝土搅拌站（楼）》（GB/T 10171—2016）中均有详细规定，可以参考。

混凝土生产各原料按照设定的质量进行配料，各种原料配料精度的要求是对各物料的实际质量的要求，而不是对秤和软件显示的质量的要求，所以各秤的静态精度是搅拌站进行精确配料的基础，静态精度不高，动态精度的控制也是无本之木。影响静态精度的因素主要是温度、湿度、秤结构稳定性、风等外在因素。好的控制系统，在设计阶段就充分考虑了这些不利因素，从而采取相应措施将温湿度和电磁干扰等因素的影响降到最低水平。反之，秤的静态精度可能会产生波动，造成秤无法使用。有些搅拌站，秤的静态精度不高，受温湿、电磁兼容等影响严重，对混凝土的生产产生很大的影响，此时操作员如果仔细观察，会发现早晨和中午、雨前雨后空气湿度高低变化，同样的配合比进行混凝土生产，生产出的混凝土性能差异较大，其实原材料变化不大，完全因为秤的静态精度变化造成实际配料量变化造成的。

静态精度的水平是由机械结构、传感器、线路、称重仪表或者控制器共同决定的，在制作出厂和现场安装后，即决定了静态精度的最高水平，如果发现静态精度不高，作为操作人员能做的也仅仅是进行秤的重新校准。秤的稳定性，包括对温湿度变化、电磁干扰等外因的抗干扰能力，在设备出厂时就已经决定了。所以搅拌站的采购，尤其是控制系统的采购非常关键。采购应当要求控制系统所采用的称重单元经过国家计量器具型式评价实验室实验并取得的省级质量技术监督部门颁发的《计量器具型式批准证书》（简称为CPA证书）。各省级质量技术监督部门对衡器及相关计量器具的检验全面、严谨、严格，产品抵抗这些影响因素干扰的能力都会通过实验加以验证，受影响大的产品将无法通过实验。

对于动态精度，影响的因素更多，最主要的是如下几个方面：

（1）给料机构。骨料大多是通过仓门控制自由落体的方式给料，仓门即可看作是给料机构，粉料的给料机构是螺旋机，液料的给料机构是各种泵和阀。给料机构的输送能力，要与搅拌站设计的配料秤的量程、用量、效率等相匹配。如果给料机构输送能力过大，就会造成给料时落差较大，配料精度自然不好控制。举例来说，矿粉正常每盘用量为80kg，如果采用ϕ323直径的螺旋，其产生的落差约有十几千克，配料时稍微波动就会产生超过1kg的误差，允许误差为0.8kg的设计要求就很难达到。所以，在采购搅拌站时，应要求厂家按照实际的需求计算参数并配置设备。

（2）供气气压。骨料配料、卸料及粉料卸料采用气动阀门的形式。如果气压不稳定，或者气压过低，就会出现开门缓慢或门打开的速度不一致，这种情况反映到配料上就是落差不稳定，影响配料精度。为了保证供气气压的稳定，要求空气压缩机选型要合理、气路管道设计要合理、油气分离装置要合理并在骨料配料机附近设置储气罐，冬期施工时还应注意检查阀门排气口是否结冰造成排气不畅。

（3）主机除尘口堵塞影响。主机除尘不好对粉料配料精度的影响是较为常见的，主要是主机除尘孔在长时间运行后堵塞，当物料向搅拌机内投料时，气体空间被压缩而压力又无处释放，搅拌机内就会形成正压，这个正压会给与它相连的称量斗形成向上托的力，造成称量斗的测量显示质量比实际的质量小，如果称量斗正在配料，就会造成实际配料质量大于显示质量，就会多配料造成正超差；相应的，搅拌机向外卸混凝土时，会因搅拌机内的物料卸出而产生负压，会对称量斗形成向下的拉力，如果此时称量斗正在配料，就会造成实际配料质量小于显示质量，就会少配料造成负超差。

操作人员在生产时，应注意观察这种情况是否存在。重点观察在物料向搅拌机投料或者搅拌机向外卸混凝土时，处于静态的秤（没有配料或者已经配好料的秤），其电脑软件显示的数值是否有单向（向上或者向下）的数值变化，如果有的话，就可能是主机除尘口堵塞的影响，应通知机械维护部门处理后方能生产。

（4）控制系统算法。控制系统的配料算法是决定配料精度的最重要的因素。配料精度高的控制系统应该具有如下功能。

1）称重变送部分对称重传感器的采样速度快。如果采样速度慢，采样周期就长，对质量变化的反应就慢，上一个采样周期还是负超差，下一个采样周期就变成了正超差，自然无法控制配料精度。普通 PLC 模拟量模块的采样速度为 25 次/s，3 方搅拌站外加剂的用量一般在 10kg 以内，配料时间不到 3s，概算配料时每次采样间隔质量变化达到 0.013kg，而 10kg 外加剂的允许误差只有 0.01kg。如果再叠加采样后形成控制指令及输出指令的时间，很容易出现超差情况，所以普通 PLC 并不适合应用在混凝土搅拌站的配料控制过程中。而 BCS7 系列模块作为专用的 PLC 模块，采样速度可达每个称重信号通道大于或等于 100 次/s，采样速度是普通 PLC 的 4 倍以上，采样周期更短，控制精度也相应更高。

2）称重变送部分的 AD 采样分辨率：用通俗的话讲，就是将一份物质分成几份的能力。假设 1000kg 物料，如果分辨率 1000，1000kg 分成 1000 份，每份 1kg，如果分辨率是 10000，则每份是 0.1kg。所以分辨率越高，对质量的细分能力越强，配料精度就越有保障。普通 PLC 的 AD 变送模块的分辨率是 14 位（即 14 位二进制数，下同），可将秤的满量程分成 16000 多份，BCS7 采用的称重变送单元的分辨率可以达到 24 位，可以将秤的满量程分成 1600 万份。

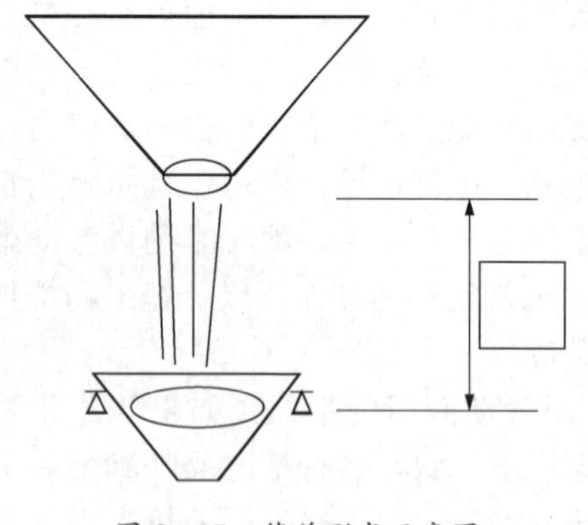

图 8-35　落差形成示意图

3）落差修正算法。落差，指在称重配料过程中，向给料机构发出停止给料的指令起，到秤及各给料设备进入稳态止，这期间进入秤中的物料的质量。行业内也有人将落差称为过冲量。落差形成如图 8-35 所示，图中上部为储料仓，下面为配料斗，自储料仓关门开始一直到配料斗料面接收到的物料质量，就是落差。

落差值的大小受阀门关闭时间、螺旋电机惯性、阀门或者螺旋出料口至称量斗内物料的高度、给料的流量等影响，会造成落差值的变化和不稳定，通过一定的算法对落差值进行学习并修正，从而在下一次配料时提前停止给料的时机，实现精确配料，这个方法称为落差修正。

落差修正包括手动修正、自动修正。手动修正是指操作员根据观察计算出一个数值，填到系统里面，这种方法效率低，精度差，只适合用于物料流动性特别差，基本上不能顺利下料的场合，也常用于配料受搅拌机气压影响的场合。

落差自动修正算法有很多，比如平均落差修正，是控制系统自动采集多次配料的落差，并进行平均后作为下一次的落差进行应用。还有更为复杂的算法，比如模糊控制算法，根据设定值、下料流量等自动计算一个新的落差。BCS7 采用就模糊控制算法进行落差算法，能够综合对落差影响的诸多因素，修正效果更好。

4）补秤扣秤算法。在配料过程中，物料流动性、仓门的开关速度变化等外界偶然因素很多，即使有落差补偿，但出现配料超差的情况也是不可避免的。如果配料出现超差，这时物料还没有投入搅拌机中，好的控制系统应该可以进行二次干预，实现最终投入搅拌机内的物料质量是在允差范围之内的。二次干预的方法常用的是欠料补秤和超差扣秤。

补秤扣秤的算法常用的是“定时间补秤扣秤”，在需要补秤或者扣秤时，控制系统自动启动给料机构（仓门或者螺旋），经过固定的时间后停止，系统判断是否进入允差范围之内，如果仍然超差则继续进行补秤或者扣秤。这种算法的缺点是需要用户将补料的时间设置得较为合适，如果时间设置的过大就可能由负超差变成正超差，设置得过小又出现补秤不足的情况。

BCS7 控制系统采用的“定质量自修正补秤扣秤”算法，这种算法是根据需要补秤和扣秤的物料质量、上料时物料的流动性自动计算出补秤扣秤的时间，然后按照这个自动计算的时间进行补秤和扣秤，如果仍然偏差，则根据上次补秤的流量和需要补扣秤的质量再次进行计算，每次开门的时间是不固定的。这种算法不需要操作人员干预，并在整个生产过程中不断地进行补秤扣秤参数优化，生产越多，参数调整得越合理。这种补秤扣秤算法现场应用效果非常好。

还有一些影响配料精度的功能和参数，允许操作人员在生产时根据需要启用或者调整，以实现对配料精度更好的控制，这些参数主要如下：

①精计量：配料过程中，剩余质量到达该值时，关闭副门而只使用主门配料，从而减小配料落差；在机械设备具有主副门的情况下，设置合理的精计量，既能提高配料速度，还能保证计量精度。

②延迟判断落差时间：配料完成后，延迟该时间进行判断配料落差值；如果这个时间设置比较短，在秤体未稳定时就会计算配料落差值，将会影响落差值的计算准确性，因此这个时间至少设置为 3.0s，根据不同秤的稳定时间，从而增大设置。

③允差范围：配料误差值大于该值时，称重控制器进行补秤或扣秤；一般情况根据国家标准设置，骨料为 2%，其他料 1%；特殊情况根据用户自定义设置。

④允许补秤：配料误差值为负且大于允差范围，称重控制器会自动进行点动补秤。

⑤允许扣秤：配料误差值为正且大于允差范围，称量斗卸料时称重控制器会自动进行点动扣秤（生产过程中不允许修改，物料累加计量时不起作用）。

⑥卸料落差：卸料提前完成的剩余质量；卸料落差值的变化与参数“卸料落差修正方式”的设置相关，自动修正－卸料落差值根据物料流量的变化而自动修正；固定落差－卸料落差值设定好后，不根据物料流量的变化而改变，此时需要根据实际扣秤完成值与设定值进行计算调整。

⑦卸料落差修正方式：自动修正－卸料落差值可以根据物料流量的变化而自动修正；固定落差－卸料落差值设定好后，不根据物料流量的变化而改变。

⑧配料误差报警：启用或停用；若启用，配料误差大于配料误差报警限时，控制系统会对超差物料进行报警提示；若停用，则不报警提示。

⑨配料误差报警限：配料误差报警的参考值。

上述参数中，精计量和落差参数在设备仓的属性窗口内设置，通过鼠标双击相应的原料仓，或者用鼠标右键单击原料仓选择属性弹出属性窗口，如图 8-36 所示。

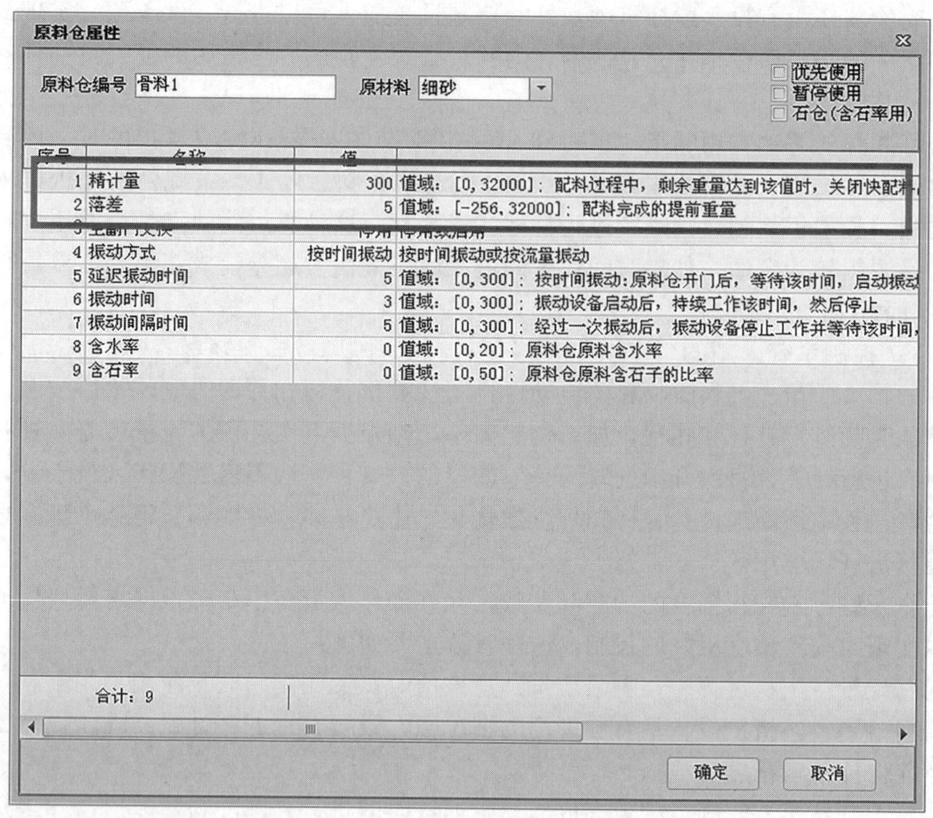

图 8-36　原料仓相关参数

仓参数可以直接修改，点击确定自动保存并关闭窗口。

其余参数在秤的属性窗口内设置，通过鼠标双击相应的秤，或者用鼠标右键单击秤选择属性弹出属性窗口，如图 8-37 所示。

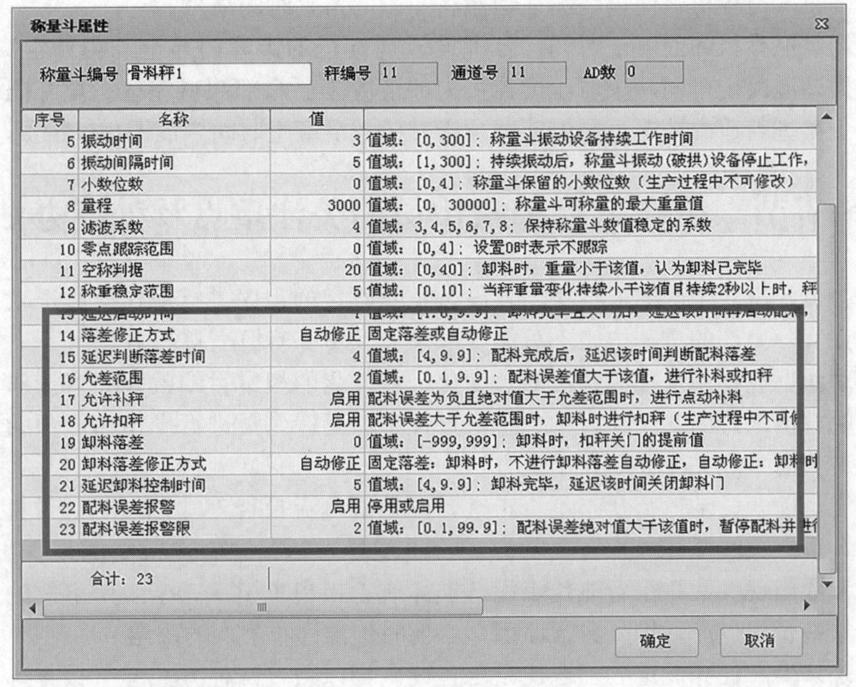

称量斗属性

称量斗编号 骨料秤1　秤编号 11　通道号 11　AD数 0

序号	名称	值	
5	振动时间	3	值域：[0, 300]：称量斗振动设备持续工作时间
6	振动间隔时间	5	值域：[1, 300]：持续振动后，称量斗振动(破拱)设备停止工作，
7	小数位数	0	值域：[0, 4]：称量斗保留的小数位数（生产过程中不可修改）
8	量程	3000	值域：[0, 30000]：称量斗可称量的最大重量值
9	滤波系数	4	值域：3, 4, 5, 6, 7, 8：保持称量斗数值稳定的系数
10	零点跟踪范围	0	值域：[0, 4]：设置0时表示不跟踪
11	空称判据	20	值域：[0, 40]：卸料时，重量小于该值，认为卸料已完毕
12	称重稳定范围	5	值域：[0.10]：当秤重量变化持续小于该值且持续2秒以上时，秤
13	[illegible]	1	[illegible]
14	落差修正方式	自动修正	固定落差或自动修正
15	延迟判断落差时间	4	值域：[4, 9.9]：配料完成后，延迟该时间判断配料落差
16	允差范围	2	值域：[0.1, 9.9]：配料误差值大于该值，进行补料或扣秤
17	允许补秤	启用	配料误差为负且绝对值大于允差范围时，进行点动补料
18	允许扣秤	启用	配料误差大于允差范围时，卸料时进行扣秤（生产过程中不可修
19	卸料落差	0	值域：[-999, 999]：卸料时，扣秤关门的提前值
20	卸料落差修正方式	自动修正	固定落差：卸料时，不进行卸料落差自动修正，自动修正：卸料时
21	延迟卸料控制时间	5	值域：[4, 9.9]：卸料完毕，延迟该时间关闭卸料门
22	配料误差报警	启用	停用或启用
23	配料误差报警限	2	值域：[0.1, 99.9]：配料误差绝对值大于该值时，暂停配料并进行

合计：23

确定　取消

图 8-37　原料仓相关参数

三、生产效率的调整

为了提高混凝土的均质性，搅拌时间要求设置为 120s，且不允许各搅拌站私自减少搅拌时间。所以相对于商混，工程搅拌站生产效率比较低。工程搅拌站一般都是双站结构，在进行生产时有时需要集中进行构件浇筑等工作，会出现生产效率跟不上需求。在满足混凝土搅拌时间的前提下，如何尽可能地提高生产效率，成为操作人员最为关心的内容。

首先，需要了解骨料和粉料的卸料方式。物料向搅拌机投料的两种模式，分别是按时间顺序投料、按次序投料。卸料方式如果设置不好，将影响生产效率。设置卸料方式时的原则是，粉料、水、外加剂、预储料斗投料按照时间延时投料模式，各秤之间的投料时间间隔在工艺允许的范围内应尽可能短，达到尽快地将料投入搅拌机中的目的。骨料投料不管是采用按次序投料还是按时间投料，原则上是靠近斜皮带的料先投，远离斜皮带的料后投，投料时间和次序等的设置最好做到“头料压尾料”，即先卸料的物料在即将卸完时，下一个卸料的秤已经开门，并且在皮带上的料头和上一个秤的尾料有一点重叠，此时皮带输送的效率最高。

其次，提高效率还可以启用连续生产模式，以减少各车之间的间断时间。

最后，下述两点调整好的话，也能一定程度地提高生产效率。

（1）调整斜皮带提升时间与预储料斗投料时间：结合预储料斗的投料时间的调整，适当缩短斜皮带提升时间，实现预储料斗投料时间结束时，斜皮带上的物料已全部进入预储料斗并投入搅拌机，使得物料在预储料斗中的留置时间最短；

（2）调整搅拌机卸混凝土时间：合理设置搅拌机的半开门与全开门卸混凝土时间，保证搅拌机卸混凝土时间结束时，搅拌机内的混凝土已全部卸料完毕。全开门卸混凝土不堵混凝土车进料口的情况下尽可能减少半开门卸混凝土时间，以增加卸混凝土效率。

第五节　生产过程中操作员的关注重点及处理办法

混凝土搅拌站在生产的过程中，各设备按照既定的程序进行动作。由于动作的设备非常多，在实际生产的过程中，不可能要求操作人员一直盯着屏幕并思考下一步系统将要进行的动作。搅拌站及控制系统的自动化、智能化的根本目的就是要将操作员从复杂的工作中解放出来。因此，在自动化生产过程中需要操作员进行操作和干预的情况并不多，操作员只需重点关注如下几个地方。

（1）启动前各设备运行状态是否正常，搅拌机电流是否正常，气压是否正常。在正常生产中，重点关注搅拌机声音、电流是否出现异常，关注斜皮带电流是否出现异常，一旦这些参数出现异常，很可能代表设备损坏或者出现了引发安全生产事故的故障，操作人员应立即暂停生产，排查异常原因，必要时做出停止生产的决定。

（2）确认生产任务设定的配合比是否正确。可以通过两种方式进行核查确认，一是在“生产队列”任务派车区，选中要查看配合比的派车，然后鼠标停在上面不要移开，该车选择的配合比信息会弹出来，操作人员可在此处观察是否选择了正确的配合比，如图 8 - 38 所示。

序号	任务编号	施工配比	车号	方量	工程信息
72	路面-1#	C20防冻	001#	12	某工程 A1座...
73	路面-1#	C20防冻	002#	14	某工程 A1座...
74	路面-1#	C20防冻			
76	路面-1#	C20防冻			

配合比:C20防冻 砼标记:

原材料:	细砂	小石	水泥1	粉煤灰	矿粉	水	外加剂1
用量:	848	1038	185	50	60	162	7

图 8 - 38　生产任务区查看配合比信息

另外在生产信息区，鼠标点击盘次左边的“+”号，展开每一盘的信息，第一列就是各种原料的配合比值，如图 8 - 39 所示。

生产信息

客户名称 某小区　配合比 C20防冻

工程信息 某工程

任务方量 1000　累计车次 64　累计方量 582.00

车辆编号 001#　司机 张**　方量 12.00　盘次 6

(盘次)原材料	配合比值	设定值	完成值	误差
水泥1	185	370	0	
粉煤灰	50	100	0	
矿粉	60	120	0	
水	162	324	0	
外加剂1	7	14	0	
细砂	848	1696	0	
小石	1038	2076	0	
+ 2盘 2.0000方	2350	4700	0	0

图 8 - 39　生产信息区查看配合比信息

如果生产任务所选择的配合比不对，应立即停止生产，防止生产错误造成严重质量事故。

(3) 配料超差报警。在混凝土生产过程中，如果出现配料超差报警，监控界面的相应的秤会进行提示，并且在生产信息区的配料完成值处，会改变字体颜色以区分，如图8-40所示。

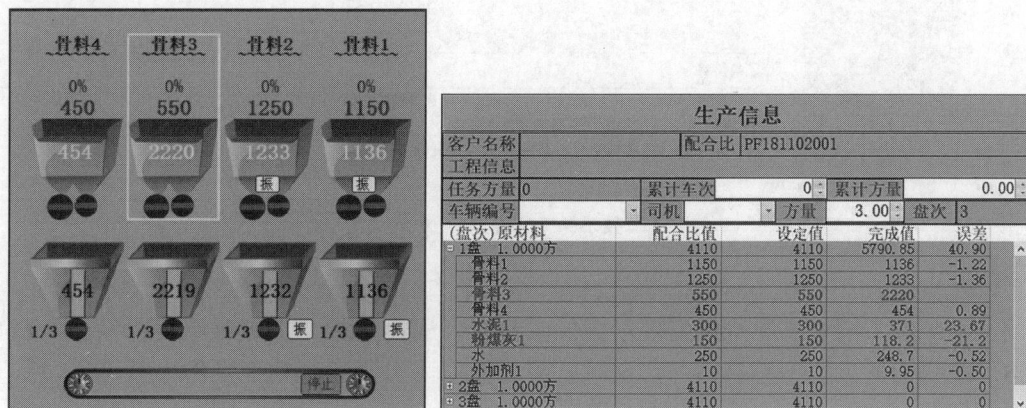

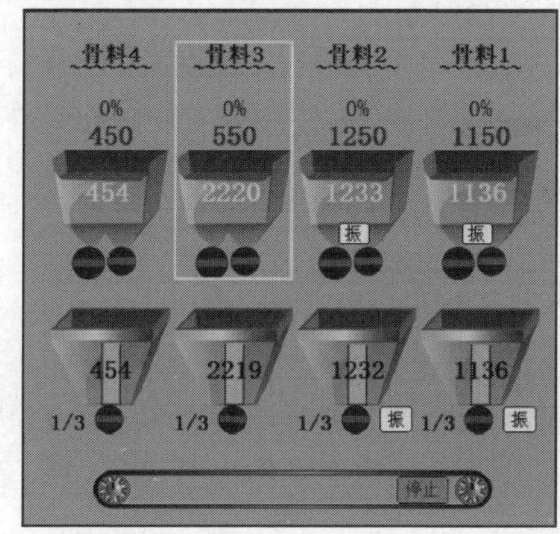

生产信息

客户名称		配合比	PF181102001
工程信息			

任务方量	0	累计车次	0	累计方量	0.00
车辆编号		司机		方量	3.00
盘次	3				

(盘次)原材料	配合比值	设定值	完成值	误差
1盘 1.0000方	4110	4110	5790.85	40.90
骨料1	1150	1150	1136	-1.22
骨料2	1250	1250	1233	-1.36
骨料3	550	550	2220	
骨料4	450	450	454	0.89
水泥1	300	300	371	23.67
粉煤灰1	150	150	118.2	-21.2
水	250	250	248.7	-0.52
外加剂1	10	10	9.95	-0.50
2盘 1.0000方	4110	4110	0	0
3盘 1.0000方	4110	4110	0	0

图8-40 生产信息区查看配合比信息

配料精度超出规定范围时，根据混凝土后续处理的规定，按照配料误差报警分为以下几种级别处理。

1) 初级报警：骨料（3%～5%）、粉料（2%～5%）、液料（2%～5%）；出现报警时应记录生产序号并与信息化管理员、试验室人员、搅拌站负责人联系，说明报警信息，试验室人员根据生产任务性质判断能否正常使用，或降级使用。

2) 中级报警：所有物料5%～10%；应记录生产序号并与试验室人员、搅拌站负责人、信息化管理员联系，说明报警信息，试验室人员应根据生产任务性质判断能否降级使用，或浇筑临建；要求保留处置过程的照片或录像。

3) 高级报警：10%及以上；出现报警时建议停止生产，记录生产序号并与试验室人员、搅拌站负责人、信息化管理员联系，说明报警信息，建议不要继续使用该盘混凝土，实验人员可以与相关负责人商议该盘混凝土的处置方式，要求保留处置过程的照片和录像。

4) 按照整车统计每种物料的超差情况，如果出现骨料超差大于2%，粉料和液料超差大于1%，应按照高级报警处理。

(4) 漏料报警。配料完成后，如果出现石子卡门、气压不足等情况，会造成仓向秤内或者秤向皮带搅拌机不停漏料的情况，这时会出现秤的质量不停地增加或减少，如果不能及时发现和处理，会造成严重的生产事故和质量问题。控制系统会检测这种生产故障，并进行报警提示，如图8-41所示操作人员应注意这类报警信息。

发现漏料报警后，操作人员应立即暂停生产，并通知机修或其他现场维护人员尽快到场处理，尝试用鼠标点击仓门，指令仓门快速的开关一次，观察秤内的质量是否还在变化，如果还在变化就表明故障没有排除。如果故障排除，这时根据漏料情况可以决定

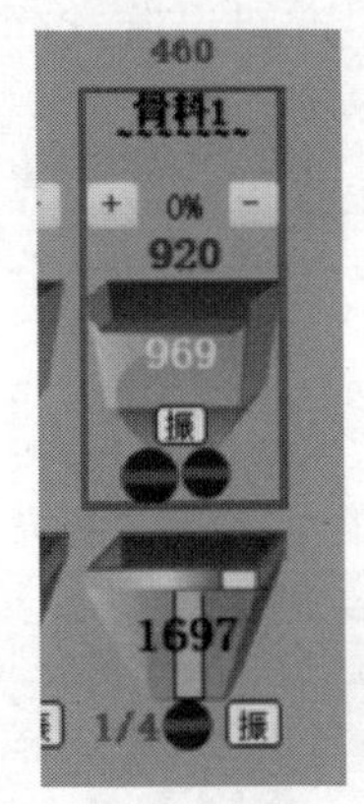

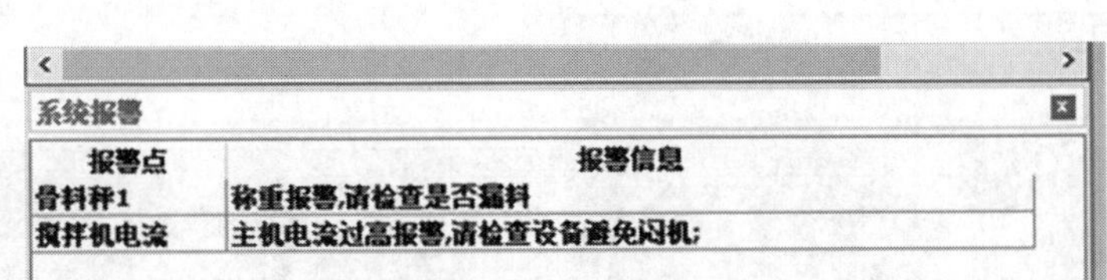

系统报警

报警点	报警信息
骨料秤1	称重报警,请检查是否漏料
搅拌机电流	主机电流过高报警,请检查设备避免闷机;

图 8-41 漏料报警

是否恢复生产。

有些情况下漏料情况难以发现，例如，粉料秤漏料有时是在螺旋给料时发生，料边进边出的状态下系统不容易判断，这时就需要操作人员注意观察。操作人员可通过如下情况判断。

1）生产相同配合比和方量的混凝土，搅拌机电流存在明显差异。

2）生产相同配合比和方量的混凝土，搅拌机卸混凝土时，其流动性明显不同，说明某种物料或者多了或者少了，搅拌站上常见的是砂石料和粉料漏料的情况，这会使搅拌机电流变大、成品流动性变差。

3）某一个秤，配料完成后质量向正或者负一个方向持续变化。骨料秤遇到这种情况可首先怀疑漏料，如果不是，再检查传感器是否有损坏；粉料秤遇到这种情况，首先怀疑漏料，排除漏料可能性后，再依次检查是否粉料秤受搅拌机内气压的影响、秤体结构不牢固造成的预储料斗等其他秤的上料影响该秤。

上述几种情况，出现一种，就要关注是否存在漏料的情况，需要尽快进行确认或者排除。漏料是搅拌站生产过程中经常遇到的问题，不能随意忽略认为是偶发现象而继续生产。很多质量事故都是由这种疏忽大意造成的。

第九章

搅拌站管理报表统计与查询

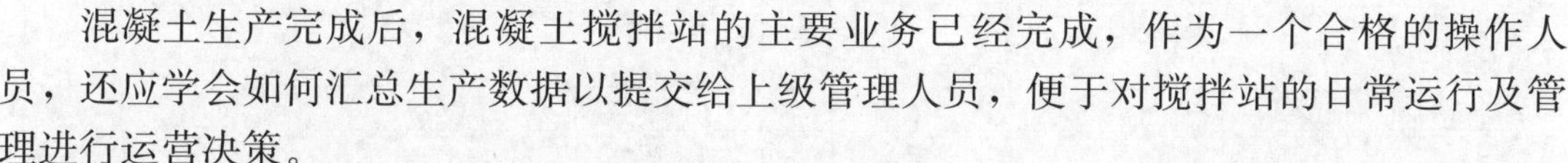

混凝土生产完成后，混凝土搅拌站的主要业务已经完成，作为一个合格的操作人员，还应学会如何汇总生产数据以提交给上级管理人员，便于对搅拌站的日常运行及管理进行运营决策。

所有的生产数据都存储在生产电脑中，通常控制系统都会提供丰富的查询和报表功能以便于对这些数据进行查询和整理。这些报表分为如下几类。

一、 配料精度统计查询

在 BCS7 软件菜单栏中单击选择“统计分析”菜单，选择“生产数据管理”选项单击，即可打开“BCS7 生产数据中心”窗口，然后选择“配料报警分析”子菜单，根据需要选择“时间段”与“报警范围”后，单击“查询分析”“打印”或“导出 Excel”，如图 9 - 1 所示。

BCS7.B12 生产数据中心

生产数据浏览 配料报警分析 生产数量统计 原料消耗统计 生产综合统计 原料入库查询

开始时间 2018-08-17 结束时间 2018-08-22

骨料初级报警 2 到 5 骨料中级报警 5 到 10 骨料高级报警 10 到 ∞

非骨料初级报警 1 到 5 非骨料中级报警 5 到 10 非骨料高级报警 10 到 ∞

配料报警分析 查询分析 打印 导出Excel

配料报警分布图 配料报警明细表

生产序号	任务编号	施工配合比	盘次	原料仓	原材料	计划用量	实际用量	误差	报警类别	完成时刻	砼标记	客户名称	工程名称
44	路面-1#	C20防冻	3	水泥3	矿粉	60	61	1.66	非骨料初级	2018-08-17 17:33:26		某公司	A1座
44	路面-1#	C20防冻	5	水泥3	矿粉	60	61	1.66	非骨料初级	2018-08-17 17:35:19		某公司	A1座
45	路面-1#	C20防冻	3	水泥3	矿粉	60	61	1.66	非骨料初级	2018-08-17 17:41:10		某公司	A1座
50	路面-1#	C20防冻	1	水泥3	矿粉	60	1633	2621.(	非骨料高级	2018-08-21 16:34:11		某公司	A1座
50	路面-1#	C20防冻	1	水	水	162	203.7	25.74	非骨料高级	2018-08-21 16:35:21		某公司	A1座
50	路面-1#	C20防冻	2	水	水	162	168.8	4.19	非骨料初级	2018-08-21 16:36:19		某公司	A1座
45	路面-1#	C20防冻	4	水泥3	矿粉	60	61	1.66	非骨料初级	2018-08-17 17:42:07		某公司	A1座
45	路面-1#	C20防冻	10	水泥3	矿粉	60	61	1.66	非骨料初级	2018-08-17 17:47:43		某公司	A1座
45	路面-1#	C20防冻	12	水泥3	矿粉	60	61	1.66	非骨料初级	2018-08-17 17:49:37		某公司	A1座
46	路面-1#	C20防冻	5	水泥3	矿粉	60	61	1.66	非骨料初级	2018-08-17 17:56:23		某公司	A1座
46	路面-1#	C20防冻	7	水泥3	矿粉	60	61	1.66	非骨料初级	2018-08-17 17:58:16		某公司	A1座
46	路面-1#	C20防冻	9	水泥3	矿粉	60	61	1.66	非骨料初级	2018-08-17 18:00:09		某公司	A1座
46	路面-1#	C20防冻	12	水泥3	矿粉	60	61	1.66	非骨料初级	2018-08-17 18:02:58		某公司	A1座
47	路面-1#	C20防冻	4	水泥3	矿粉	60	61	1.66	非骨料初级	2018-08-17 18:10:41		某公司	A1座
34	路面-1#	C20防冻	1	水	水	162	175.9	8.58	非骨料中级	2018-08-17 08:44:48		某公司	A1座
34	路面-1#	C20防冻	4	水泥3	矿粉	60	61	1.66	非骨料初级	2018-08-17 08:48:45		某公司	A1座
37	路面-1#	C20防冻	1	水泥3	矿粉	60	174	190	非骨料高级	2018-08-17 13:49:09		某公司	A1座

总盘数：354 报警盘次：16 报警次数：17

图 9 - 1 超差数据查询

还可以生成超差情况的统计图表，辅助管理人员对整个生产线的状态和一段时间内的误差情况做出正确的分析，判断是否需要对搅拌站设备和控制参数做出调整。如图 9 - 2 所示。

二、 派车单的打印

正常派车单都在混凝土生产时打印，并随车由司机交予收料单位签字，但在特殊情况下，需要对派车单进行补打，操作方法如下：

在 BCS7 软件菜单栏中单击选择“统计分析”菜单，选择“生产数据管理”选项单

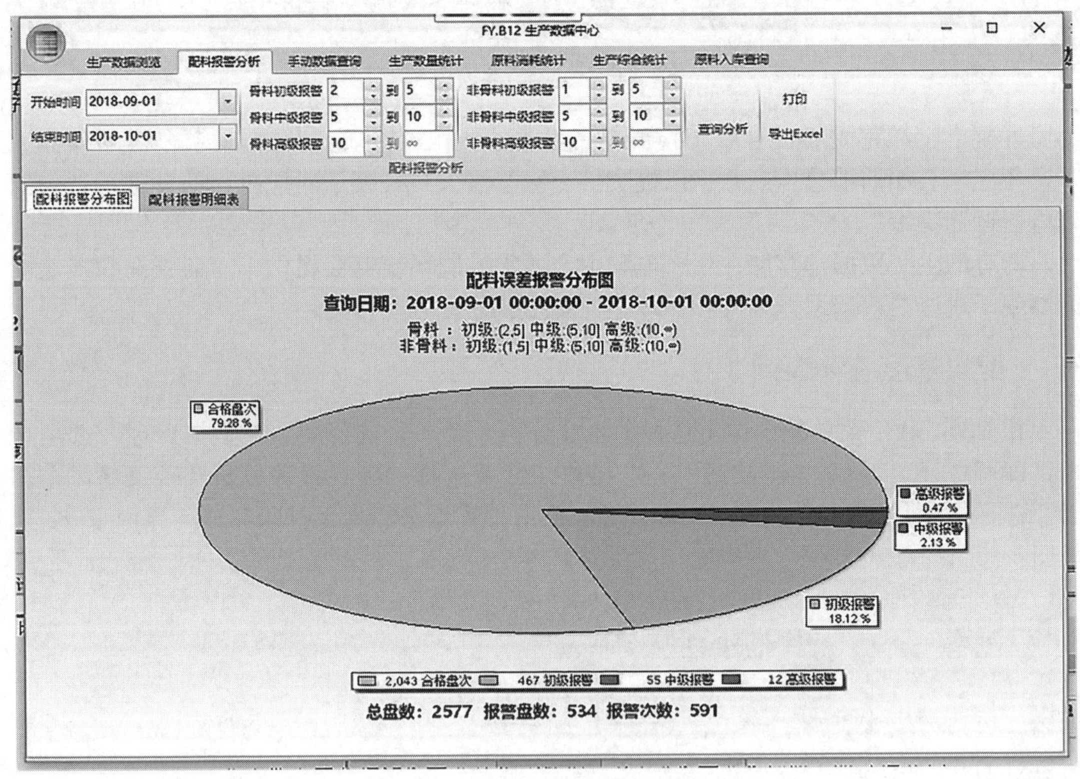

图 9-2 报警统计分析

击，即可打开“BCS7 生产数据中心”窗口；然后选择“时间段”“生产查询条件”，单击“查询”按钮，即可显示满足条件的生产数据列表，如图 9-3 所示。

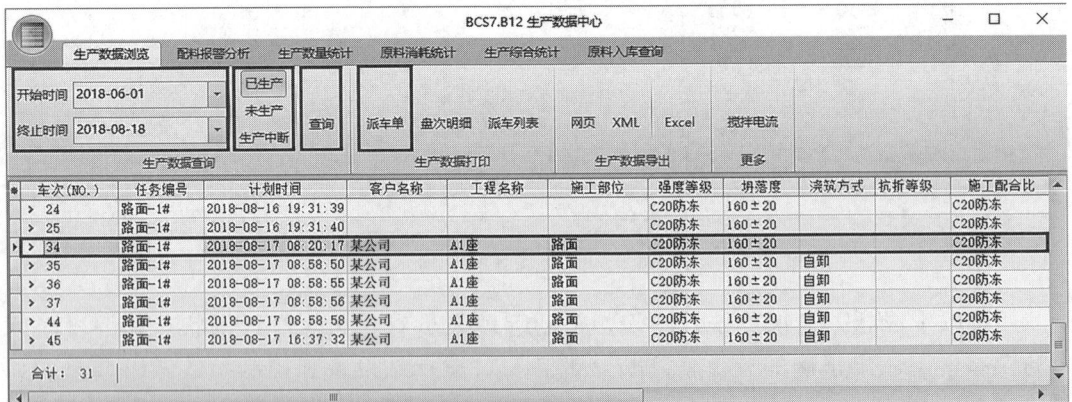

BCS7.B12 生产数据中心

生产数据浏览　配料报警分析　生产数量统计　原料消耗统计　生产综合统计　原料入库查询

开始时间 2018-06-01　终止时间 2018-08-18　已生产　未生产　生产中断　查询　生产数据查询

派车单　盘次明细　派车列表　生产数据打印　网页　XML　Excel　生产数据导出　搅拌电流　更多

车次(NO.)	任务编号	计划时间	客户名称	工程名称	施工部位	强度等级	坍落度	浇筑方式	抗折等级	施工配合比
24	路面-1#	2018-08-16 19:31:39				C20防冻	160±20			C20防冻
25	路面-1#	2018-08-16 19:31:40				C20防冻	160±20			C20防冻
34	路面-1#	2018-08-17 08:20:17	某公司	A1座	路面	C20防冻	160±20			C20防冻
35	路面-1#	2018-08-17 08:58:50	某公司	A1座	路面	C20防冻	160±20	自卸		C20防冻
36	路面-1#	2018-08-17 08:58:55	某公司	A1座	路面	C20防冻	160±20	自卸		C20防冻
37	路面-1#	2018-08-17 08:58:56	某公司	A1座	路面	C20防冻	160±20	自卸		C20防冻
44	路面-1#	2018-08-17 08:58:58	某公司	A1座	路面	C20防冻	160±20	自卸		C20防冻
45	路面-1#	2018-08-17 16:37:32	某公司	A1座	路面	C20防冻	160±20	自卸		C20防冻

合计：31

图 9-3 派车单补打流程

单击选中需要打印派车单的生产数据，点击“派车单”按钮，即可打开该车的派车单打印预览窗口，如图 9-4 所示。

在派车单“预览”窗口中，单击 按钮即可打印。

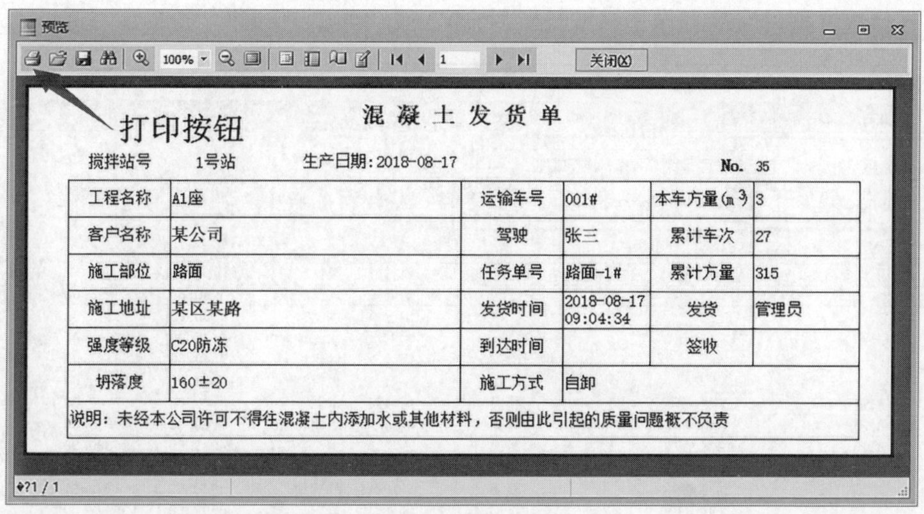

混凝土发货单

搅拌站号 1号站 生产日期：2018-08-17 No. 35

工程名称	A1座	运输车号	001#	本车方量(m³)	3
客户名称	某公司	驾驶	张三	累计车次	27
施工部位	路面	任务单号	路面-1#	累计方量	315
施工地址	某区某路	发货时间	2018-08-17 09:04:34	发货	管理员
强度等级	C20防冻	到达时间		签收	
坍落度	160±20	施工方式	自卸		
说明：未经本公司许可不得往混凝土内添加水或其他材料，否则由此引起的质量问题概不负责					

图 9-4 派车单预览

三、 生产统计查询及报表统计

生产统计分析包括生产数量的统计和原料消耗的统计两大类，分别实现不同的管理功能，例如员工工作量的统计、销售和浇筑的核算统计、发货对账、原材料采购等。

1. 生产数量统计、报表打印、导出

在 BCS7 软件菜单栏中单击选择“统计分析”菜单，选择“生产方量统计”选项单击，即可打开“BCS7 生产数据中心”窗口。选择“生产数量统计”子菜单，根据需要选择“时间段”与“统计条件”后，单击“统计”“打印”或“导出 Excel”，如图 9-5 所示。

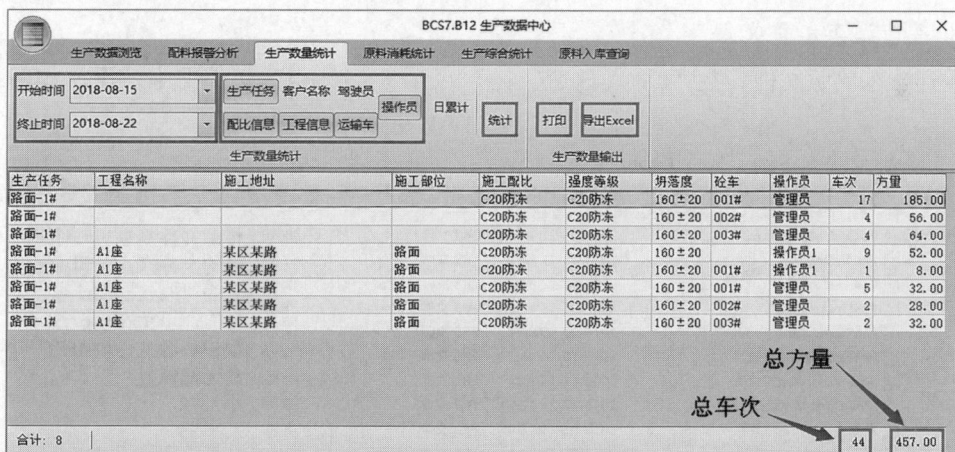

BCS7.B12 生产数据中心

生产数据浏览 配料报警分析 生产数量统计 原料消耗统计 生产综合统计 原料入库查询

开始时间 2018-08-15 终止时间 2018-08-22 生产任务 客户名称 驾驶员 操作员 配比信息 工程信息 运输车 日累计 统计 打印 导出Excel

生产数量统计 生产数量输出

生产任务	工程名称	施工地址	施工部位	施工配比	强度等级	坍落度	砼车	操作员	车次	方量
路面-1#				C20防冻	C20防冻	160±20	001#	管理员	17	185.00
路面-1#				C20防冻	C20防冻	160±20	002#	管理员	4	56.00
路面-1#				C20防冻	C20防冻	160±20	003#	管理员	4	64.00
路面-1#	A1座	某区某路	路面	C20防冻	C20防冻	160±20		操作员1	9	52.00
路面-1#	A1座	某区某路	路面	C20防冻	C20防冻	160±20	001#	操作员1	1	8.00
路面-1#	A1座	某区某路	路面	C20防冻	C20防冻	160±20	001#	管理员	5	32.00
路面-1#	A1座	某区某路	路面	C20防冻	C20防冻	160±20	002#	管理员	2	28.00
路面-1#	A1座	某区某路	路面	C20防冻	C20防冻	160±20	003#	管理员	2	32.00

总方量 总车次

合计：8 44 457.00

图 9-5 生产方量统计查询

2. 原材料消耗统计、报表打印、导出

在 BCS7 软件菜单栏中单击选择“统计分析”菜单，选择“原料消耗统计”选项单击，即可打开“BCS7 生产数据中心”窗口。选择“原料消耗统计”子菜单，根据需要选择“时间段”与“统计条件”后，单击“统计”“打印”或“导出 Excel”，如图 9 - 6 所示。

BCS7.B12 生产数据中心

生产数据浏览　配料报警分析　生产数量统计　原料消耗统计　生产综合统计　原料入库查询

开始时间 2018-08-16　终止时间 2018-08-22　生产任务　工程信息　配比信息　客户名称　原材料　原料仓　计划用量　实际用量　总误差　日统计　统计　打印　导出Excel

原料消耗统计　生产数据输出

生产任务	工程名称	施工地址	施工部位	原材料	原料仓	计划用量	实际用量
路面-1#				粉煤灰	水泥2	15250.00	15265.00
路面-1#				矿粉	水泥3	18300.00	18313.00
路面-1#				水泥1	水泥1	56425.00	56247.00
路面-1#				细砂	骨料1	258640.00	256137.00
路面-1#				小石	骨料2	316590.00	313493.00
路面-1#	A1座	某区某路	路面	粉煤灰	水泥2	7700.00	7700.00
路面-1#	A1座	某区某路	路面	矿粉	水泥3	9240.00	10939.00
路面-1#	A1座	某区某路	路面	水	水	24948.00	24880.90
路面-1#	A1座	某区某路	路面	水泥1	水泥1	28490.00	28376.00
路面-1#	A1座	某区某路	路面	外加剂1	外加剂1	1078.00	1072.81
路面-1#	A1座	某区某路	路面	细砂	骨料1	130592.00	129322.00
路面-1#	A1座	某区某路	路面	小石	骨料2	159852.00	158314.00
合计：12						1027105.00	1020059.71

图 9 - 6　原料消耗查询

四、 派车单格式调整

派车单格式不同的工地会有不同的要求，操作人员可以自己根据需要按照下面的方法进行调整。派车单格式的调整相对复杂，仅作了解，操作人员如果没有把握，建议联系控制系统厂家予以支持。

1. 备份派车单源文件

找到派车单源文件，在“C：\ BCS7 - B12 \ Bin \ Reports”文件夹中，操作如图 9 - 7 所示。

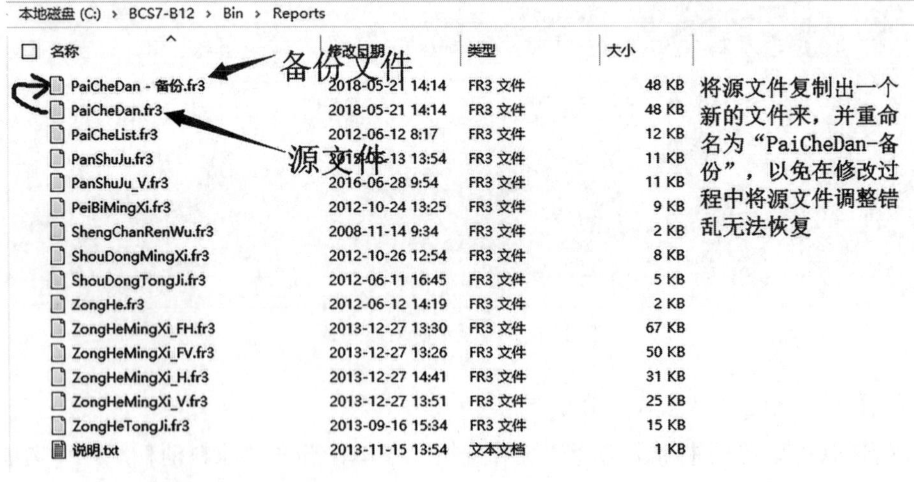

图 9 - 7　派车单文件

2. 打开派车单设计界面

在 BCS7 软件菜单栏中单击选择“系统设置”菜单，选择“基本设置”选项单击，即可打开“系统设置”窗口，然后选择“系统配置”子菜单，如图 9-8 所示单击“发货单设计”按钮打开派车单设计界面，如图 9-9 所示。

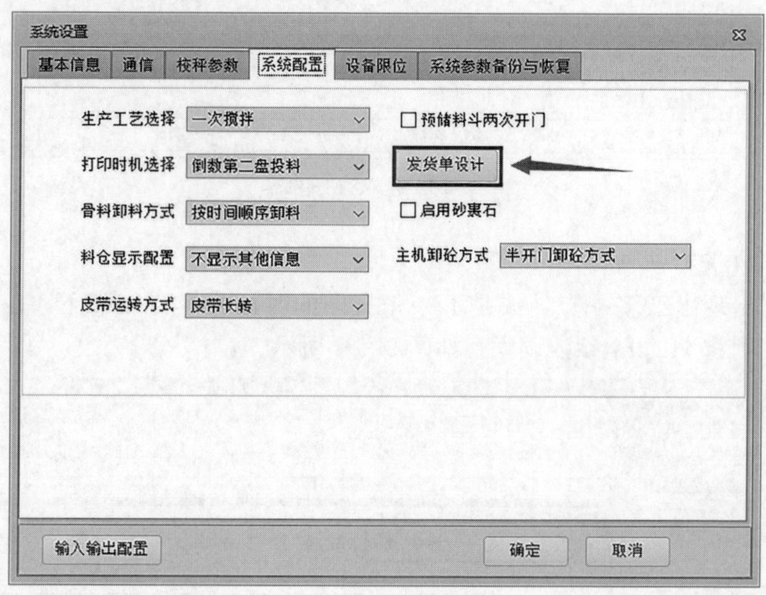

图 9-8 “发货单设计”按钮

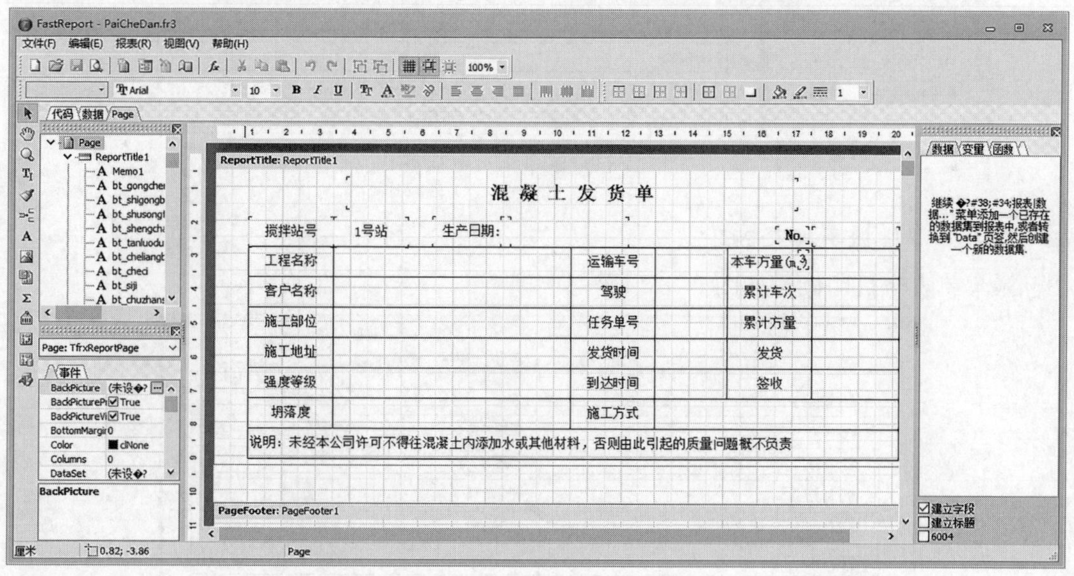

图 9-9 派车单设计界面

3. 修改派车单内容

双击需要修改的文字内容，如图 9-10 所示。

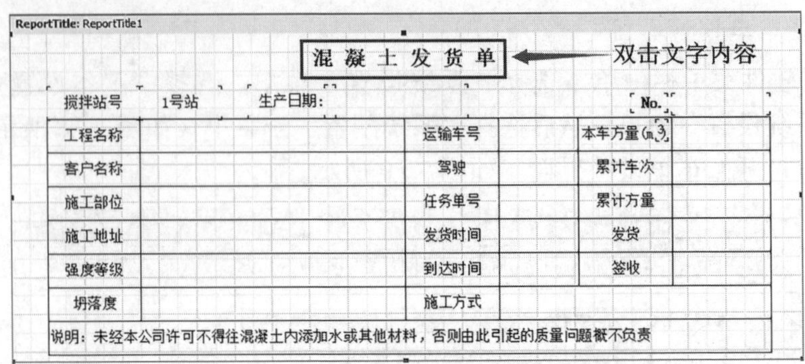

图 9-10　修改文字内容

4. 修改派车单打印高度

当打印时出现出纸多一点，或是下一张打印的时候内容比较靠下，需要将 Height 参数调小，否则将 Height 参数调大，如图 9-11 所示。

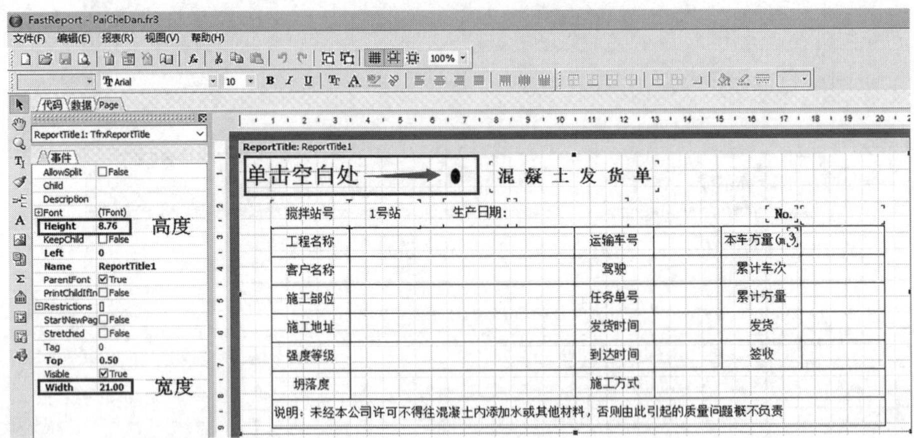

图 9-11　派车单打印调整

5. 整体移动派车单表格打印位置

派车单表格打印位置如图 9-12 所示。

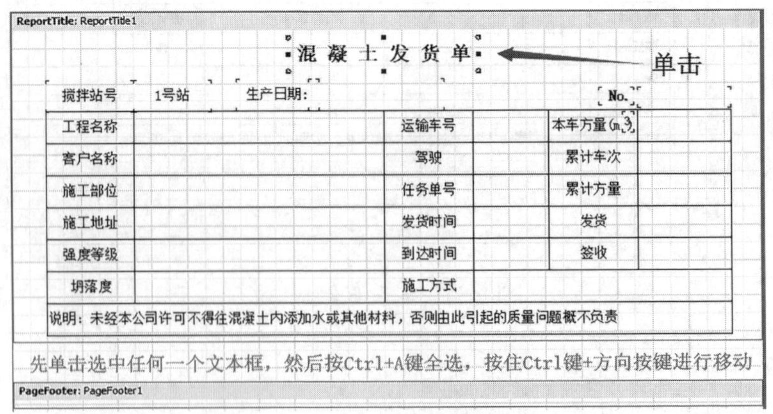

图 9-12　派车单表格打印位置

6. 去除派车单表格打印边框

实现无边框打印，套打带有表格的打印纸，如图 9-13 所示。

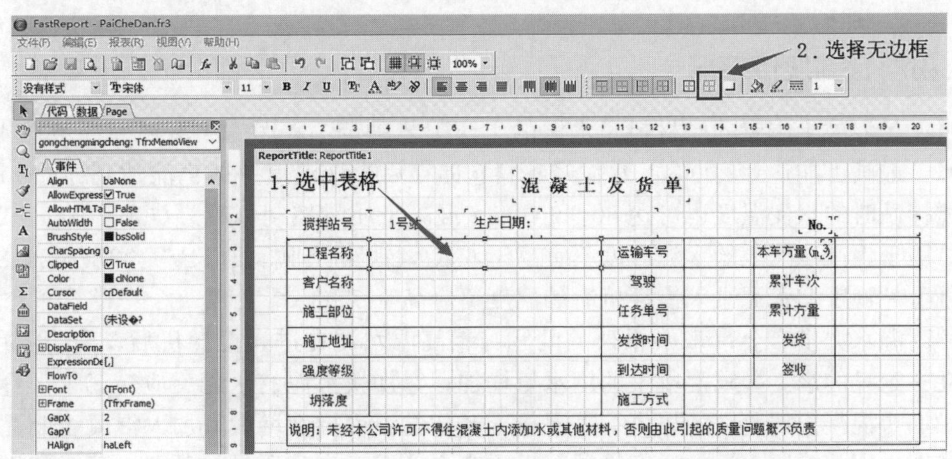

图 9-13 派车单无边框打印

7. 更改派车单打印内容

将不需要的表格内容与对应空白框拖动到下方非打印区域，将需要的表格内容与对应空白框拖动到上方打印区域，并调整合适大小和位置，如图 9-14 所示。

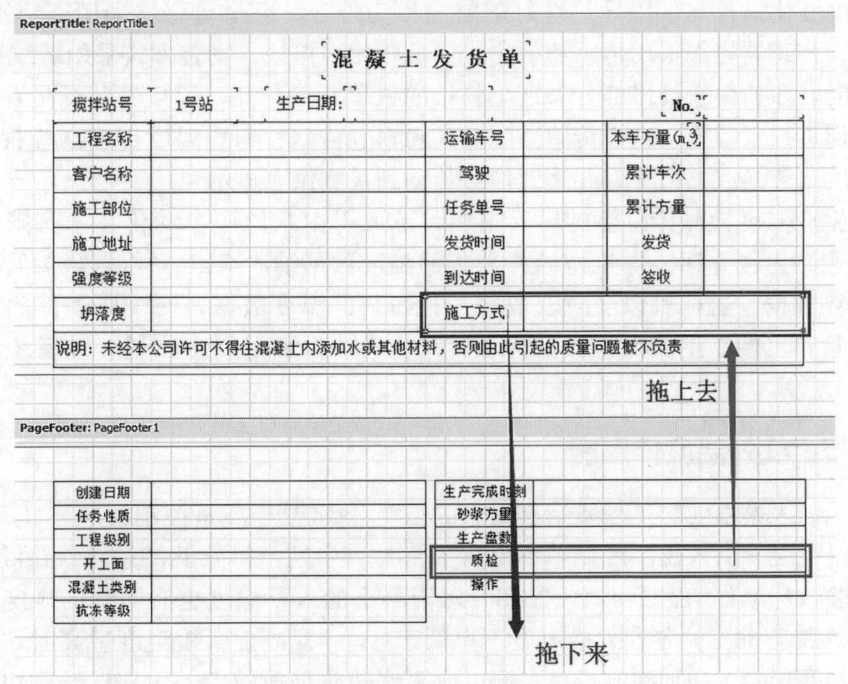

图 9-14 派车单打印内容更改

说明：前边的表格内项目与后边的内容空白框已经预设了一一对应的关系，拖动的时候不能随意搭配。

第十章

常见的外围设备及功能

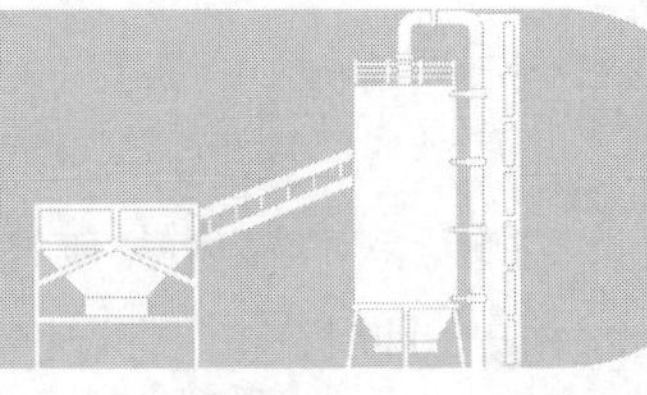

一、 粉料仓温度传感器

水泥是混凝土主要的原材料。水泥的生产工艺决定，水泥的出磨温度一般在 160℃±20℃，最高可能达到 200℃。水泥经熟料仓储存后出厂温度一般仍能达到 90～110℃，到达搅拌站时的水泥温度也可达 80～90℃，《混凝土质量控制标准》（GB 50164—2011）规定，用于生产混凝土的水泥温度不宜高于 60℃，铁路行业标准 TB/T 3275—2018《铁路混凝土》规定，水泥进入搅拌机时的温度不应高于 55℃。

用高温水泥生产会带来一系列的问题：①高温水泥在进入搅拌机后，由于温度高，会消耗一定量的水，导致混凝土的用水量增加；②加快水泥的水化反应；③水泥释放的热量，加快混凝土坍落度的损失；④混凝土结构的温度梯度增大，加大混凝土制品开裂的可能性。因此控制水泥的温度是混凝土生产企业提高产品质量的重要一环。特别是为铁路施工服务的搅拌站，对混凝土的质量要求非常高，为了配合高铁建设的高规格要求，一些线路工程建设方已经提出必须检测粉料的温度值，粉料温度不达标的搅拌站禁止生产。

粉料仓温度传感器目前大多采用热电阻温度传感器，传感器内置温度检测单元，感应物料温度变化；外部采用导热性好的材质作为外壳，整个传感器采用密封工艺处理，防水防尘；传感器尾部采用传感器引出线，便于用户接线；安装方式采用螺纹连接。

安装时，在粉料仓锥体部分靠近出料口的位置开一个孔，焊接安装螺母，将传感器插入安装螺母拧紧螺栓，这样传感器就插入粉料仓内。粉料仓温度传感器接收物料传导过来的温度，转换成电信号，并将此信号传输到检测仪表显示。

目前生产温度检测传感器的厂家很多，下面以山东博硕自动化技术有限公司（简称山东博硕）为例介绍。山东博硕将采集的温度数据纳入 ERP 系统，成为管理系统中的一项重要数据。这样可以随时获取每一种粉料的温度数据，便于监管部门对粉料温度进行监管，也便于生产操作人员合理安排生产，保证混凝土质量。该系统结构框图如图 10 - 1 所示。

二、 混凝土红外温度传感器

混凝土的入模温度对工程质量有很大的影响，《混凝土质量控制标准》（GB 50164—2011）规定混凝土的入模温度夏季不得高于 35℃，冬期不得低于 5℃。《铁路混凝土工程施工质量验收标准》（TB 10424—2018）对混凝土的入模温度也有明确的规定：夏期入模温度不得高于 30℃，冬期入模温度不得低于 5℃。混凝土入模温度过高时，混凝土的硬化过程会受影响，增加控制难度，同时水泥水化热释放较大，内部温升较快，混凝土内外形成较大温差，容易使混凝土产生裂缝；混凝土入模温度过低时，对水泥水化和混凝土强度的发展不利，混凝土易被冻伤。

但是混凝土在生产过程中，由于物料温度、环境温度等因素制约，并不能保证所有

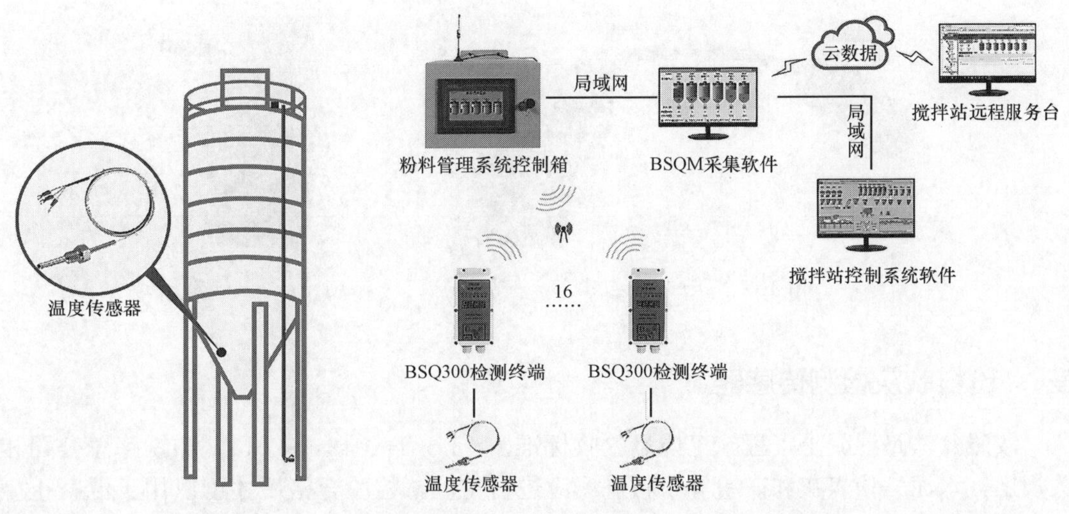

图 10-1 结构框图

的混凝土的搅拌机出口温度都在一个理想的范围内，因此有必要对搅拌机的出口温度进行测量，以保证生产环节的混凝土成品的温度保持在合理的范围内。

现在市场销售的温度传感器，大致可以分为两种：接触式的热电阻或热电偶、非接触式的红外温度传感器。

传感器需要将传感器插入混凝土的内部测量，这种传感器有几个缺点：①温度反应慢，这种传感器采用热传导原理，热传导需要反应时间，导致温度测量有一定时间的滞后。②适应性差，由于被测物体是混凝土，混凝土具有凝固性，传感器长期接触混凝土后，可能在表面形成一层混凝土凝固层，隔离了传感器和被测的混凝土，无法真实的反应搅拌机出口的混凝土温度。

红外温度传感器采用国际先进的红外温度传感器组件，利用红外感应技术，通过测量被测物体发出的红外线，测得物体的温度，并将温度值传送至仪表显示。由于是非接触式测量，因此使用寿命较长。

非接触式的红外温度传感器生产厂家也很多，这些进口传感器价格昂贵，安装到搅拌机旁边，在会产生混凝土喷溅的场合，经过一段时间的时候也会因被混凝土掩埋，而测量失准。

混凝土红外温度传感器，在实现非接触式测量的同时很好地解决了混凝土的喷溅的问题。它将红外传感器（见图 10-2）封装到一个金属壳体里面，如图 10-3 所示，在壳体前面有一个气动控制的小门，当需要测量时，小门被控制打开，将红外传感器的感应头露出来，同时从小门有气体吹出，保证在小门打开时，不会有异物进入壳体内部。测量结束后，小门关闭，保证了整个过程中无论测量或非测量时，混凝土都不会将传感器的感应头堵住，保证了传感器的正常使用。这个传感器体积小、精度高、安装使用方便，在混凝土搅拌站和沥青搅拌站等场合得到很好的应用，应用前景广阔。

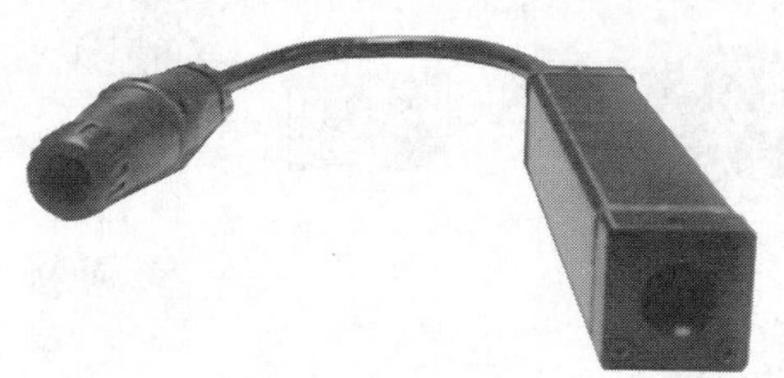

图 10-2　红外传感器

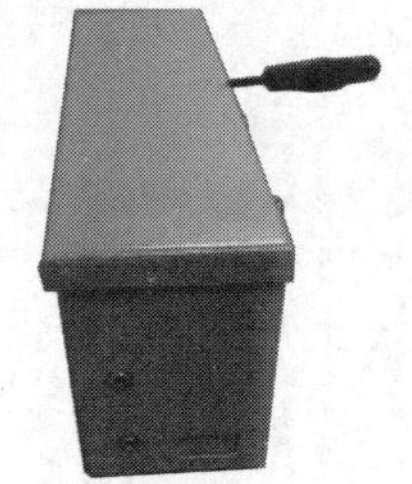

图 10-3　金属壳体

三、粉料吹灰检测传感器

按照《铁路混凝土工程施工质量验收标准》(TB/T 10424—2018)和铁路总公司相关规定，水泥、粉煤灰和矿粉等粉料进场应进行检验，检验合格后才可以用于混凝土生产。但是，仅仅依靠制度的约束，无法真正杜绝未检先用的发生。这需要从技术层面，采取有效的检测和控制手段，实时检测粉料仓内的粉料进料情况，只要有新的物料进入料仓，试验室就必须出示与物料名称、进料时间一致的检验报告，对粉料的来料、检验进行全程监控，才能杜绝未检先用的发生。

粉料是通过散装粉料运输车送到用户料场，运输车自带软管，将软管与粉料仓进料口连接、紧固，打开运输车的空气压缩机，向运输车罐体内打入空气，利用压力将粉料从运输车输送到粉料仓内。

通过分析吹灰过程可以发现，吹灰主要是通过气体压力实现的，在吹灰时，运输车罐体内的压力大约在 0.2MPa(相当于 2 个大气压)，输送管道内的气体压力会有所下降，但接近管口处的压力也会在 0.1MPa 左右。通过检测粉料仓进料管的压力值就可以有效识别粉料吹灰状态，实现粉料仓吹灰检测。

粉料吹灰检测传感器正是通过检测吹灰管内的压力值实现对粉料仓进料检测功能的。粉料吹灰检测传感器采用不锈钢外壳封装，前部集成一个平面型的压力传感器，检测压力变化，将压力信号转换成微弱的电信号，电信号进入内部的处理电路，经过滤波、整形、放大，将微弱的电信号转换成可以检测的电压信号，如图 10-4 所示。

(a)　(b)

图 10-4　检测传感器

四、 粉料仓称重料位传感器

混凝土搅拌站生产所需的粉料都是存储在高大的粉料仓内，仓的容量有几种规格100t、150t、200t、250t、300t 等，仓的高度一般在 10m 以上。面对如此规模的粉料仓，想要知道仓内的粉料的总质量不是一件容易的事。但是对于搅拌站的管理人员，确实需要实时了解粉料仓内的物料总质量，有以下几点原因：①便于合理安排生产和进料，物料存量太少时，及时补充库存，避免影响生产进度。②避免爆仓情况发生，在向料仓内吹灰时，实时查看料仓总质量，在接近满仓时，及时停止吹灰。③避免环境污染，如果发生爆仓，粉料会从料仓的顶部冒出，随风飘散，对周围的环境造成破坏。

贴片式称重料位传感器采用金属的弹性形变原理和力分流技术测量料仓质量。如图 10 - 5 所示，圆柱代表其中一个仓腿，长方形表示贴片式称重料位计，箭头代表仓腿受力。金属在屈服强度内，弹性模量基本不变，这样保证金属在外力作用下的弹性形变与外力成线性关系，也就是说，金属受力后压缩或增加的长度与所受的力成比例关系。这样通过测量金属的长度变化就可以测量金属所受的力。

分析图 10 - 5 中的受力情况可以看出，仓腿整个横截面共同承担了压在腿上的力，贴片料位计安装在仓腿的外表面，所占横截面只有管腿的横截面的十分之一或者更小，所受分力只有仓腿所受力的十分之一或者更小（仓腿直径不同，168、219、273、325 等），但是通过测量传感器所受分力大小，可以计算出整个仓腿的受力情况以及仓的受力情况，从而达到测量料位的目的。

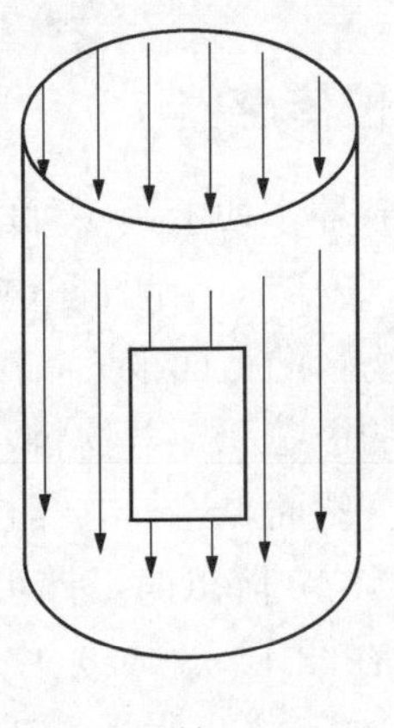

(a)

(b)

图 10 - 5 分析图

目前提供测量粉料仓料位传感器有：①贴片式称重料位传感器，代表厂家有美国的 KM 公司，山东博硕自动化技术有限公司。KM 公司的产品安装时需要在粉料仓的仓腿上打孔、套丝，现场施工难度较大；山东博硕自动化技术有限公司的产品在安装时，仅仅需要将配套的安装工装焊接到料仓的仓腿上，安装相对简单。系统架构图如图 10 - 6 所示。②传统称重传感器，每个传感器厂家都有类似产品。传统称重传感器采用截腿式安装方式，将粉料仓的四个腿截断，在中间加入称重传感器，施工难度太大，料仓的稳固性降低，应用案例很少，曾经推广过的厂家有青岛同乐电子。③雷达、超声波、重锤、射频导纳等，这些传感器是通过测量物料的物理高度来换算物料数量，并不能准确地测量质量值，而且无法克服物料介电常数差异、仓内粉尘、挂壁、架桥、塌陷等干扰因素，测量数据不准确，误差较大，在粉料仓上的应用案例也是很少，市场上推出过此类产品的厂家有珠海长陆、上海物位。

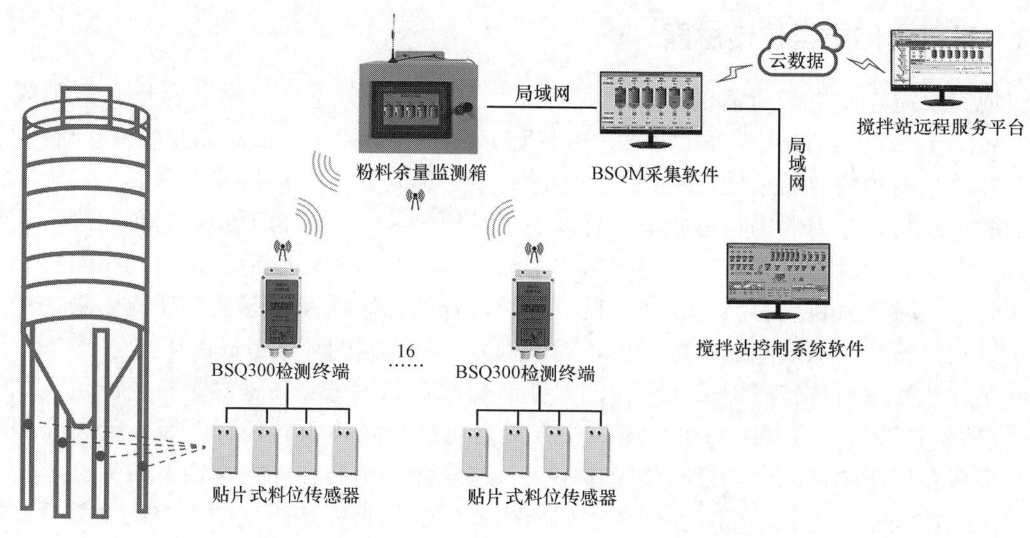

图 10-6　系统架构图

五、 粉料仓射频导纳料位传感器

粉料仓射频导纳料位传感器本质上是一种电容式料位计如图 10-7（a）所示，在一个充满黏性导电物料的容器中，安装一个测量电极，测量电极上有绝缘层。此时，容器中存在一个物料电容，由于导电物料的截面很大，可以认为被测物料在检测电路中的电阻为零。因此电容的两极分别为电极的极芯和导电物料，由电容式料位计的工作原理可知，此时测量电容值与物料高度成正比。然而，这种电容式料位计在应用中存在一个严重的缺点，图 10-7（b）所示，当料位由高位 h 降低时，探头上会留有吸附的物料（即挂料），产生虚假的料位，给测量带来误差。在图 10-7（a）中，由于挂料的横截面积较小，挂料的等效电阻较大，等效电路如图 10-7（b）所示，挂料可以看作是由许多微小的电阻和电容组成。从数学上可以证明，只要黏附层足够长，黏附层的电阻和电容具有相同的阻抗。将测量电极上带有黏附层的容器的外壁接地，在测量电极和地之间加高频激励信号，在测量电极和地之间没有直流通路，因此，对电流进行测量，可得到实际的料位。

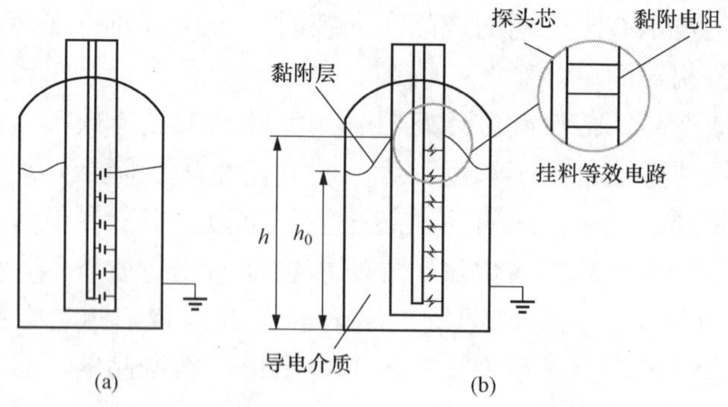

图 10-7　粉料仓射频导纳料位传感器

射频导纳料位传感器无法消除电极挂料对测量的影响，特别是针对黏性导电物料、粉状物料进行测量时，误差较大，严重限制了电容式料位计的使用和发展。除了上述缺点外，在粉料测量应用中还存在如下弊端：①电极安装较长，须覆盖整个粉料仓。②粉料仓的下面是锥形的，无法正常测量锥形部分。③安装比较复杂，需要从料仓顶部安装。④测量结果受物料介电常数影响，不同的物料、相同物料不同厂家，物料介电常数都不完全相同。

六、 粉料仓电子门禁系统

混凝土搅拌站的粉料种类较多，包括水泥、粉煤灰、矿粉等，水泥又有 32.5、42.5 等强度等级，因此一个混凝土搅拌站最少会有 4 个粉料仓，多的甚至会达到 10 个仓。面对数量众多的料仓，粉料运输车的司机在向料仓内吹灰时，有可能就会出错，比如水泥打进粉煤灰、矿粉打进水泥等。出现这种情况后，用错误的原料生产，显然将导致产品出现严重的质量问题，粉料仓电子门禁系统就是针对上述问题开发的产品。

粉料仓电子门禁系统由以下几个部分组成：粉料仓电子门禁（包含一个焊接底座、一个安装底座、门板套件、电动执行器）、BSQ300 检测终端、粉料管理系统控制箱、IC 卡、BSQM 采集软件、磅房管理软件、远程服务平台软件等。如图 10-8 所示。

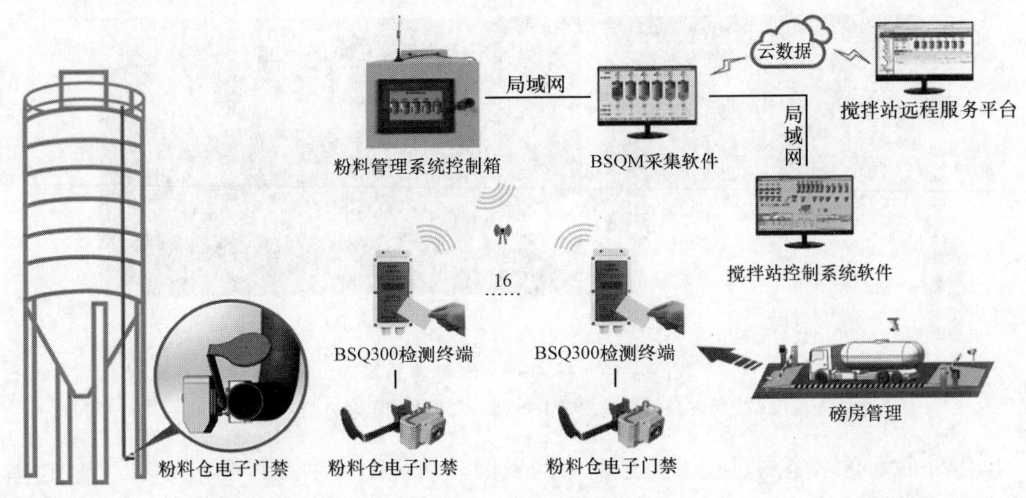

图 10-8　系统架构图

操作流程如下：①运输车司机在磅房领卡、过磅。②司机将车辆开至粉料仓附近，找到对应的粉料仓。③在目标仓对应的 BSQ300 刷卡区刷卡，如果目标仓与 IC 卡相符，电子门禁自动打开；如果目标仓与 IC 卡不符，BSQ300 报警，司机重新寻找目标仓。④门禁打开后，司机将车辆软管与料仓进料口可靠连接，开始吹灰。⑤吹灰结束，司机将软管收起，放回车上，再次刷卡，电子门禁自动关闭。⑥司机将车辆开回磅房，过磅员查看门禁状态，如果是关闭状态，刷卡去皮，车辆离开；如果门禁没有关闭，司机必须重新刷卡关闭门禁，否则无法刷卡去皮。

粉料仓电子门禁系统具有以下功能特点：①每个仓的 IC 是固定的，在刷卡时，只有IC卡卡号正确，才能打开相应的粉料仓。②刷卡时，磅房管理软件会记录车辆进场时间、出场时间、吹灰质量。③粉料仓电子门禁自带关门检测装置，每次吹灰完成后必须要关闭门禁，避免其他司机不用刷卡就可以向该仓吹灰。

国内市场电子门禁系统的生产厂家包括山东博硕、北京鼎软、珠海长陆等。控制流程类似，以山东博硕为例，其采用的执行机构如图10-8所示是电动执行器，优点是无磨损、免维护，缺点是不能在吹灰的过程中任意截断管路，只能进行报警。北京鼎软和珠海长陆两个公司的产品采用管囊阀控制，优点是可以随时将管路切断，但也存在较明显的缺点：①用气动驱动开关门，在没有气源时，门禁处于开启状态。②安装麻烦，需要将吹灰管截断。③内部的管囊磨损严重，需要经常更换，维护费用较高。

七、砂石料含水率传感器

砂石料含水率传感器，适合在混凝土搅拌站生产过程中安装在骨料仓仓门附近或骨料输送皮带上，如图10-9所示在线实时检测砂石料中游离水分的含量，并把测量的含水率值经过模拟量或数字量接口，传送到配料控制系统。配料控制系统与试验室给定的含水率与配合比进行比较计算，料干时自动加水，料湿时自动减水，通过自动补偿使每盘总的用水量保持恒定，保证混凝土水胶比与坍落度的一致性，提高混凝土的质量。

(a)

(b)

图10-9 砂石料含水率传感器

(a) 安装在骨料输送皮带上；(b) 安装在骨料仓仓门附近

国内外砂石含水率测量技术经过多年的发展，研究出多种在线测量方法，比如电阻法、电容法、红外线法、中子法和微波法等。除了微波方法以外，无论是电阻法、电容法、红外线和核技术，每种方法具有特定的问题，微波方法受杂质、颜色、粒度或温度的影响最小并且绝对安全，目前已成为国内外应用最广泛的方法。

第十一章

混凝土搅拌站维护

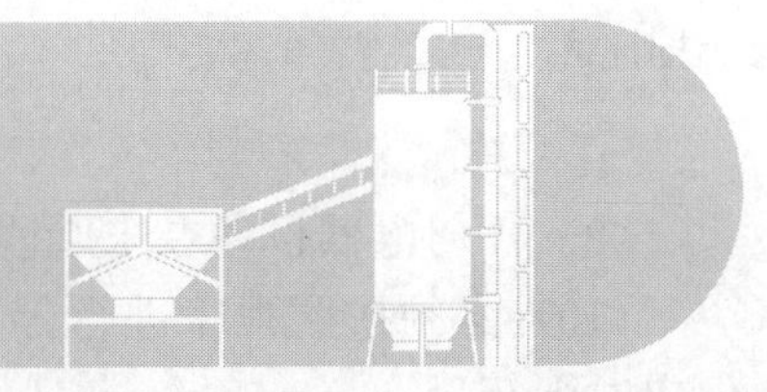

搅拌站是铁路建设工程的基础设备，长期、稳定的运行对施工进度和工程质量起着举足轻重的作用。良好的维护保养是设备长期、稳定、安全运行的基础，本章总结了搅拌站各设备维护保养的方法。

第一节　设备维护时的安全防护

树立“安全第一，预防为主”的思想，严格遵守安全生产管理制度和操作规程，增强安全生产意识。

一、 机械设备维护安全

机修工或辅助工检修、清理搅拌系统设备时，必须先切断总电源，操作工和机修工或辅助工双重确认，并在记录表上签字。将配电柜的钥匙交进入主机检修、清理的人保管，并在操作台上放置警示牌，方可进机检修或清理。机修工和辅助工检修、清理完工后，操作工要检查、验收，确定机内无人或遗留杂物方可启动设备试运转，确认无异常后双方在检修记录表上签字。严禁主机带电进入机内。

进行皮带输送机系统维修作业前，必须先切断电源、锁好配电柜、钥匙由检修人保管。检修、调整作业时，确实需要在输送系统运转状态下进行，必须两人在场，做好预防措施方可进行作业，严禁单人作业。

进行高空作业时必须系好安全带，严禁不带安全带进行高空作业。

二、用电安全操作规程

（1）所有电器设备的金属外壳均应有良好的接地装置。使用中不准拆除接地装置或对其进行任何改动。

（2）设置在电器设备上的标志牌，除原来设置人员或负责的运行值班人员外，其他任何人员不准移动。

（3）不准靠近或接触任何有电设备的带电部分，特殊许可的工作，必须做好可靠的安全措施，并应遵守有关规定。

（4）湿手不准触摸电灯开关以及其他电器设备。

（5）电源开关外壳和电缆、电线绝缘必须保持完好，有缺损时禁止使用。

（6）发现有人触电，应首先切断电源，使触电人脱离电源，并进行急救。如在高空工作，抢救时必须注意防止高空坠落。

（7）遇有电器设备着火时，应立即将有关设备的电源切断，然后进行灭火。对可能带电的电器设备以及发电机、电动机等，应使用干式灭火器、CO_2灭火器等灭火。

（8）扑救可能产生有毒气体的火灾（如电缆着火等）时，扑救人员应使用正压式空气呼吸器。

（9）任何电器设备在未验明无电之前，应视为带电设备。

（10）必须按照程序进行停、送电操作，即在送电时先合总开关，再合分路开关。停电时则相反。

（11）雷雨天气不得进行送电操作和更换熔断器熔丝工作，也不能进行电器外线作业。

（12）各种熔断器的熔丝必须严格按规定合理选用，严禁用铁丝、铅丝等非专用熔丝替代。

三、 标示标牌

施工现场须设置必要的安全标志（牌）。主要有搅拌站配电柜外悬挂的“高压危险”警示标志；检修时悬挂的“检修中”标识等其他标志（牌），提示相关人员注意防范，防止事故的发生，起到保障安全的作用。

选购和制作的安全标志牌时必须符合《安全色》（GB 2893—2008）、《安全标志及其使用导则》（GB 2894—2008）等相关规定。

标志牌应放置到醒目位置。标志牌不应放在门、窗等可移动的物体上，以免物体位置移动后，看不见安全标志。标志牌前不得放置妨碍认读的障碍物。

标志牌每月至少检查一次，如发现有破损、变形等不符合要求时应及时修整或更换。

四、 交接班管理制度

接班人员应提前到位，认真听取交班人员的交代并做好交接班记录。交接班时交接班人应一同检查设备，确认无问题后签字接班。交接班人员必须在认真履行交接班手续后，方可下班或履行值班职权。设备出现故障或带病操作时应在交接班记录上记录并尽快整改。

交接班主要内容：①设备运转情况；②当班操作情况；③缺陷发现和处理情况；④当班工作计划完成情况；⑤整理工具、仪表。

第二节 常 规 维 护

一、 防尘处理

搅拌站的防尘特别重要，尘土的堆积给搅拌站的维护和维修带来很大的不便，使所有设备的性能下降、寿命缩短、润滑受到损害，因此应从结构原理上面使尘土产生量最小，并定期进行清理和维护。

搅拌站产生粉尘量较多的部位大体有以下几个。

1. 骨料输送部分

主要是碎石、机制砂等在抛投料过程中形成扬尘。具体部位有骨料计量口、卸料口、皮带交接口。

骨料计量口指骨料仓向称量斗内进料的部位，由于存在着一定的高度差，在抛投过程中会产生粉尘。降尘措施是在出料口部位增设雾化的喷淋设施来压制粉尘。

皮带交接口即平皮带机向大倾角输送皮带机底部接料斗抛投骨料的部位。也可用喷淋方法来控制粉尘。也可调整沙石的投放顺序，利用沙子含水率能黏结石粉的特点来达到目的。

2. 粉料称量部分

即便在封闭的情况下，水泥、粉煤灰等散装物料自筒仓由螺旋输送机输送至称量斗和称量完毕后卸料过程中仍然产生部分粉尘，这是称量和卸料时密闭空间里形成的正压与负压造成的，即加料时需排出空气而形成正压，卸料时需吸入空气而形成负压，这个正压排气和负压吸气的过程就会产生粉尘。

一般采取在水泥、粉煤灰等散装物料的称量斗顶部增设通风除尘器。这样不仅可减少灰尘污染，而且还有利于保证水泥、粉煤灰等散装物料的称量精度（主要是减小正压和负压对秤体的推拉作用）。除尘器可根据实际使用情况定期清理滤芯中的灰尘。

3. 搅拌机部分

水泥、粉煤灰等散装粉料在称量完毕后向搅拌机内卸料会在搅拌机内形成正压，必须采取通风降压措施。除加水雾化、均匀压制粉尘外，增设强制吸尘器也是行之有效的方法。考虑到搅拌机内水汽很容易使水泥黏结以及散装物料卸料时间比较短等因素的影响，从搅拌主机上盖到强制吸尘器的吸尘通道要预留一定的长度，而且通道的筒径要大。这样不仅可减少搅拌楼内的灰尘，而且由于通风性能较好可迅速消除因主机卸料而形成的负压，有利于改善主机的工效，延长主机寿命。

4. 操作台及电器柜

虽然搅拌站会采取各种防尘措施但仍会有少量余尘存在，这些粉尘会飘散到电器柜及操作台内。因此在操作台及电器柜安装到位后，应将接线孔处用泡沫胶封闭，如有缩紧扣的应将缩紧扣固定牢固。柜体的密封胶圈应牢固可靠如有损坏应及时更换。除检修外，日常运行中柜门应处于常闭状态。

二、 防水处理

严格执行巡视检查制度，巡查配电室、控制室的门窗未关好的须及时关好，发现配电柜、控制柜、露天端子箱等的柜门未关好、未上锁的，须及时关好、上锁，发现遗留孔洞、柜门锁损坏的，及时填写缺陷单并封堵和修缮。

在梅雨季节应加强巡检电缆沟排水系统，防止配电室内电缆沟灌水。

搅拌站清理时尽量不要使用高压水枪冲洗，避免水进入电器设备内部造成设备短路。

操作台面上放置杯子等盛水容器时应使用带盖水杯且处于密闭状态，避免水杯倾洒使电气系统短路。

三、 常规检查及注意事项

1. 传感器检查、传感器接线检查

称重传感器故障会出现称重显示漂移、显示不稳定、不显示数据等现象，在使用中可通过下列方法来排查常见故障。

（1）表面视觉检测。拆除称重传感器前，按如下顺序应该仔细查看系统的结构和传感器是否存在问题：

检查是否是受力故障，可能是由于灰尘或石子卡挡、机械部位未对准、元件传力延缓等原因，而非传感器本身故障；

检查系统在受力部位是否有损伤，锈蚀或者明显的磨损；冬期应注意传感器受力部位是否有结冰现象，影响系统的受力和复位；

检查传感器电缆线与接线盒和仪表连接是否正确，有无断线、短路、导线接触不良的情形；

检查接线盒（或者线束接头）是否有进水的情况。

检查传感器是否锈蚀（特别是贴片孔区域）；传感器电缆线的是否完整，是否被老鼠啃噬；

（2）替换检测法。拆下所有传感器接线，然后依次单个接入到仪表上，在空载状态下校准零点，载物后正常校准终点，若仪表上的示值正确则传感器正常。受损的传感器接入时则可能出现显示数值跳变，无法回零等现象。受损传感器经确认后更换即可。

（3）工具检测。在排除系统和传感器外观方面的问题，并通过替换检测后仍然没有找到损坏的传感器或者想排查传感器损坏原因的，就需要使用工具对传感器及其线路进行进一步检测。首先粗略检查传感器线路的供电电源线、信号线和屏蔽线，可用万用表对其进行对测（即电源线 - 信号线、电源线 - 屏蔽线、信号线 - 屏蔽线），若出现短路、断路或绝缘性能下降等现象则表明该传感器可能受损。其次检查称重传感器的阻抗，检查时需要切断传感器的电源，打开接线盒，分别脱开各传感器的信号线。用数字万用表的欧姆挡对传感器的输入阻抗和输出阻抗进行测量，并将测得值与厂商提供的产品合格证书上的标称值进行比对，当测得值超过允许范围时，则表明传感器可能受损。

2. 控制柜内线路维护、低压电器设备的检查、控制核心设备的检查

电力电压稳定是该电器控制系统正常工作的保障。为使该系统正常运转，保证供电电压为 AC380×（1±10%）V 之间，供电变压器应有足够的容量，否则损坏电器元件无法保证系统正常工作。

经常检查各主令开关、按钮、指示灯等电器设备的可靠性，检查各限位开关动作是否灵敏可靠，特别是搅拌机卸料开关门限位及储料斗门开、关限位，以保证程序正常运行。

定期排查电器设施和线路的隐患，紧固电器元件的连接；检查电器元件的触点和固定情况，使其接触和导通良好；室外的连接部分应有防尘、防潮和安全的防护措施。

经常检查各电动机运行情况，有无发热现象。检查各接线是否松动，如出现意外情

况，应立即按下急停按钮切断控制系统电源，并断开电源开关后排除故障。

根据《建筑物防雷设计规范》（GB 50057—2010）的要求，应检查防雷装置的连接和腐蚀情况，每半年至少检查一次接地电阻（不大于 4Ω）和设备的等电位接地，达不到要求时应及时进行整改。定期检查机身的安全接地和系统的防干扰接地。

第三节　关键机械设备常见故障及维护

一、搅拌机常见故障及排除方法

搅拌机常见故障及排除方法见表 11 - 1。

表 11 - 1　　搅拌机常见故障及排除方法

序号	故障现象	故障原因	排除方法
1	卸料门运行不畅	液压系统故障，压力偏小	1. 安全阀失灵，及时更换或清洗安全阀零件 2. 油箱内的齿轮泵滤油器堵塞，清洗滤油器并更换液压油 3. 齿轮泵损坏，更换齿轮泵 4. 油缸内串油，维修或更换油缸 5. 电磁阀串油，更换电磁阀
		电磁阀线圈损坏	更换同型号电磁阀线圈
		限位接近开关损坏	更换同型号限位接近开关
2	搅拌机跳闸	1. 传动皮带太松 2. 搅拌料过载 3. 中间仓下料太快	1. 重新调整传动皮带张力 2. 检查整个计量系统 3. 中间仓下料门改小
3	泥浆从轴端溢出	供油不足，轴端密封损坏	更换轴端密封装置
4	润滑管路无油排出	1. 缺润滑油（脂） 2. 润滑油（脂）不符合要求 3. 润滑泵损坏或接线不当 4. 因润滑脂中含有异物或因硬化而堵塞了通道	1. 加注润滑油（脂） 2. 更换润滑油（脂） 3. 检查电源、控制线路、电机或更换润滑油泵 4. 清除筒体和泵内润滑油（脂），加入机械油冲洗疏通
5	搅拌叶片及衬板磨损严重	1. 长期使用正常磨损 2. 使用不合格的大粒径骨料，并在搅拌筒内卡料运行 3. 未按要求检查、调整叶片与衬板的间隙	1. 更换磨损的叶片 2. 保证使用合格的骨料 3. 按要求调整叶片与衬板的间隙或更换叶片与衬板

二、 骨料仓的使用和维护

仓料斗中的减压板的主要作用是加强料斗出口的刚度和降低卸料门的启动负荷，通过调整减压板的大小可调节物料的出料速度。因物料的干湿度对物料流动性的影响较大，若骨料中砂的含水率较高，可除去部分减压板。

冬期施工必须配备相应供暖设施，否则将导致骨料冻结，执行机构无法顺畅动作，骨料计量不稳定。

骨料仓故障及排除方法见表 11 - 2。

表 11 - 2　　骨料仓故障及排除方法

序号	故障现象	故障原因	排除方法
1	料门卡滞	1. 气缸压力不足 2. 骨料粒径超大超标	1. 检查气路漏气并进行处理，将压力调整到 0.5～0.8MPa 2. 改用合格骨料；或调整料门与料口间隙，使间隙在 3～5mm 内；或使间隙大于大骨料粒径的 1.5 倍
2	称量精度下降或不准	1. 卸料门开关缓慢 2. 卸料门过大 3. 传感器损坏	1. 排除出料门故障 2. 调节卸料门边的螺栓，将卸料门调小 3. 换同类型的传感器
3	配料速度太慢	1. 骨料不合要求，骨料流动性偏差或含水率过大 2. 料门开度太小	1. 更换或提高骨料质量；去掉部分配料仓减压板 2. 更换激振力大一档的振动器 3. 调整料门开度
4	骨料不投入或不计量	1. 相应气路不正常 2. 电磁阀不动作 3. 异物卡住卸料门	1. 调整气路压力，检查是否泄漏 2. 检查电磁阀是否烧毁、阀芯是否卡住 3. 停机排去被卡异物

三、 斜皮带机常见故障及排除方法

斜皮带机常见故障及排除方法见表 11 - 3。

表 11 - 3　　斜皮带机常见故障及排除方法

序号	故障现象	故障原因	排除方法
1	输送带跑偏严重	1. 滚筒安装架与架体不垂直或滚筒安装架倾斜 2. 托辊安装不垂直或托辊安装倾斜 3. 托辊上粘有泥砂 4. 附加挡板阻力严重不平衡 5. 受料部位有较大不平衡冲击力	1. 在接近滚筒处，松开滚筒连接螺旋，将输送带跑偏一端滚筒沿输送带运动方向前移，在输送机中间部分，用同样方法移动托辊，移动托辊应采取每个托辊小距离移动，同时增加移动托辊数量 2. 清除托辊上的泥砂 3. 改善挡板阻力不平衡现象 4. 改善受料部位受力不平衡

续表

序号	故障现象	故障原因	排除方法
2	斜皮带机撒料严重	1. 清扫器未调整到位 2. 清扫器刮板磨损	1. 调整清扫器，让刮板与输送带接触，并保持 50N 左右正压力 2. 更换清扫器刮板或整个清扫器
3	驱动滚筒打滑	1. 张紧力不够 2. 驱动滚筒包胶严重磨损	1. 增加张紧配重的质量 2. 更换驱动滚筒包胶或整个驱动滚筒
4	皮带撕裂	机械故障	轻微撕裂可用胶粘补，重度撕裂需更换皮带
5	皮带拉长	长期承受张紧	割短皮带，硫化粘接
6	托辊不转或有异响	托辊损坏	更换托辊

四、螺旋输送机常见故障及排除方法

螺旋输送机常见故障及排除方法见表 11 - 4。

表 11 - 4　　螺旋输送机常见故障及排除方法

序号	故障现象	故障原因	排除方法
1	电机异响	电机轴承损坏	更换轴承
2	供料速度慢	1. 粉仓内的破拱装置失效或供气压力过小 2. 粉仓内物料太少	1. 检查维修破拱装置，调节供气气路中的减压阀，使气压维持在 0.1～0.3MPa 之间 2. 补充物料
3	万向节漏灰	万向节连接处密封不严	在万向节连接处涂一层玻璃胶
4	螺旋管异响	螺旋叶片刮到管内壁	调整芯轴同心度

五、液态料输送装置常见故障及排除方法

液态料输送装置常见故障及排除方法见表 11 - 5。

表 11 - 5　　液态料输送装置常见故障及排除方法

序号	故障现象	故障原因	排除方法
1	供水系统管路不出水	1. 水泵内有空气 2. 水泵电机已坏	1. 打开水泵上的排气阀，放净泵内的空气 2. 修复或更换水泵电机
2	外加剂系统管路不出外加剂	1. 外加剂泵内有空气 2. 外加剂泵电机已坏 3. 外加剂管路阀门没有打开 4. 外加剂已用完 5. 外加剂结晶沉淀堵塞	1. 打开外加剂泵上的排气阀，放净泵内的空气 2. 修复或更换外加剂泵电机 3. 打开外加剂管路阀门 4. 补充外加剂 5. 清洗疏通外加剂管路

六、 供气系统常见故障及排除方法

供气系统常见故障及排除方法见表11-6。

表11-6　　供气系统常见故障及排除方法

序号	故障现象	故障原因	排除方法
1	空气压缩机电机不运转	1. 压力开关按钮在OFF位置。 2. 电器连接松动。 3. 气动器过载保护开关跳开	1. 将按钮置于ON位置。 2. 检查接线。 3. 待气动器冷却后按复位按钮
2	空气压缩机排气压力过低	1. 在进气口气流受到节制。 2. 活塞环损坏或磨损。 3. 阀片破损	1. 清洁或更换空气进气过滤器。 2. 更换新的活塞环。 3. 更换新的阀片及垫圈
3	空气压缩机输出的空气中油含量过高	1. 活塞环损坏或磨损。 2. 进气气流受到限制。 3. 曲轴箱内油量过多	1. 更换新的活塞环。 2. 清洁或更换空气过滤器芯，在空气进气端检查有无其他节流。 3. 排油至适当油位
4	排气量过少	1. 各部位漏气。 2. 最小压力阀工作不良。 3. 空气过滤器阻塞	1. 检查各紧固件。 2. 更换O型密封圈。 3. 清洗空气过滤器
5	系统供压不足	1. 耗气量太大，空气压缩机输出流量不足。 2. 空气压缩机活塞环等磨损。 3. 速度控制阀开度太小	1. 选择输出流量合适的空气压缩机或增设一定容积的气罐。 2. 更换零件，在适当部位装单向阀，维持执行元件内压力，以保证安全。 3. 将速度控制阀打开到合适开度
6	气罐内压力不上升	1. 压力表不良。 2. 空气压缩机系统有故障。	1. 更换压力表。 2. 检修空气压缩机
7	压力降太大	1. 通过流量太大。 2. 滤芯堵塞	1. 选更大规格过滤器。 2. 更换或清洗滤芯

第四节　控制系统软件及工具的维护

一、 控制系统软件的检查

正常运行搅拌站控制系统软件，检查是否有报错提示。检查控制软件所在盘符内的存储空间是否正常，如有急剧扩大或者存储空间不足的情况尽快查明原因并处理。

定期检查控制系统所需驱动是否正常，插拔外围附属设备检查能否正常加载和使用。

检查软件内各控制参数是否被改动，特别是核心控制参数务必做好备份。

保存好控制系统软件，以备不时之需。

二、 电脑操作系统及相关运行环境的维护

现在的软件纷繁复杂，多不胜数。随之而来的流氓软件、恶意代码、电脑病毒等也十分猖獗。软件系统的日常维护也至关重要。

1. 删除系统中不需要的软件

有的软件如果不需要，我们可以将它删除掉。这些软件因为长期闲置，不仅浪费了硬盘的空间而且也增加了系统的负担。

2. 清除系统临时文件

清除系统临时文件也是一件必不可少的工作。点击“开始”—“程序”—“附件”—“系统工具”—“磁盘清理”程序，系统弹出“磁盘清理”程序窗口，选择需要清理的磁盘进行清理即可。

3. 查杀病毒

计算机病毒的危害巨大，它可以对系统进行不同程度的干扰或破坏。它可能破坏磁盘逻辑系统造成程序失效、数据丢失、系统瘫痪以及一些不可理解的错误等。对电脑病毒的防治应以预防为主。因此，定期对计算机的硬盘进行病毒检查是十分必要的。做杀毒前务必将必需的软件做好备份后再进行杀毒。

4. 磁盘碎片整理

硬盘在经过长时间的大量读写后数据容易保存在硬盘的不同扇区内而形成磁盘碎片，影响硬盘存取的效率。磁盘碎片整理是通过系统软件或者其他的专业的磁盘碎片整理软件对电脑磁盘在长期使用过程中产生的碎片和凌乱文件重新整理，释放出磁盘空间，让磁盘的存储信息更加秩序化、规律化，可提高电脑的整体性能和运行速度。

第五节　常用电工工具及使用方法

一、试电笔

使用时，必须手指触及笔尾的金属部分，并使氖管小窗背光且朝自己，以便观测氖管的亮暗程度，防止因光线太强造成误判断，其使用方法如图 11 - 1 所示。

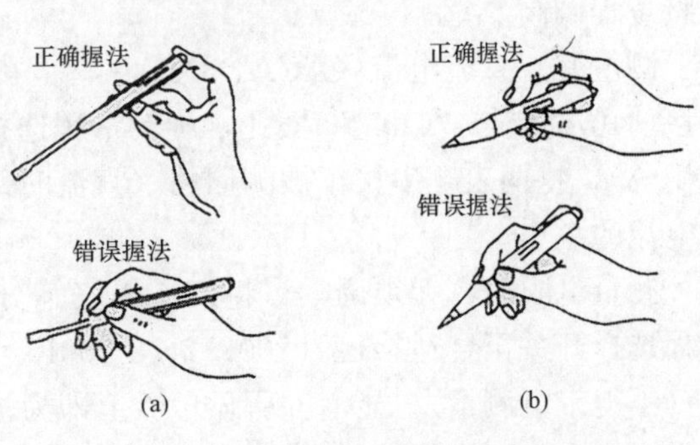

图 11 - 1　试电笔使用方法

(a) 螺丝刀式握法；(b) 钢笔式握法

当用电笔测试带电体时，电流经带电体、电笔、人体及大地形成通电回路，只要带电体与大地之间的电位差超过

60V时，电笔中的氖管就会发光。低压验电器检测的电压范围的60～500V。

二、万用表

1. 面板结构与功能

图11-2为DT—830型数字万用表的面板图，包括LCD液晶显示器、电源开关、量程选择开关、表笔插孔等。

图11-2 DT—830型数字万用表

液晶显示器最大显示值为1999，且具有自动显示极性功能。若被测电压或电流的极性为负，则显示值前将带“—”号。若输入超量程时，显示屏左端出现“1”或“—1”的提示字样。

电源开关（POWER）可根据需要，分别置于“ON”（开）或“OFF”（关）状态。测量完毕，应将其置于“OFF”位置，以免空耗电池。数字万用表的电池盒位于后盖的下方，采用9V叠层电池。电池盒内还装有熔断器，以起过载保护作用。旋转式量程开关位于面板中央，用以选择测试功能和量程。若用表内蜂鸣器作通断检查时，量程开关应停放在标有“·)))”符号的位置。

输入插口是万用表通过表笔与被测量连接的部位，设有“COM”“V·Ω”“mA”“10A”四个插口。使用时，黑表笔应置于“COM”插孔，红表笔依被测种类和大小置于“V·Ω”“mA”或“10A”插孔。在“COM”插孔与其他三个插孔之间分别标有最大（MAX）测量值，如10A、200mA、交流750V、直流1000V。

2. 使用方法

测量交、直流电压（ACV、DCV）时，红、黑表笔分别接“V·Ω”与“COM”插孔，旋动量程选择开关至合适挡位（200mV、2V、20V、200V、700V或1000V），红、黑表笔并接于被测电路（若是直流，注意红表笔接高电位端，否则显示屏左端将显示“—”）。此时显示屏显示出被测电压数值。若显示屏只显示最高位“1”，表示超量程，应将量程调高。

测量交、直流电流（ACA、DCA）时，红、黑表笔分别接“mA”（大于200mA时应接“10A”）与“COM”插孔，旋动量程选择开关至合适挡位（2mA、20mA、200mA或10A），将两表笔串接于被测回路（直流时，注意极性），显示屏所显示的数值即为被测电流的大小。

测量电阻时，无须调零。将红、黑表笔分别插入“V·Ω”与“COM”插孔，旋动量程选择开关至合适挡位（200、2K、200K、2M、20M），将两笔表跨接在被测电阻两端（不得带电测量），显示屏所显示数值即为被测电阻的数值。当使用200MΩ量程进行测量时，先将两表笔短路，若该数不为零，仍属正常，此读数是一个固定的偏移值，实际数值应为显示数值减去该偏移值。

三、 钳形电流表

钳形电流表的最基本使用是测量交流电流，虽然准确度较低（通常为 2.5 级或 5 级），但因在测量时无须切断电路，因而使用很广泛，如图 11 - 3 所示。

使用时，将量程开关转到合适位置，手持胶木手柄，用食指勾紧铁心开关，便于打开铁芯。将被测导线从铁芯缺口引入到铁芯中央，然后放松食指，铁芯即自动闭合。被测导线的电流在铁芯中产生交变磁通，表内感应出电流，即可直接读数。

图 11 - 3 钳形电流表

使用钳形电流表测量前，应先估计被测电流的大小以合理选择量程。使用钳形表时，被测载流导线应放在钳口内的中心位置，以减小误差；钳口的结合面应保持接触良好，若有明显噪声或表针振动厉害，可将钳口重新开合几次或转动手柄；在测量较大电流后，为减小剩磁对测量结果的影响，应立即测量较小电流，并把钳口开合数次。

四、 绝缘电阻表

绝缘电阻表俗称兆欧表，也叫绝缘电阻测试仪，如图 11 - 4 所示，绝缘电阻表大多采用手摇发电机供电，故又称摇表。它的刻度是以兆欧（MΩ）为单位的。绝缘电阻表是电工常用的一种测量仪表。绝缘电阻表主要用来检查电器设备、家用电器或电气线路对地及相间的绝缘电阻，以保证这些设备、电器和线路工作在正常状态，避免发生触电伤亡及设备损坏等事故。

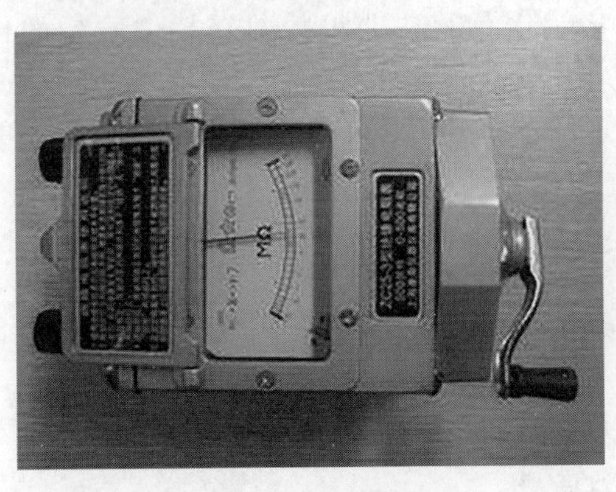

图 11 - 4 绝缘电阻表

绝缘电阻表的使用方法及要求：

（1）测量前，应将绝缘电阻表保持水平位置，左手按住表身，右手摇动绝缘电阻表摇柄，转速约 120r/min，指针应指向无穷大（∞），否则说明绝缘电阻表有故障。

（2）测量前，应切断被测电器及回路的电源，并对相关元件进行临时接地放电，以保证人身与绝缘电阻表的安全和测量结果准确。

（3）测量时必须正确接线。绝缘电阻表共有 3 个接线端（L、E、G）。测量回路对地电阻时，L 端与回路的裸露导体连接，E 端连接接地线或金属外壳；测量回路的绝缘电阻时，回路的首端与尾端分别与 L、E 连接；测量电缆的绝缘电阻时，为防止电缆表面泄漏电流对测量精度产生影响，应将电缆的屏蔽层接至 G 端。

（4）摇动绝缘电阻表时，不能用手接触绝缘电阻表的接线柱和被测回路，以防触电。摇动绝缘电阻表后，各接线柱之间不能短接，以免损坏。

附录

混凝土搅拌站功能术语

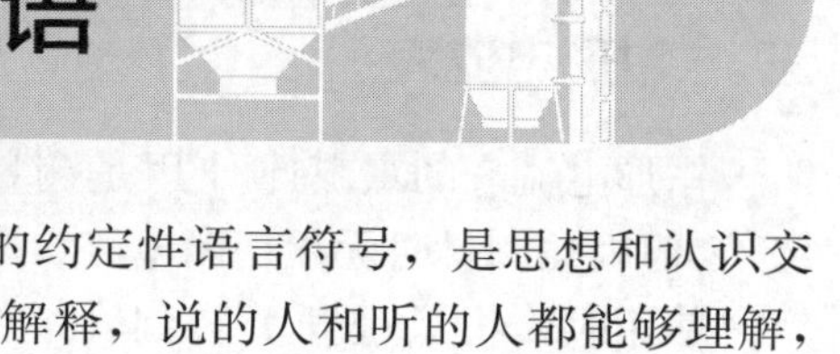

术语是通过语音或文字来表达或限定科学概念的约定性语言符号，是思想和认识交流的工具。约定而成的术语在技术交流时不需要做解释，说的人和听的人都能够理解，没有术语，两个人交流一个问题时，需要经常对问题进行详细的描述，这样的对话会非常滑稽。

混凝土搅拌站也有很多术语，但是行业内没有规范这些术语的文档资料，而我国幅员广阔，从事混凝土生产及人员众多、搅拌站厂家众多，造成同一个事情有不同的术语，为了操作人员能够更好地理解本书的内容，这里对一些术语进行归纳整理。

一、 设备方面

（1）中储仓：通常位于搅拌机上方，暂存配好的骨料，是骨料投入搅拌机的过渡设备。

（2）提升斗：把配好的骨料从地仓提升到搅拌机上方，并把骨料投入搅拌机的设备。

（3）主门：又叫精计量，配料过程最后关闭的料仓门，一般此门上料较慢但是更加准确，如骨料配料双门中较小的一个，粉料子螺旋，液料上料阀。

（4）副门：又叫粗计量，配料过程较早关闭的料仓门，一般此门上料较快但是准确稍差，如骨料配料双门中较大的一个，粉料母螺旋，液料上料泵。

（5）吹灰：散装粉料运输车通过气压输送方式向粉料仓吹入粉料。

（6）粉仓料位：将粉料仓的质量信号转换为电信号，获得粉料仓料位质量的传感器。

（7）粉仓吹灰门禁：粉料仓吹灰管控装置，门禁打开可以正常向粉仓吹灰，门禁关闭则无法向粉仓吹灰。

二、 生产方面

（1）粉仓破拱：粉料仓下锥部吹气装置，利用压缩空气的释放对粉料进行冲击，避免粉料堆积，造成堵塞。

（2）粉仓容量：粉料仓当物料充满时，储存物料的最大质量。

（3）粉仓库存：粉料仓当前实际存储的物料质量。

（4）粉仓交融区：粉料仓有已检验合格库存情况下进新料，在库存料中形成的新老批次粉料混合的区域。

（5）坍落度：指堆好的试验料因自重自行塌落的高度差。

（6）正常任务：任务正常使用状态，在快速派车的下拉菜单中显示。

（7）完成任务：任务已经完成状态，在快速派车的下拉菜单中不显示。

（8）暂停任务：任务处于暂停状态，在快速派车的下拉菜单中不显示。

（9）称量精度：物料秤显示的称量质量与物料实际质量的接近程度。

（10）静态称量精度：物料秤称量砝码质量时的称量精度。

（11）动态称量精度：物料秤称量实际物料时的称量精度。

（12）允差范围：物料的动态称量精度在此范围以内时，满足称量要求。

（13）初级报警：动态称量精度大于允差范围，小于中级报警范围。

（14）中级报警：动态称量精度大于中级报警范围，小于高级报警范围。

（15）高级报警：动态称量精度大于高级报警范围。

（16）最大搅拌方量：搅拌机单盘最多搅拌的物料方量。

（17）盘方量：搅拌机单盘实际搅拌的物料方量。

三、 软件方面

（1）设定值：当盘物料计量的目标质量。

（2）完成值：当盘物料计量的实际质量。

（3）落差：物料秤配料计量时，从电器控制信号发出停止配料指令到物料全部落入计量斗期间的物料质量。

（4）精计量：物料仓主副门配料时，当前物料质量距离设定值还差此质量时，为了计量更准确，关闭副门配料。

（5）卸料落差：物料秤卸料时，从电器控制信号发出停止卸料指令到物料全部流出计量斗期间的物料质量。

（6）含水率：含水物料（如砂、石）中所含水分质量占该物料总质量的百分比。

（7）称重稳定范围：物料秤配料停止后，秤体质量变化小于此值时认为秤体稳定可以计算落差，否则继续等待秤体稳定。

（8）漏料检测范围：物料秤配料完成后，秤体质量下降大约此值认为秤体漏料。

（9）落差修正方式：称重控制器计算落差的方式，一般有固定落差、自动修正的两种方式。

（10）延迟判断落差时间：物料秤配料停止后，等待秤体稳定后再采集配料完成值的时间。

（11）完成值跟踪：物料秤配料完成采集完成值后，如果秤体质量继续变化，则配料完成值跟踪变化的功能。

（12）配料误差报警：物料秤当盘的动态称量精度误差超过设定的范围，则进行报警的功能。

（13）允许补秤：如果物料秤当盘动态称量精度为负数并且大于允差范围，则启动点动补秤的功能。

（14）允许扣秤：如果物料秤当盘动态称量精度为正数并且大于允差范围，则启动点动扣秤的功能。

（15）空秤判据：物料秤自动卸料时，所称的质量小于此值时认为秤体物料空了，再过“延迟卸料控制时间”之后关闭卸料输出。

（16）延迟卸料控制时间：见“空秤判据”；建议改为“空秤判据延迟时间”。

（17）延迟卸料时间：所有骨料秤具备向骨料过渡设备卸料条件后，调节各骨料秤卸料次序的时间。

（18）延迟投料时间：所有非骨料秤与中储仓具备向搅拌机投料条件后，调节各设备投料次序的时间。

（19）提升时间：斜皮带正常运行速度下把物料从底部提升到顶部需要的时间。

（20）中储仓投料时间：中储仓到达开门限位后持续此时间，认为中储仓的料全部投入搅拌机。

（21）半开门持续时间：搅拌机自动卸混凝土时，在半开门限位保持的时间。

（22）全开门卸混凝土时间：搅拌机自动卸混凝土时，在全开门限位保持的时间，时间到后认为搅拌机卸混凝土完毕。

四、 控制系统功能规范

（1）集中式控制系统：控制系统控制核心都在一起，一个地方。

（2）分布式控制系统：控制系统分为多个区域，如控制室、地仓、主机层等。

（3）双机双控：两台电脑控制一条生产线，两台电脑可以同时控制生产线。

（4）双控双机：两台电脑控制两条生产线，两台电脑可以同时控制两条生产线。

（5）禁止骨卸：禁止所有的骨料秤卸料。

（6）禁止投料：禁止中储仓、所有的非骨料秤向搅拌机投料。

（7）禁止卸混凝土：禁止搅拌机开门卸混凝土。

（8）首盘自动禁止卸混凝土：自动生产时，每一车的第一盘自动选中禁止卸混凝土。

（9）运输单：又叫派车单，搅拌站发车时，随车的混凝土发货运输单。

（10）主副门输出方式：控制料仓主副门开启次序，如同时开、先开副门再开主门等。

（11）主副门交换：线路不需要改动，控制系统把主副门调换位置，一般用于骨料仓。

（12）生产设定：进行派车信息的选择，如生产任务，车辆号，生产方量等。

（13）快速派车：直接选择生产任务、车辆进行派车，是生产设定的快捷方式。

（14）连续生产：当前派车生产完毕，如果派车列表中还有预派车，则直接启动一下派车进行自动生产。

（15）自动响铃：当前派车最后一盘混凝土卸混凝土完毕后，自动进行响铃提升罐车司机可以发车。

（16）一次搅拌：所有骨料一次性投入搅拌机与其他物料进行搅拌。

（17）二次搅拌：骨料分两次投入搅拌机，第一次投入细骨料与部分非骨料搅拌，第二次投入粗骨料及剩余的非骨料进行搅拌。

（18）点动卸混凝土方式：搅拌机是气动开门方式，开门信号输出则搅拌机开门，开门信号输出停止则搅拌机门自动恢复关门状态。

（19）半开门卸混凝土方式：搅拌机是半开门方式，开门信号输出则搅拌机开门，开门信号停止则搅拌机保持当前的开门位置，关门信号输出则搅拌机恢复关门状态。

参 考 文 献

[1] TB/T 3275—2018 铁路混凝土.
[2] TB 10424—2018 铁路混凝土工程施工质量验收标准.
[3] GB/T 10171—2016 建筑施工机械与设备 混凝土搅拌站（楼）.
[4] GB/T 14902—2012 预拌混凝土.
[5] GB/T 28013—2011 非连续累计自动衡器.
[6] GB/T 7724—2023 电子称重仪表.